现代采矿技术问答丛书

地下矿山安全知识问答

姜福川　主编

北　京
冶　金　工　业　出　版　社
2011

内容简介

本书结合地下矿山开采实际，针对矿山的安全问题以问答的形式介绍了如何安全有效地管理地下矿山。全书包括安全及其相关的基本概念、基本理论，事故预防原理，井下作业安全，顶板、提升、尘害事故安全，矿井水灾安全，火灾及其防治，矿山电气安全，矿山爆破安全，尾矿库事故及预防九章内容。基本涵盖了地下矿山安全问题的主要方面。

本书可供矿山安全管理人员、安全技术人员以及矿山开采的从业人员阅读，也可以供高等院校相关专业的师生参考。

图书在版编目（CIP）数据

地下矿山安全知识问答/姜福川主编．—北京：冶金工业出版社，2011.9

（现代采矿技术问答丛书）

ISBN 978-7-5024-5765-5

Ⅰ.①地… Ⅱ.①姜… Ⅲ.①地下开采—矿山安全—问题解答 Ⅳ.①TD7-44

中国版本图书馆 CIP 数据核字（2011）第 190642 号

出 版 人 曹胜利

地　　址 北京北河沿大街嵩祝院北巷 39 号，邮编 100009

电　　话 (010)64027926 电子信箱 yjcbs@cnmip.com.cn

责任编辑 李 雪 美术编辑 彭子赫 版式设计 孙跃红

责任校对 卿文春 责任印制 李玉山

ISBN 978-7-5024-5765-5

北京百善印刷厂印刷；冶金工业出版社发行；各地新华书店经销

2011 年 9 月第 1 版，2011 年 9 月第 1 次印刷

787mm×1092mm 1/16；12.75 印张；309 千字；184 页

35.00 元

冶金工业出版社投稿电话：(010)64027932 投稿信箱：tougao@cnmip.com.cn

冶金工业出版社发行部 电话：(010)64044283 传真：(010)64027893

冶金书店 地址：北京东四西大街 46 号(100010) 电话：(010)65289081(兼传真)

（本书如有印装质量问题，本社发行部负责退换）

前　言

矿山的安全生产是国家和企业长期关注的问题，安全事故会对职工的健康和生命造成直接损害，也影响了企业的效益、国家的信誉，因而企业的安全问题从另一个角度看也是一个国家文明进步的标志。

据国家安全监督管理总局统计，2001～2010年，全国非煤矿山累计发生事故16791起，死亡21251人，平均年发生事故1679起、死亡2125人。2010年全国非煤矿山共发生生产安全事故1009起、死亡1271人。

2010年非煤地下矿山发生典型事故有六起，其中：10月8日，湖南省怀化市沅陵县长青公司原生岩坳铅锌矿发生中毒窒息事故，死亡9人；10月14日，云南省曲靖市会泽县发生非法盗采矿产资源引发的中毒窒息事故，死亡5人；10月14日，陕西省渭南市潼关县潼金矿业有限责任公司二坑发生火灾事故，死亡9人、重伤3人。

虽然我国金属非金属矿山事故总数每年都在下降，但与发达国家相比，我们还有一定差距，控制金属非金属矿山的事故已成为政府部门和企业的当务之急。

本书针对我国金属非金属矿山现状，从企业安全实际出发，为做好金属非金属地下矿山各种事故的预防工作，从导致事故发生的致因理论到职工的安全教育、安全管理以及应采取的安全技术措施等方面进行了较为翔实的解答。

全书共分九章，第一章由石稳稳编写，第二章由马川川编写，第三章～第六章由姜福川编写，第七章、第八章由郑强编写，第九章由郑开欢编写。

本书可作为矿山职工安全知识的普及教材，也可以供金属非金属地下矿山安全管理人员、生产技术人员参考。

本书编写过程中，得到了长期从事金属非金属地下矿山安全管理工作的专家的指导和协助，同时在编写过程中也参考了有关专家、学者的相关文献，在此表示感谢！

由于编者水平有限，书中不足之处，真诚欢迎同行和广大读者批评指正。

编　者

2011年5月

目　录

第一章 基本概念及基本理论

第一节 基本概念

1. 什么是事故，事故分为哪几类？

事故是人们在实现其目的的行动过程中，突然发生的，违反人们意志的，迫使其行动暂时或永久终止的意外事件。事故的含义包括以下几方面：

（1）事故是一种发生在人类生产、生活活动中的特殊事件，人类在任何生产、生活活动过程中都可能发生事故。

（2）事故是一种突然发生的、出乎人们意料的意外事件。由于导致事故发生的原因非常复杂，往往包括许多偶然因素，因而事故的发生具有随机性质。在一起事故发生之前，人们无法准确地预测什么时候、什么地方、发生什么样的事故。

（3）事故是一种迫使进行着的生产、生活活动暂时或永久停止的事件。

事故中断、终止人们正常活动的进行，必然给人们的生产、生活带来某种形式的影响。因此，事故是一种违背人们意志的事件，是人们不希望发生的事件。

事故按性质可分为责任事故和非责任事故；按伤害程度可分为轻伤、重伤和死亡；按严重程度可分为轻伤事故、重伤事故和死亡事故。

2007 年颁布的国务院第 493 号令《生产安全事故报告和调查处理条例》中，根据一次事故中伤亡人数和经济损失情况把事故分为 4 类：一般事故、较大事故、重大事故、特别重大事故。

（1）一般事故，是指造成 3 人以下死亡，或者 10 人以下重伤（包括急性工业中毒，下同），或者 1000 万元以下直接经济损失的事故；

（2）较大事故，是指造成 3 人以上 10 人以下死亡，或者 10 人以上 50 人以下重伤，或者 1000 万元以上 5000 万元以下直接经济损失的事故；

（3）重大事故，是指造成 10 人以上 30 人以下死亡，或者 50 人以上 100 人以下重伤，或者 5000 万元以上 1 亿元以下直接经济损失的事故；

（4）特别重大事故，是指造成 30 人以上死亡，或者 100 人以上重伤，或者 1 亿元以上直接经济损失的事故。

2. 什么是险肇事件？

不安全事件，也叫险肇事件或未遂事故，指的是那些虽未引起事故，却暴露出来的事故隐患或事故苗头，有的还造成轻微人身伤害或财产损失。

3. 什么是事故隐患？

事故隐患是指作业场所、设备及设施的不安全状态，人的不安全行为和管理上的缺陷，是引发安全事故的直接原因。它具有潜在的危险性，在某种条件下，能够触发事故的发生。

事故隐患分为一般事故隐患和重大事故隐患。一般事故隐患，是指危害和整改难度较小，发现后能够立即整改排除的隐患。重大事故隐患，是指危害和整改难度较大，应当全部或者局部停产停业，并经过一定时间整改治理方能排除的隐患，或者因外部因素影响致使生产经营单位自身难以排除的隐患。

4. 什么是安全？

安全泛指没有危险、不受威胁和不出事故的状态。安全可理解为不致对人的身体造成伤害、精神构成威胁或使财物导致损失的状态。安全也指人的身心免受外界因素危害的存在状态及其保障条件。安全是相对于危险而言的，世界上没有绝对的安全。美国安全工程师学会（ASSE）编写的《安全专业术语词典》认为，安全就是“导致损伤的危险度是能够容许的，较为不受损害的威胁和损害概率低的通用术语”。

安全对个人而言，就是指平安、顺利。

安全对企业而言，就是指设备、设施不受损坏，人员不受伤害，顺利地生产出合格的产品或达到预定的生产目的。即指生产系统中人员免遭伤害和职业危害、设备或设施不受损坏。

安全对国家而言，就是指国泰民安，和谐昌盛。

总而言之，安全，无论是生活安全、劳动安全、生产安全、工业安全、交通安全和设备设施安全、还是社会安全，都是标志一个民族进步的基础，是一个国家兴旺发达的保障。

5. 什么是危险源？

危险源是指一个系统中具有潜在能量和物质释放危险的、可造成人员伤害、在一定的触发因素作用下可转化为事故的部位、区域、场所、空间、岗位、设备及其位置。它的实质是具有潜在危险的源点或部位，是爆发事故的源头，是能量、危险物质集中的核心，是能量从那里传出来或爆发的地方。危险源存在于确定的系统中，不同的系统范围，危险源的区域也不同。一般来说，危险源可能存在事故隐患，也可能不存在事故隐患，对于存在事故隐患的危险源一定要及时加以整改，否则随时都可能导致事故。

危险源应由三个要素构成：潜在危险性、存在条件和触发因素。危险源的潜在危险性是指一旦触发事故，可能带来的危害程度或损失大小，或者说危险源可能释放的能量强度或危险物质量的大小。危险源的存在条件是指危险源所处的物理、化学状态和约束条件状态。例如，物质的压力、温度、化学稳定性，盛装压力容器的坚固性，周围环境障碍物等情况。触发因素虽然不属于危险源的固有属性，但它是危险源转化为事故的外因，而且每一类型的危险源都有相应的敏感触发因素。如易燃、易爆物质，热能是其敏感的触发因素，又如压力容器，压力升高是其敏感触发因素。因此，一定的危险源总是与相应的触发因素相关联。在触发因素的作用下，危险源转化为危险状态，继而转化为事故。

工业生产作业过程的危险源一般分为七类：

（1）化学品类：毒害性、易燃易爆性、腐蚀性等危险物品；

（2）辐射类：放射源、射线装置及电磁辐射装置等；

（3）生物类：动物、植物、微生物（传染病病原体类等）等危害个体或群体生存的生物因子；

（4）特种设备类：电梯、起重机械、锅炉、压力容器（含气瓶）、压力管道、客运索道、大型游乐设施、场（厂）内专用机动车；

（5）电气类：高电压或高电流、高速运动、高温作业、高空作业等非常态、静态、稳态装置或作业；

（6）土木工程类：建筑工程、水利工程、矿山工程等；

（7）交通运输类：汽车、火车、飞机、轮船等。

6. 什么是重大危险源？

20 世纪 70 年代以来，预防重大工业事故引起国际社会的广泛重视。随之产生了“重大危害（major hazards）”、“重大危害设施（国内通常称为重大危险源）（major hazard installations）”等概念。

《中华人民共和国安全生产法》定义重大危险源为长期地或临时地生产、加工、搬运、使用或贮存危险物质，且危险物质的数量等于或超过临界量的单元。单元指一个（套）生产装置、设施或场所，或同属一个工厂的且边缘距离小于 500m 的几个（套）生产装置、设施或场所。

国家标准《重大危险源辨识》（GB18218—2000）规定，如果一个单元内存在危险物质的数量等于或超过该标准所规定的临界量，即被确定为重大危险源。根据物质的不同特性，重大危险源分为易燃物质、爆炸性物质、活性化学物质和有毒物质 4 类，并规定了各种物质的临界量。

7. 什么是风险？

风险是指在某一特定环境下，在某一特定时间段内，某种损失发生的可能性。风险是由风险因素、风险事故和风险损失等要素组成。换句话说，是在某一个特定时间段里，人们所期望达到的目标与实际出现的结果之间产生的距离称之为风险。

风险事故是指造成生命、财产损害的偶发事件，是造成损害的直接原因。只有通过风险事故的发生，才能导致损失。风险事故意味着风险的可能性转化成了现实性。

对于某一事件，在一定条件下，如果它是造成损失的直接原因，它就是风险事故；而在其他条件下，如果它是造成损失的间接原因，它便是风险因素。如下冰雹使得路滑而发生车祸，造成人员伤亡，这时冰雹是风险因素，车祸是风险事故。假如冰雹直接将行人砸成重伤，冰雹就是风险事故本身。

风险是由风险因素、风险事故和损失三者构成的统一体，三者的关系为：

风险因素是指引起或增加风险事故发生的机会或扩大损失幅度的条件，是风险事故发生的潜在原因；

风险事故是造成生命财产损失的偶发事件，是造成损失的直接的或外在的原因，是损失的媒介；

损失是指非故意的、非预期的和非计划的经济价值的减少。

上述三者关系为：风险是由风险因素、风险事故和损失三者构成的统一体，风险因素引起或增加风险事故；风险事故发生可能造成损失。

风险分类有多种方法，常用的有以下几种：

（1）按照风险的性质划分。纯粹风险：只有损失机会而没有获利可能的风险；投机风险：既有损失的机会也有获利可能的风险。

（2）按照产生风险的环境划分。静态风险：自然力的不规则变动或人们的过失行为导致的风险；动态风险：社会、经济、科技或政治变动产生的风险。

（3）按照风险发生的原因划分。自然风险：自然因素和物力现象所造成的风险；社会风险：个人或团体在社会上的行为导致的风险；经济风险：经济活动过程中，因市场因素影响或者管理经营不善导致经济损失的风险。

（4）按照风险致损的对象划分。财产风险：各种财产损毁、灭失或者贬值的风险；人身风险：个人的疾病、意外伤害等造成残疾、死亡的风险；责任风险：法律或者有关合同规定，因行为人的行为或不作为导致他人财产损失或人身伤亡，行为人所负经济赔偿责任的风险。

8. 什么是物的不安全状态？

人机系统把生产过程中发挥一定作用的机械、物料、生产对象以及其他生产要素统称为物。物都具有不同形式、性质的能量，有出现能量意外释放，引发事故的可能性。由于物的能量可能释放引起事故的状态，称为物的不安全状态。这是从能量与人的伤害间的联系所给予的定义。如果从发生事故的角度，也可把物的不安全状态看作为曾引起或可能引起事故的物的状态。常见的不安全状态表现形式有以下几类：

（1）设备和装置结构不良，材料强度不够，部件损坏；

（2）存在危险有害物质；

（3）安全防护装置失灵；

（4）工艺过程不合理。

9. 什么是人的不安全行为？

职工在职业活动过程中，违反劳动纪律、操作程序和方法等，且可能造成不必要的人员、设备的损伤及事故发生的行为，称为不安全行为。

不安全行为是人表现出来的，与人的心理特征相违背的，非正常行为。人在生产活动中，曾引起或可能引起事故的行为，必然是不安全行为。常见的不安全行为表现形式有以下几类：

（1）操作错误、忽视安全、忽视警告；

（2）造成安全装置失效；

（3）使用不安全设备；

（4）手工代替工具操作；

（5）物的存放不当；

（6）冒险进入危险场所；

（7）攀、坐不安全装置；

（8）在起吊物下作业、停留；

（9）机器运转时进行加油、检查、调整、维修、焊接、清扫等工作；

（10）有分散注意力行为；

（11）在必须使用个人防护用品用具的作业或场合中，忽视其使用；

（12）不注意装束；

（13）对易燃、易爆等危险物品处理错误。

造成人的不安全行为和不安全状态的主要原因有：技术原因、教育原因、身体和态度原因、管理原因。针对这些原因，可以采取三种防止对策，即工程技术（Engineering）对策，教育（Education）对策和强制（Enforcement）对策。即所谓的3E原则。

第二节　事故的特征

10. 事故有哪些特征？

大量的事故调查、统计、分析表明，事故有其自身特有的属性。掌握和研究这些特性，对于指导人们认识事故、了解事故和预防事故具有重要意义。

（1）普遍性。自然界中充满着各种各样的危险，人类的生产、生活过程中也总是伴随着危险。所以，发生事故的可能性普遍存在。危险是客观存在的，在不同的生产、生活过程中，危险性各不相同，事故发生的可能性也就存在着差异。

（2）随机性。事故发生的时间、地点、形式、规模和事故后果的严重程度都是不确定的。何时、何地、发生何种事故，其后果如何，都很难预测，从而给事故的预防带来一定困难。但是，在一定的范围内，事故的随机性遵循数理统计规律，亦即在大量事故统计资料的基础上，可以找出事故发生的规律，预测事故发生概率的大小。因此，事故统计分析对制定正确的预防措施具有重要作用。

（3）必然性。危险是客观存在的，而且是绝对的。因此，人们在生产、生活过程中必然会发生事故，只不过是事故发生的概率大小、人员伤亡的多少和财产损失的严重程度不同而已。人们采取措施预防事故，只能延长事故发生的时间间隔，降低事故发生的概率，而不能完全杜绝事故。

（4）因果相关性。事故是由系统中相互联系、相互制约的多种因素共同作用的结果。导致事故的原因多种多样。从总体上事故原因可分为人的不安全行为、物的不安全状态、环境的不良刺激作用。从逻辑上又可分为直接原因和间接原因等。这些原因在系统中相互作用、相互影响，在一定的条件下发生突变，即酿成事故。通过事故调查分析，探求事故发生的因果关系，搞清事故发生的直接原因、间接原因和主要原因，对于预防事故发生具有积极作用。

（5）突变性。系统由安全状态转化为事故状态实际上是一种突变现象。事故一旦发生，往往十分突然，令人措手不及。因此，制定事故预案，加强应急救援训练，提高作业人员的应激反应能力和应急救援水平，对于减少人员伤亡和财产损失尤为重要。

（6）潜伏性。事故的发生具有突变性，但在事故发生之前存在一个量变过程，亦即系统内部相关参数的渐变过程。所以事故具有潜伏性。一个系统，可能长时间没有发生事故，但这并非就意味着该系统是安全的，因为它可能潜伏着事故隐患。这种系统在事故发生之前所处的状态不稳定，为了达到系统的稳定态，系统要素在不断发生变化。当某一触发因素出现，即可导致事故。事故的潜伏性往往会引起人们的麻痹思想，从而酿成重大恶性事故。

（7）危害性。事故往往造成一定的财产损失或人员伤亡。严重者会制约企业的发展，给社会稳定带来不良影响。因此，人们面对危险，应全力抗争而追求安全。

（8）可预防性。尽管事故的发生是必然的，但我们可以通过采取控制措施来预防事故发生或者延缓事故发生的时间间隔。充分认识事故的这一特性，对于预防事故发生有促进作用。通过事故调查，探求事故发生的原因和规律，采取预防事故的措施，可降低事故发生的概率。

11. 如何控制事故的发生？

事故的发生有其规律，除了人类无法左右的自然因素造成的事故以外，在人类生产和生活中所发生的各种事故均可以预防控制。

事故的预防控制工作应该从技术、管理和教育三个方面考虑，具体措施如下：

（1）安全技术措施。在生产过程中，客观上存在的隐患是事故发生的前提。因此，要预防事故的发生，就需要针对危险隐患采取有效的技术措施进行治理。

1）消除潜在危险。即从本质上消除事故隐患，其基本做法是，以新的系统、新的技术和工艺代替旧的不安全的系统和工艺，从根本上消除发生事故的可能性。例如，用不可燃材料代替可燃材料，改进机械设备、消除人体操作对象和作业环境的危险因素，消除噪声、尘毒对工人的影响等，从而最大可能地保证生产过程的安全。

2）降低设备等的潜在危险严重度。即在无法彻底消除危险的情况下，最大限度地限制和减少危险程度。例如，手电钻工具采用双层绝缘措施，利用变压器降低回路电压，在高压容器中安装安全阀等。

3）闭锁原则。在系统中通过一些原容器件的机器连锁或机电、电气互锁，作为保证安全的条件。例如，冲压机械的安全互锁器，电路中的自动保护器，煤矿上使用的瓦斯—电闭锁装置等。

4）能量屏蔽。在人、物与危险源之间设置屏蔽，防止意外能量作用到人体和物体上，以保证人和设备的安全。例如，建筑高空作业的安全网、核反应堆的安全壳等都应起到保护作用。

5）距离保护。当危险和有害因素的伤害作用随着距离的增加而减弱时，应尽量使人与危险源距离远一些。例如，化工厂建立在远离居民区的地方，爆破时的危险距离控制等。

6）个体保护。根据不同作业性质和条件，配备相应的保护用品及用具，以保护作业人员的安全与健康。例如，安全带、护心镜、绝缘手套等。

7）警告、禁止信息。用光、声、色等其他标志作为传递组织和技术信息的目标，以保证安全。例如，警灯、警报器、安全标志、宣传画等。

（2）组织管理。预防事故的发生，不仅要遵循上述的技术措施，而且还要在组织管理上采取相关的措施，才能最大限度地减少事故发生的可能性。

1）系统整体性。安全工作是一项具有系统性、整体性的工作，它涉及企业生产过程中的各方面。安全工作的整体性要体现出：有明确的工作目标，综合地考虑问题的原因，动态地认识安全状况；而且落实措施要有主次，要有效地抓住各个环节，并且能够适应变化的要求。

2）计划性。安全工作要有计划和规划，近期的目标和长远的目标要协调进行。工作方案、财务的使用要按照规划进行，并且要有最终的评价，形成闭环的管理模式。

3）效果性。安全工作的好坏，要通过最终成果的指标来衡量。但是，由于安全问题的特殊性，安全工作的成果既要考虑经济效益，又要考虑社会效益。正确认识和理解安全的效果性，是落实安全生产措施的重要前提。

4）党政工团协调安全工作。党制定正确的安全生产方针和政策，教育干部和群众遵章守法，了解和解决工人的思想负担，把不安全行为变为安全行为。政府实行安全监察管理职责，不断改善劳动条件，提高企业生产的安全性。工会代表工人的利益，监督政府和企业把安全工作搞好。青年是劳动力中的有生力量，青年工人中往往事故发生率高，因此，动员青年开展事故预防活动，是安全生产的重要保证。

5）安全生产责任制。各级政府及相关的职能部门和企业事业单位应当实行安全生产责任制，对违反安全劳动法规和不负责任而造成伤亡事故的人员应当给予行政处分，造成重大伤亡事故的应当根据刑法追究刑事责任。只有将安全责任落实到实处，安全生产才能得以保证，安全管理才能有效。

（3）安全教育。安全教育的内容可概括为三个方面，即安全态度教育、安全知识教育和安全技能教育。

1）安全态度教育。要想增强人的安全意识，首先应使之对安全有一个正确的态度。安全态度教育包括两个方面，即思想教育（包括安全意识教育、安全生产方针政策教育和法纪教育）和态度教育。

2）安全知识教育。安全知识教育包括安全管理知识教育和安全技术知识教育。对于带有潜藏的不能直接感知其危险性的危险因素的操作，安全知识教育尤其重要。

3）安全技能教育。仅有了安全技术知识并不等于能够安全地从事操作，还必须把安全技术变成进行安全操作的本领，才能取得预期的安全效果，要实现从“知道”到“会做”的过程，就要借助于安全技能培训。安全技能培训包括正常作业的安全技能培训、异常情况的处理技能培训。

综上所述，事故的预防控制要从技术、组织管理和教育等多方面采取措施，从总体上提高预防控制事故的能力，才能有效保证生产和生活的安全，减少损失。

12. 控制事故发生的原则是什么？

海因里希把造成人的不安全行为和物的不安全状态的主要原因归结为以下四个方面的问题。

(1) 不正确的态度。个别职工忽视安全，甚至故意采取不安全行为。

(2) 技术、知识不足。缺乏安全生产知识，缺乏经验或技术不熟练。

(3) 身体不适。生理状态或健康状况不佳，如听力、视力不良，反应迟钝，疾病，醉酒或其他生理机能障碍。

(4) 不良的工作环境。照明、温度、湿度不适宜，通风不良，强烈的噪声、振动，物料堆放杂乱，作业空间狭小，设备、工具缺陷等不良的物理环境，以及操作规程不合适、没有安全规程，其他妨碍贯彻安全规程的事物。

对这四个方面的原因。海因里希提出了防止工业事故的四种有效的方法，后来被归纳为众所周知的3E原则。

(1) 工程技术（Engineering）。运用工程技术手段消除不安全因素，实现生产工艺、机械设备等生产条件的安全。

(2) 教育（Education）。利用各种形式的教育和训练，使职工树立“安全第一”的思想，掌握安全生产所必需的知识和技能。

(3) 强制（Enforcement）。借助于规章制度、法规等必要的行政乃至法律的手段约束人们的行为。

一般地讲，在选择安全对策时应该首先考虑工程技术措施，然后是教育、训练。实际工作中，应该针对不安全行为和不安全状态的产生原因，灵活地采取对策。例如，针对职工的不正确态度问题，应该考虑工作安排上的心理学和医学方面的要求，对关键岗位上的人员要认真挑选，并且加强教育和训练，如能从工程技术上采取措施，则应该优先考虑；对于技术、知识不足的问题，应该加强教育和训练，提高其知识水平和操作技能；尽可能地根据人机学的原理进行工程技术方面的改进，降低操作的复杂程度。为了解决身体不适的问题，在分配工作任务时要考虑心理学和医学方面的要求，并尽可能从工程技术上改进，降低对人员素质的要求。对于不良的物理环境，则应采取恰当的工程技术措施来改进。

即使在采取了工程技术措施，减少、控制了不安全因素的情况下，仍然要通过教育、训练和强制手段来规范人的行为，避免不安全行为的发生。

第三节 事故的发展阶段

13. 事故发展时经历了哪些阶段？

如同一切事物一样，事故亦有其发生、发展以及消除的过程，因而是可以预防的。事故的发展可归纳为3个阶段：孕育阶段、生长阶段和损失阶段。孕育阶段是事故发生的最初阶段，此时事故处于无形阶段，人们可以感觉到它的存在，而不能指出它的具体形式。生长阶段是由于基础原因的存在，出现管理缺陷，不安全状态和不安全行为得以发生，构成生产中事故隐患的阶段。此时，事故处于萌芽状态，人们可以具体指出它的存在。损失阶段是生产中的危险因素被某些偶然事件触发而发生事故，造成人员伤亡和经济损失的阶段。

14. 什么时间内控制事故的发生最有效?

安全工作的目的是要避免因发生事故而造成损失，因此要将事故消灭在孕育阶段和生长阶段。为达到这一目的，首先就需要识别事故，即在事故的孕育阶段和生长阶段中明确识别事故的危险性，所以需要进行事故的分析和评价工作。

15. 金属矿山常见的事故有哪些?

（1）冒顶片帮事故。在采矿生产活动中，最常发生的事故是冒顶片帮事故。冒顶片帮是由于岩石不够稳定，当强大的地压传递到顶板或两帮时，使岩石遭受破坏而引起的。随着掘进工作面和回采工作面的向前推进，工作面空顶面积逐渐增大，顶板和周帮矿岩会由于应力的重新分布而发生某种变形，以致在某些部位出现裂缝，同时岩层的节理也在压力作用下逐渐扩大。在此情况下，顶板岩石的完整性就破坏了。由于顶板岩石完整性破坏的结果，便出现了顶板的下沉弯曲，裂缝逐渐扩大，如果生产技术和组织管理不当，就可能形成顶板岩矿的冒落。这种冒落就是冒顶事故，如果冒落的部位处在巷道的两帮就叫做片帮。

造成冒顶片帮事故的主要因素：

1）采矿方法不合理和顶板管理不善。

2）缺乏有效支护、支护不合理或不及时。

3）检查不周和疏忽大意。

4）浮石处理操作不当。

5）爆破时，装药量过多，振动力过大，破坏了顶板的稳定。

6）地质矿床等自然条件不好，顶板本身强度不够，断裂破碎。

7）地压活动。

8）其他原因。

一般冒顶片帮事故前的预兆：

1）响声。岩层下沉断裂、木支架劈裂、金属支架变形，由顶板运动引起的上述变化均发出响声。

2）掉渣。由于岩层破碎，支架支撑不利，会出现顶板破坏加剧掉渣现象。

3）片帮。岩壁变松发生片帮。

4）裂缝。顶板裂隙增大。

5）漏顶。顶板局部漏顶。

（2）高处坠落事故。高处坠落指在高处作业中发生坠落造成的伤亡事故，不包括触电坠落事故。包括在地表从架子上、屋顶等处的坠落，也包括井下梯子、井筒、斜井、溜矿井等可坠落处的坠落。

造成高处坠落的主要因素：

1）高处作业时安全防护设施损坏。

2）高处作业管理不到位、信号不明确。

3）没有按要求使用安全带、安全帽。

4）使用梯子不当、爬梯子时疏忽大意。

5）作业时，缺少照明，作业人员疏忽大意。

6）没有按要求穿防滑性能良好的软底鞋。

7）提升系统安全装置不完整或不及时修复。

8）乘罐人员不按要求进罐、不使用安全装置、乘坐罐笼注意力不集中。

9）人行斜井坡度太大，梯子架设不牢或没有扶手。

10）溜矿井不加格筛、格筛覆盖不完整、格筛损坏。

(3) 机械伤害事故。机械伤害事故是指机械设备运动（静止）部件、工具、加工件直接与人体接触引起的夹击、碰撞、剪切、卷入、绞、碾、割、刺等伤害，不包括车辆、起重机械引起的机械伤害。

造成机械伤害事故的主要因素：

1）违章操作，穿戴不符合安全规定的服装进行操作。

2）机械设备安全防护装置缺乏或损坏、被拆除等，导致事故发生。

3）操作人员疏忽大意，身体进入机械危险部位。

4）在检修和正常工作时，机器突然被别人随意启动，导致事故发生。

5）在不安全的机械上停留、休息，导致事故发生。

6）安全管理存在不足。

(4) 矿山火灾事故。矿山火灾，是指矿山企业内所发生的火灾。根据火灾发生的地点不同，可分为地面火灾和井下火灾两种。凡是发生在矿井工业场地的厂房、仓库、井架、露天矿场、矿仓、贮矿堆等处的火灾，称地面火灾。凡是发生在井下硐室、巷道、井筒、采场、井底车场以及采空区等地点的火灾称井下火灾。

造成矿山火灾事故的因素：

1）明火（包括火柴点火、吸烟、电焊、气焊、明火灯等）所引燃。

2）油料（润滑油、变压器油、液压设备用油、柴油设备用油、维修设备用油等）在运输、保管和使用时所引起。

3）携带易燃品下井。

4）井下吸烟。

5）井下使用电焊、气焊、喷灯焊、矿尘爆炸以及地面井口火灾火焰顺风流进入井下等。

6）电弧、电火花、杂散电流。

7）电缆、电线、电动机、电钻等电器设备损坏、漏电、失爆、短路或超负荷运行引起火灾。

8）保险丝（片）选用不当。

9）油开关及配电箱内油料着火。

10）炸药在运输、加工和使用过程中所引起。

11）机械作用（包括摩擦、振动冲击等）所引起。

12）电器设备（包括动力线、照明线、变压器、电动设备等）的绝缘损坏和性能不良所引起。

13）由矿岩本身的物理和化学反应热所引起。

(5) 矿山水灾事故。在矿井建设和生产过程中，各种类型的地下水进入采掘工作面的过程成为矿井涌水。矿井涌水的形式有缓慢地进入，也有突然地涌入。后者因水量大、来势猛，故称矿井突水，危害极大。当矿井涌水超过正常排水能力时，就会发生水灾。

造成矿山水灾事故的主要因素：

1）水文地质情况不明，采掘工程接近老窑积水区、含水断层带，未事先探放水，盲目施工，或探水措施不严密，造成透水事故。

2）井巷位置设计不合理，将井巷布置在强含水层附近，施工后在矿山压力和水压的共同作用下，发生顶、底板透水。

3）测量错误导致积水老窑及其他水源位置不准或资料遗漏，隔水岩柱厚度不准，巷道掘进方向与探水孔方向偏离，超出钻孔控制范围等，都能造成巷道与积水区掘透。

4）乱采滥挖，破坏了防水岩柱，或施工质量差造成冒顶等，连通了强水层或其他水源。

5）职工队伍素质差，缺乏安全意识，在有明显透水预兆时不能及时采取措施，致使可以避免的事故发生。

6）井下未设置防水门闸，或虽有门闸却未及时关闭，在透水时灾情扩大。

7）矿井排水设备能力不足，或机电事故而造成淹井。

8）水仓未按时清理，透水时排水设备失去效用。

（6）放炮事故。放炮事故是指爆破作业中的伤亡事故。主要包括早爆事故、拒爆事故、其他事故。

1）早爆事故。主要包括明火引起的爆炸事故、火炮事故、电炮事故、运输事故、高温环境造成的早爆事故、打残眼事故、销毁爆破器材违章事故、误操作引起早爆、石头砸响引起的早爆和化学反应引起的早爆等事故。

2）拒爆事故。主要包括炸药质次或过期变质拒爆、电爆网络拒爆、导爆索网路拒爆、非电导爆管网路拒爆、导爆索起爆的拒爆、装药堵塞作业造成的拒爆等。

3）其他事故。主要包括警戒疏漏事故、飞石事故、地震事故、空气冲击波事故、毒气事故等。

造成放炮事故的主要因素：

1）严重违反《爆破安全规程》的规定，在施工中图省事进行操作。

2）点火器材质量不合格，点火方法违章。

3）导火索药芯密度大或导火索在燃烧中受挤压等导致导火索速燃。

4）导火索段太短和违章点火耽误时间。

5）爆破后过早进入工作面，造成中毒窒息事故。

6）盲炮处理不当，打残眼。

7）警戒不严，信号不明，安全距离不够。

8）工人未经特殊工种培训，施工操作不规范。

9）雷管受潮，或雷管密封防水失效。

10）雷管电阻之差大于0.3Ω采用了非同厂同批生产的雷管。

11）雷管质量不合格，又未经质量性能检测。

12）起爆电流太小，或通电时间过短。

13）起爆器内电池电压不足。

14）起爆器充电时间过短，未达到规定的电压值。

15）爆破网路电阻太大，未经改正，强行起爆。

16）爆破网路错接或漏接，导致起爆电流小于雷管的最小发火电流。

17）爆破网路有短接现象。

18）炸药保管不善受潮或超过有效期，发生硬化和变质现象。

19）药卷之间有岩粉阻隔。

20）由于杂散电流引起电雷管早爆。

21）由静电引起电雷管早爆。

22）雷电产生感应电流引爆电雷管。

23）高温硫化矿床中引爆炸药或雷管。

（7）火药爆炸事故。火药爆炸是指火药、炸药及其制品在生产、加工、运输、贮存中发生的爆炸事故。

造成火药爆炸事故的主要因素：

1）硝化甘油类炸药、硝酸铵类炸药、黑火药和雷管，其中任两种同车运输。

2）硝化甘油在已冻结或半冻结的情况下，由于轻微的摩擦、振动引起爆炸。

3）在炸药加工过程中，不了解炸药的性能、误操作引起炸药爆炸。

4）库房内使用明火或照明设施引发的明火。

5）由衣物或鞋子引起电火花引爆炸药。

6）库房外发生火灾，引爆库内炸药。

7）运输过程中，炸药或爆破器材与其他货物混装，引发摩擦、撞击、抛掷引爆炸药。

（8）触电事故。触电事故是指由于电流流经人体导致的生理伤害。

造成触电事故的主要因素：

1）不填写操作票或不执行监护制度，不使用或使用不合格绝缘工具和电气工具。

2）线路或电气设备工作完毕，未办理工作票总结手续，就对停电设备恢复送电。

3）在带电设备附近进行作业，不符合安全距离或无监护措施。

4）跨越安全围栏或超越安全警戒线，工作人员走错间隔误碰带电设备，以及在带电设备附近使用钢卷尺等进行测量或携带金属超高物体在带电设备下行走。

5）线路摩擦、压破绝缘层使外壳带电，设备缺少漏电保护等防护装置。

6）绝缘胶鞋破损透水，作业者身体或工具碰到带电设备或线路上。

7）缺少标志或标志不明显。

8）工作人员擅自扩大工作范围。

9）使用电动工具金属外壳不接地，不戴绝缘手套。

10）在井下大巷、工作面或金属容器内工作不使用安全电压照明。

11）在潮湿地区、金属容器内工作不穿绝缘鞋，无绝缘垫，无监护人。

12）电气作业的安全管理工作存在漏洞。

（9）中毒与窒息事故。中毒与窒息事故是指人接触有毒物质或呼吸有毒气体引起的人体急性中毒，或在通风不良的作业场所，由于缺氧有时会发生突然晕倒甚至窒息死亡事故。

造成中毒与窒息事故的主要因素：

1）井下发生火灾，产生大量一氧化碳，引起中毒。

2）进入废弃不用的巷道或硐室引起一氧化碳中毒。

3）爆破后，炮烟中一氧化碳和二氧化氮中毒。

4）硫化矿物被水解产生的硫化氢浓度过高引起中毒。

5）含硫矿物缓慢氧化，自燃产生二氧化硫引起中毒。

（10）车辆伤害事故。车辆伤害事故指企业机动车辆在行驶中引起的人体坠落和物体倒塌、下落、挤压伤亡事故，不包括起重设备提升、牵引车辆和车辆停驶时发生的事故。

造成车辆伤害的主要因素：

1）运行的矿车首尾无灯光信号。

2）巷道过窄。

3）电机车制动失灵。

4）电机车速度过快。

5）轨道质量差。

6）巷道内照明不足。

7）阻车器失灵。

（11）物体打击事故。物体打击事故是指物体在重力或其他外力的作用下产生运动，打击人体造成人身伤亡事故，不包括因机械设备、车辆、起重机械、坍塌等引发的物体打击。

造成物体打击事故的主要因素：

1）浮石不及时排、排浮不净或排时不按规程操作，撬小落大、撬前落后等。

2）对排不下的危石，不及时支护。

3）安全帽、背夹等劳保用品穿戴不齐。

4）出矿时精力不集中，对出现的危险不能及时做出反应。

5）工作场所狭小，缺乏躲避空间。

6）照明不足。

7）没有排险工具或排险工具长度不够。

（12）起重伤害事故。起重伤害事故是指各种起重作业（包括起重机安装、检修、试验）中发生的挤压、坠落、（吊具、吊重）物体打击和触电。

造成起重伤害事故的主要因素：

1）违反规程，在运动的吊物下方行走。

2）司机操作不熟练。

3）司机在工作中注意力不集中。

4）起重机控制设备失灵。

5）过卷装置失灵，使钢丝绳割断，导致吊物坠落。

（13）锅炉及受压容器爆炸。锅炉爆炸是指锅炉发生的物理性爆炸事故。适用于使用工作压力大于0.07MPa、以水为介质的蒸汽锅炉。

受压容器爆炸是指压力容器破裂引起的气体爆炸（物理性爆炸）以及容器内盛装的可燃性液化气在容器破裂后立即蒸发，与周围的空气混合形成爆炸性气体混合物遇到火源时产生的化学爆炸。

造成锅炉及受压容器的事故的主要因素：

1）锅炉运行时未使用安全阀。

2）液位计指示不准，造成满水或缺水事故。

3）温度计出现故障，导致超温事故。

4）压力容器受到机械损伤，在高压下发生爆炸事故。

5）压力容器遇到突然撞击或遇到高温而爆炸。

6）未制订安全操作规程或操作人员违章操作，引起超温、超压、压力突然增大等。

7）管理不善或操作人员不具备特种作业资格进行操作。

（14）尾矿库事故。尾矿库事故是指在采选过程中的废石和尾矿在排放和堆积过程中出现的占用土地、损伤地表、污染水质和土壤、危害生物、滑动塌方等事故。

造成尾矿库事故的主要因素：

1）选厂内尾矿处理不合理。

2）尾矿浆浓度过高和输送困难。

3）尾矿坝构筑设计不合理，堆积不牢固。

4）防渗和排渗安排不合理、防洪与排洪效果不好、水循环系统不通畅。

5）废水污染严重、库区土地植被破坏。

第四节　事故致因理论

16. 事故致因理论的产生及发展包括哪些过程？

导致伤亡事故原因的理论研究已有一百多年历史。随着生产力的发展，生产方式的变化，生产关系所反映的安全观念的差异，产生了各种事故致因理论。

在20世纪50年代以前，资本主义工业化大生产飞速发展，美国福特公司的大规模流水线生产方式得到广泛应用。这种生产方式利用机械的自动化迫使工人适应机器，包括操作要求和工作节奏，一切以机器为中心，人成为机器的附属和奴隶。与这种情况相对应，人们往往将生产中的事故原因推到操作者的头上。

1919年，由格林伍德（M. Greenwood）和伍兹（H. Woods）提出了“事故倾向性格”论，后来又由纽伯尔德（Newboid）在1926年以及法默（Farmer）在1939年分别对其进行了补充。该理论认为，从事同样的工作和在同样的工作环境下，某些人比其他人更易发生事故，这些人是事故倾向者，他们的存在会使生产中的事故增多；如果通过人的性格特点区分出这部分人而不予雇佣，则可以减少工业生产的事故。这种理论把事故致因归咎于人的天性，至今仍有某些人赞成这一理论，但是后来的许多研究结果并没有证实此理论的正确性。

1936年美国人海因里希（W. H. Heinrich）提出了事故因果连锁理论。海因里希认为，伤害事故的发生是一连串的事件，按一定因果关系依次发生的结果。他用五块多米诺骨牌来形象地说明这种因果关系，即第一块牌倒下后会引起后面的牌连锁反应而倒下，最后一块牌即为伤害。因此，该理论也被称为“多米诺骨牌”理论。多米诺骨牌理论建立了事故致因的事件链这一重要概念，并为后来者研究事故机理提供了一种有价值的方法。

海因里希曾经调查了75000件工伤事故，发现其中有98%是可以预防的。在可预防的工伤事故中，以人的不安全行为为主要原因的占89.8%，而以设备的、物质的不安全状态为主要原因的只占10.2%。按照这种统计结果，绝大部分工伤事故都是由于工人的不安全行为引起的。海因里希还认为，即使有些事故是由于物的不安全状态引起的，其不安全状态的产生也是由于工人的错误所致。因此，这一理论与事故倾向性格论一样，将事件链中的原因大部分归于操作者的错误，表现出时代的局限性。

第二次世界大战爆发后，高速飞机、雷达、自动火炮等新式军事装备的出现，带来了操作的复杂性和紧张度，使得人们难以适应，常常发生动作失误。于是，产生了专门研究人类的工作能力及其限制的学问——人机工程学，它对战后工业安全的发展也产生了深刻的影响。人机工程学的兴起标志着工业生产中人与机器关系的重大改变。以前是按机械的特性来训练操作者，让操作者满足机械的要求；现在是根据人的特性来设计机械，使机械适合人的操作。

这种在人机系统中以人为主、让机器适合人的观念，促使人们对事故原因重新进行认识。越来越多的人认为，不能把事故的发生简单地说成是操作者的性格缺陷或粗心大意，应该重视机械的、物质的危险性在事故中的作用，强调实现生产条件、机械设备的固有安全，才能切实有效地减少事故的发生。

1949年，葛登（Gorden）利用流行病传染机理来论述事故的发生机理，提出了“用于事故的流行病学方法”理论。葛登认为，流行病病因与事故致因之间具有相似性，可以参照分析流行病因的方法分析事故。

流行病的病因有三种：（1）当事者（病者）的特征，如年龄、性别、心理状况、免疫能力等；（2）环境特征，如温度、湿度、季节、社区卫生状况、防疫措施等；（3）致病媒介特征，如病毒、细菌、支原体等。这三种因素的相互作用，可以导致人的疾病发生。与此相类似，对于事故，一要考虑人的因素，二要考虑作业环境因素，三要考虑引起事故的媒介。

这种理论比只考虑人失误的早期事故致因理论有了较大的进步，它明确地提出事故因素间的关系特征，事故是三种因素相互作用的结果，并推动了关于这三种因素的研究和调查。但是，这种理论也有明显的不足，主要是关于致因的媒介。作为致病媒介的病毒等在任何时间和场合都是确定的，只是需要分辨并采取措施防治；而作为导致事故的媒介到底是什么，还需要识别和定义，否则该理论无太大用处。

1961年由吉布森（Gibson）提出，并在1966年由哈登（Hadden）引申的“能量异常转移”论，是事故致因理论发展过程中的重要一步。该理论认为，事故是一种不正常的，或不希望的能量转移，各种形式的能量构成了伤害的直接原因。因此，应该通过控制能量或者控制能量的载体来预防伤害事故，防止能量异常转移的有效措施是对能量进行屏蔽。

能量异常转移论的出现，为人们认识事故原因提供了新的视野。例如，在利用“用于事故的流行病学方法”理论进行事故原因分析时，就可以将媒介看成是促成事故的能量，即有能量转移至人体才会造成事故。

20世纪70年代后，随着科学技术不断进步，生产设备、工艺及产品越来越复杂，信息论、系统论、控制论相继成熟并在各个领域获得广泛应用。对于复杂系统的安全性问题，采用以往的理论和方法已不能很好地解决，因此出现了许多新的安全理论和方法。

在事故致因理论方面，人们结合信息论、系统论和控制论的观点、方法，提出了一些有代表性的事故理论和模型。相对来说，20 世纪 70 年代以后是事故致因理论比较活跃的时期。

20 世纪 60 年代末（1969 年）由瑟利（J. Surry）提出，20 世纪 70 年代初得到发展的瑟利模型，是以人对信息的处理过程为基础，描述事故发生因果关系的一种事故模型。这种理论认为，人在信息处理过程中出现失误从而导致人的行为失误，进而引发事故。与此类似的理论还有 1970 年的海尔（Hale）模型，1972 年威格里沃思（Wigglesworth）的“人失误的一般模型”，1974 年劳伦斯（Lawrence）提出的“金属矿山人失误模型”，以及 1978 年安德森（Anderson）等人对瑟利模型的修正等。

这些理论均从人的特性与机器性能和环境状态之间是否匹配和协调的观点出发，认为机械和环境的信息不断地通过人的感官反映到大脑，人若能正确地认识、理解、判断，作出正确决策和采取行动，就能化险为夷，避免事故和伤亡；反之，如果人未能察觉、认识所面临的危险，或判断不准确而未采取正确的行动，就会发生事故和伤亡。由于这些理论把人、机、环境作为一个整体（系统）看待，研究人、机、环境之间的相互作用、反馈和调整，从中发现事故的致因，揭示出预防事故的途径，所以，也有人将它们统称为系统理论。

动态和变化的观点是近代事故致因理论的又一基础。1972 年，本尼尔（Benner）提出了在处于动态平衡的生产系统中，由于“扰动”（Perturbation）导致事故的理论，即 P 理论。此后，约翰逊（Johnson）于 1975 年发表了“变化—失误”模型，1980 年诺兰茨（W. E. Talanch）在《安全测定》一书中介绍了“变化论”模型，1981 年佐藤音信提出了“作用—变化与作用连锁”模型。

近十几年来，比较流行的事故致因理论是“轨迹交叉”论。该理论认为，事故的发生不外乎是人的不安全行为（或失误）和物的不安全状态（或故障）两大因素综合作用的结果，即人、物两大系列时空运动轨迹的交叉点就是事故发生的所在，预防事故的发生就是设法从时空上避免人、物运动轨迹的交叉。与轨迹交叉论类似的理论是“危险场”理论。危险场是指危险源能够对人体造成危害的时间和空间的范围。这种理论多用于研究存在诸如辐射、冲击波、毒物、粉尘、声波等危害的事故模式。

17. 什么是事故倾向频发论？

事故频发倾向论（Accident Proneness）是阐述企业工人中存在着个别人容易发生事故的、稳定的、个人的内在倾向的一种理论。

1919 年，格林伍德和伍慈对许多工厂里伤害事故发生次数资料按如下三种统计分布进行另外统计检验。

（1）泊松分布（Poisson Distribution）。当员工发生事故的概率不存在个体差异时，即不存在事故频发倾向者时，一定时间内事故发生次数服从泊松分布。在这种情况下，事故的发生是由于工厂里的生产条件、机械设备方面的问题，以及一些其他偶然因素引起的。

（2）偏倚分布（Biased Distribution）。一些工人由于存在着精神或心理方面的毛病，如果在生产操作过程中发生过一次事故，则会造成胆怯或神经过敏，当再继续操作时，就有重复发生第二次、第三次事故的倾向。造成这种统计分布的是人员中存在少数有精神或心理缺陷的人。

（3）非均等分布（Distribution of Unequal Liability）。当工厂中存在许多特别容易发生事故的人时，发生不同次数事故的人数服从非均等分布，即每个人发生事故的概率不相同。在这种情况下，事故的发生主要是由于人的因素引起的。为了检验事故频发倾向的稳定性，他们还计算了被调查工厂中同一个人在前三个月和后三个月里发生事故次数的相关系数，结果发现，工厂中存在着事故频发倾向者，并且前、后三个月事故次数的相关系数变化在0.37 ±0.12 到0.72 ±0.07 之间，皆为正相关。

1926 年，纽鲍尔德研究大量工厂中事故发生次数分布，证明事故发生次数服从发生概率极小，且每个人发生事故概率不等的统计分布。他计算了一些工厂中前五个月和后五个月事故次数的相关系数，其结果为0.04 ±0.009 ~0.71 ±0.06。这也充分证明了存在着事故频发倾向者。

从这种现象出发，1939 年，法默和查姆勃明确提出了事故频发倾向的概念，也就是我们现在称为的事故频发倾向理论。

据国外文献介绍，事故频发倾向者往往有如下的性格特征：（1）感情冲动，容易兴奋；（2）脾气暴躁；（3）厌倦工作，没有耐心；（4）慌慌张张，不沉着；（5）动作生硬而工作效率低；（6）喜怒无常，感情多变；（7）理解能力低，判断和思考能力差；（8）极度喜悦和悲伤；（9）缺乏自制力；（10）处理问题轻率、冒失；（11）运动神经迟钝，动作不灵活。

根据这种理论，工厂中少数人具有事故频发倾向，是事故频发倾向者，他们的存在是工业事故发生的主要原因，这是该理论的误区。尽管如此，从职业适合性的角度来看，也有一定的可取之处。

18. 什么是事故因果连锁论？

（1）海因里希因果连锁理论。海因里希是最早提出事故因果连锁理论的，他用该理论阐明导致伤亡事故的各种因素之间，以及这些因素与伤害之间的关系。该理论的核心思想是：伤亡事故的发生不是一个孤立的事件，而是一系列原因事件相继发生的结果，即伤害与各原因相互之间具有连锁关系。

海因里希提出的事故因果连锁过程包括如下五种因素（图 1-1）：

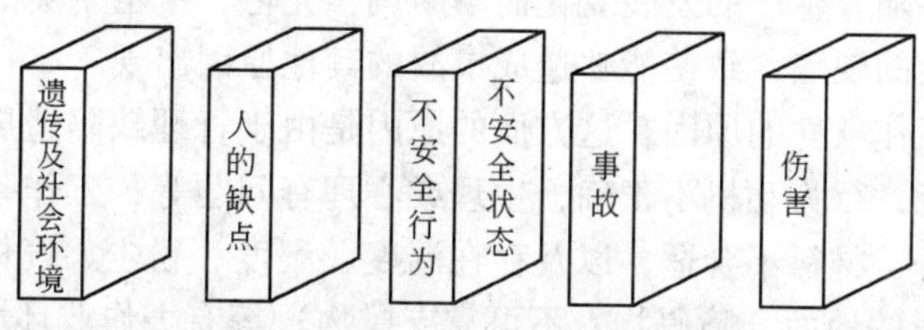

图 1-1　海因里希事故因果连锁示意图

第一，遗传及社会环境（M）。遗传及社会环境是造成人的缺点的原因。遗传因素可能使人具有鲁莽、固执、粗心等对于安全来说属于不良的性格；社会环境可能妨碍人的安全素质培养，助长不良性格的发展。这种因素是因果链上最基本的因素。

第二，人的缺点（P）。即由于遗传和社会环境因素所造成的人的缺点。人的缺点是使人产生不安全行为或造成物的不安全状态的原因。这些缺点既包括诸如鲁莽、固执、易过激、神经质、轻率等性格上的先天缺陷，也包括诸如缺乏安全生产知识和技能等的后天不足。

第三，人的不安全行为或物的不安全状态（H）。这二者是造成事故的直接原因。海因里希认为，人的不安全行为是由于人的缺点而产生的，是造成事故的主要原因。

第四，事故（D）。事故是一种由于物体、物质或放射线等对人体发生作用，使人员受到或可能受到伤害的、出乎意料的、失去控制的事件。

第五，伤害（A）。即直接由事故产生的人身伤害。

上述事故因果连锁关系，可以用5块多米诺骨牌来形象地加以描述。如果第一块骨牌倒下（即第一个原因出现），则发生连锁反应，后面的骨牌相继被碰倒（相继发生）。

该理论积极的意义就在于，如果移去因果连锁中的任一块骨牌，则连锁被破坏，事故过程被中止。海因里希认为，企业安全工作的中心就是要移去中间的骨牌——防止人的不安全行为或消除物的不安全状态，从而中断事故连锁的进程，避免伤害的发生。

海因里希的理论有明显的不足，如它对事故致因连锁关系的描述过于绝对化、简单化。事实上，各个骨牌（因素）之间的连锁关系是复杂的、随机的。前面的牌倒下，后面的牌可能倒下，也可能不倒下。事故并不是全都造成伤害，不安全行为或不安全状态也并不是必然造成事故。尽管如此，海因里希的事故因果连锁理论促进了事故致因理论的发展，成为事故研究科学化的先导，具有重要的历史地位。

（2）博德事故因果连锁理论。博德在海因里希事故因果连锁理论的基础上，提出了与现代安全观点更加吻合的事故因果连锁理论。

博德的事故因果连锁过程同样为五个因素，但每个因素的含义与海因里希的都有所不同。

第一，管理缺陷。对于大多数企业来说，由于各种原因，完全依靠工程技术措施预防事故既不经济也不现实，只能通过完善安全管理工作，经过较大的努力，才能防止事故的发生。企业管理者必须认识到，只要生产没有实现本质安全化，就有发生事故及伤害的可能性，因此，安全管理是企业管理的重要一环。

安全管理系统要随着生产的发展变化而不断调整完善，十全十美的管理系统不可能存在。由于安全管理上的缺陷，致使能够造成事故的其他原因出现。

第二，个人及工作条件的原因。这方面的原因是由于管理缺陷造成的。个人原因包括缺乏安全知识或技能，行为动机不正确，生理或心理有问题等；工作条件原因包括安全操作规程不健全，设备、材料不合适，以及存在温度、湿度、粉尘、气体、噪声、照明、工作场地状况（如打滑的地面、障碍物、不可靠支撑物）等有害作业环境因素。只有找出并控制这些原因，才能有效地防止后续原因的发生，从而防止事故的发生。

第三，直接原因。人的不安全行为或物的不安全状态是事故的直接原因。这种原因是安全管理中必须重点加以追究的原因。但是，直接原因只是一种表面现象，是深层次原因的表征。在实际工作中，不能停留在这种表面现象上，而要追究其背后隐藏的管理上的缺陷原因，并采取有效的控制措施，从根本上杜绝事故的发生。

第四，事故。这里的事故被看作是人体或物体与超过其承受阈值的能量接触，或人体与妨碍正常生理活动的物质的接触。因此，防止事故就是防止接触。可以通过对装置、材料、工艺等的改进来防止能量的释放，或者操作者提高识别和回避危险的能力，佩带个人防护用具等来防止接触。

第五，损失。人员伤害及财物损坏统称为损失。人员伤害包括工伤、职业病、精神创伤等。

在许多情况下，可以采取恰当的措施使事故造成的损失最大限度地减小。例如，对受伤人员进行迅速正确地抢救，对设备进行抢修以及平时对有关人员进行应急训练等。

（3）亚当斯事故因果连锁理论。亚当斯提出了一种与博德事故因果连锁理论类似的因果连锁模型，该模型以表格的形式给出，见表 1-1。

表 1-1　亚当斯事故因果连锁模型

管理体系	管理失误		现场失误	事　故	伤害或损坏
目　标 组　织 机能运转	领导者在下述方面决策失误或没作决策 （1）方针政策 （2）目标 （3）规范 （4）责任 （5）职责 （6）考核 （7）权限授予	安全技术人员在下述方面存在失误 （1）行为 （2）责任 （3）权限范围 （4）规则 （5）指导 （6）主动性 （7）积极性 （8）业务活动	不安全行为 不安全状态	伤亡事故 损坏事故 无伤害事故	对人 对物

在该理论中，事故和损失因素与博德理论相似。这里把人的不安全行为和物的不安全状态称作现场失误，其目的在于提醒人们注意不安全行为和不安全状态的性质。

亚当斯理论的核心在于对现场失误的背后原因进行了深入的研究。操作者的不安全行为及生产作业中的不安全状态等现场失误，是由于企业领导和安技人员的管理失误造成的。管理人员在管理工作中的差错或疏忽，企业领导人的决策失误，对企业经营管理及安全工作具有决定性的影响。管理失误又由企业管理体系中的问题所导致，这些问题包括：如何有组织地进行管理工作，确定怎样的管理目标，如何计划、如何实施等。管理体系反映了作为决策中心的领导人的信念、目标及规范，它决定各级管理人员安排工作的轻重缓急、工作基准及指导方针等重大问题。

（4）北川彻三事故因果连锁理论。前面几种事故因果连锁理论把考察的范围局限在企业内部。实际上，工业伤害事故发生的原因是很复杂的，一个国家或地区的政治、经济、文化、教育、科技水平等诸多社会因素，对伤害事故的发生和预防都有着重要的影响。

日本人北川彻三正是基于这种考虑，对海因里希的理论进行了一定的修正，提出了另一种事故因果连锁理论，见表 1-2。

表 1-2 北川彻三事故因果连锁理论

基本原因	间接原因	直接原因		
管理原因 学校教育原因 社会历史原因	技术原因 教育原因 身体原因 精神原因 管理原因	不安全行为 不安全状态	事 故	伤 害

在北川彻三的因果连锁理论中，基本原因中的各个因素，已经超出了企业安全工作的范围。但是，充分认识这些基本原因因素，对综合利用可能的科学技术、管理手段来改善间接原因因素，达到预防伤害事故发生的目的，是十分重要的。

19. 什么是能量释放论？

（1）能量意外转移理论的概念。在生产过程中能量是必不可少的，人类利用能量做功以实现生产目的。人类为了利用能量做功，必须控制能量。在正常生产过程中，能量在各种约束和限制下，按照人们的意志流动、转换和做功。如果由于某种原因能量失去了控制，发生了异常或意外的释放，则称发生了事故。

如果意外释放的能量转移到人体，并且其能量超过了人体的承受能力，则人体将受到伤害。吉布森和哈登从能量的观点出发，曾经指出：人受伤害的原因只能是某种能量向人体的转移，而事故则是一种能量的异常或意外的释放。

能量的种类有许多，如动能、势能、电能、热能、化学能、原子能、辐射能、声能和生物能，等等。人受到伤害都可以归结为上述一种或若干种能量的异常或意外转移。麦克法兰特（Mc Farland）认为："所有的伤害事故（或损坏事故）都是因为：1）接触了超过机体组织（或结构）抵抗力的某种形式的过量的能量；2）有机体与周围环境的正常能量交换受到了干扰（如窒息、淹溺等）。因而，各种形式的能量构成伤害的直接原因。"根据此观点，可以将能量引起的伤害分为两大类：

第一类伤害是由于转移到人体的能量超过了局部或全身性损伤阈值而产生的。人体各部分对每一种能量的作用都有一定的抵抗能力，即有一定的伤害阈值。当人体某部位与某种能量接触时，能否受到伤害及伤害的严重程度如何，主要取决于作用于人体的能量大小。作用于人体的能量超过伤害阈值越多，造成伤害的可能性越大。例如，球形弹丸以 4.9N 的冲击力打击人体时，最多轻微地擦伤皮肤，而重物以 68.9N 的冲击力打击人的头部时，会造成头骨骨折。

第二类伤害则是由于影响局部或全身性能量交换引起的。例如，因物理因素或化学因素引起的窒息（如溺水、一氧化碳中毒等），因体温调节障碍引起的生理损害、局部组织损坏或死亡（如冻伤、冻死等）。

能量转移理论的另一个重要概念是：在一定条件下，某种形式的能量能否产生人员伤害，除了与能量大小有关以外，还与人体接触能量的时间和频率、能量的集中程度、身体接触能量的部位等有关。

用能量转移的观点分析事故致因的基本方法是：首先确认某个系统内的所有能量源；

然后确定可能遭受该能量伤害的人员，伤害的严重程度；进而确定控制该类能量异常或意外转移的方法。

能量转移理论与其他事故致因理论相比，具有两个主要优点：一是把各种能量对人体的伤害归结为伤亡事故的直接原因，从而决定了以对能量源及能量传送装置加以控制作为防止或减少伤害发生的最佳手段这一原则；二是依照该理论建立的对伤亡事故的统计分类，是一种可以全面概括、阐明伤亡事故类型和性质的统计分类方法。

能量转移理论的不足之处是：由于意外转移的机械能（动能和势能）是造成工业伤害的主要能量形式，这就使得按能量转移观点对伤亡事故进行统计分类的方法尽管具有理论上的优越性，然而在实际应用上却存在困难。它的实际应用尚有待于对机械能的分类作更加深入细致的研究，以便对机械能造成的伤害进行分类。

（2）应用能量意外转移理论预防伤亡事故。从能量意外转移的观点出发，预防伤亡事故就是防止能量或危险物质的意外释放，从而防止人体与过量的能量或危险物质接触。在工业生产中，经常采用的防止能量意外释放的措施有以下几种：

1）用较安全的能源替代危险大的能源。例如：用水力采煤代替爆破采煤；用液压动力代替电力等。

2）限制能量。例如：利用安全电压设备；降低设备的运转速度；限制露天爆破装药量等。

3）防止能量蓄积。例如：通过良好接地消除静电蓄积；采用通风系统控制易燃易爆气体的浓度等。

4）降低能量释放速度。例如：采用减振装置吸收冲击能量；使用防坠落安全网等。

5）开辟能量异常释放的渠道。例如：给电器安装良好的地线；在压力容器上设置安全阀等。

6）设置屏障。屏障是一些防止人体与能量接触的物体。屏障的设置有三种形式：第一，屏障被设置在能源上，如机械运动部件的防护罩、电器的外绝缘层、消声器、排风罩等；第二，屏障设置在人与能源之间，如安全围栏、防火门、防爆墙等；第三，由人员佩戴的屏障，即个人防护用品，如安全帽、手套、防护服、口罩等。

7）从时间和空间上将人与能量隔离。例如：道路交通的信号灯；冲压设备的防护装置等。

8）设置警告信息。在很多情况下，能量作用于人体之前，并不能被人直接感知到，因此使用各种警告信息是十分必要的，如各种警告标志、声光报警器等。

以上措施往往几种同时使用，以确保安全。此外，这些措施也要尽早使用，做到防患于未然。

20. 什么是能量释放因果论？

调查伤亡事故原因发现，大多数伤亡事故都是因为过量的能量，或干扰人体与外界正常能量交换的危险物质的意外释放引起的，并且，几乎毫无例外地，这种过量能量或危险物质的释放都是由于人的不安全行为或物的不安全状态造成。即，人的不安全行为或物的不安全状态使得能量或危险物质失去了控制，是能量或危险物质释放的导火线。

美国矿山局的札别塔基斯（Michael Zabetakis）依据能量意外释放理论，建立了新的事故因果连锁模型（见图1-2）。

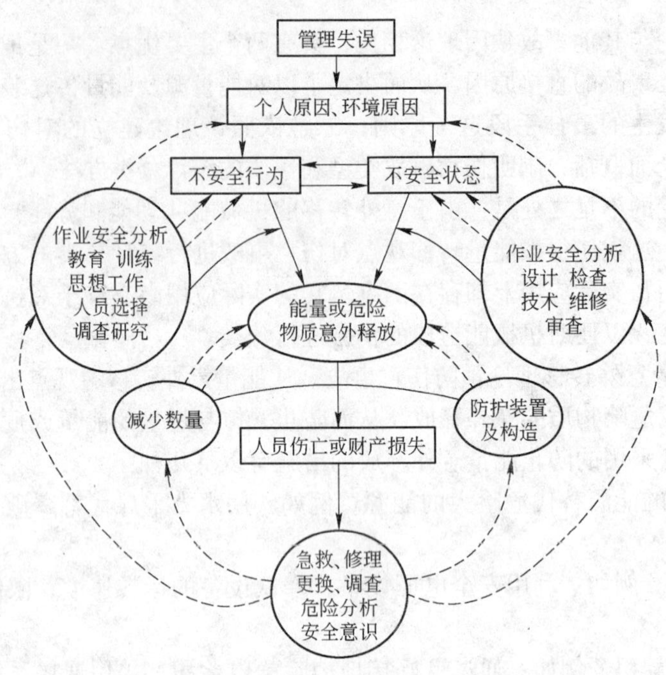

图1-2　能量观点的事故因果连锁

（1）事故。事故是能量或危险物质的意外释放，是伤害的直接原因。为防止事故发生，可以通过技术改进来防止能量意外释放，通过教育训练提高职工识别危险的能力，佩戴个体防护用品来避免伤害。

（2）不安全行为和不安全状态。人的不安全行为和物的不安全状态是导致能量意外释放的直接原因，它们是管理缺欠、控制不力，缺乏知识、对存在的危险估计错误，或其他个人因素等基本原因的征兆。

（3）基本原因。基本原因包括三个方面的问题：

1）企业领导者的安全政策及决策。它涉及生产及安全目标；职员的配置；信息利用；责任及职权范围、职工的选择、教育训练、安排、指导和监督；信息传递、设备、装置及器材的采购、维修；正常时和异常时的操作规程；设备的维修保养等。

2）个人因素。能力、知识、训练；动机、行为；身体及精神状态；反应时间；个人兴趣等。

3）环境因素。为了从根本上预防事故，必须查明事故的基本原因，并针对查明的基本原因采取对策。

为了从根本上预防事故，必须查明事故的基本原因，并针对查明的基本原因采取对策。

21. 什么是扰动起源论？

1972年，本奈（Benner）提出了解释事故致因的综合概念和术语，同时把分支事件链和事故过程链结合起来，并用逻辑图加以显示。他指出，从调查事故起因的目的出发，把一个事件看成某种发生过的事物，是一次瞬时的重大情况变化，是导致下一事件发生的偶然事件。一个事件的发生势必由有关人或物所造成。将有关人或物统称之为“行为者”，其举止活动则称“行为”。这样，一个事件可用术语“行为者”和“行为”来描述。“行为者”可以是任何有生命的机体，如司机、车工、厂长；或者任何非生命的物质，如机械、洪水、车轮。“行为”可以是发生的任何事，如运动、故障、观察或决策。事件必须按单独的行为者和行为来描述，以便把事故过程分解为若干部分加以分析综合。

1974 年，劳伦斯（Lawrence）利用上述理论提出了扰动起源论。该理论认为“事件”是构成事故的因素。任何事故当它处于萌芽状态时就有某种非正常的“扰动”，称之为起源事件。事故形成过程是一组自觉或不自觉的，指向某种预期的或不测结果的相继出现的事件链。这种事故进程包括了外界条件及其变化的影响。相继事件过程是在一种自动调节的动态平衡中进行的。如果行为者行为得当或受力适中，即可维持能流稳定而不偏离，从而达到安全生产；如果行为者的行为不当或发生故障，则对上述平衡产生扰动，就会破坏和结束自动动态平衡而开始事故的进程，一事件继发另一事件，最终导致“终了事件”——事故和伤害。这种事故和伤害或损坏又会依次引起能量释放或其他变化。于是，可以把事故看成从相继的事故事件过程中的扰动开始，最后以伤害或损坏而告终。这可称之为事故的“P 理论”。图 1-3 为这种理论的示意图。

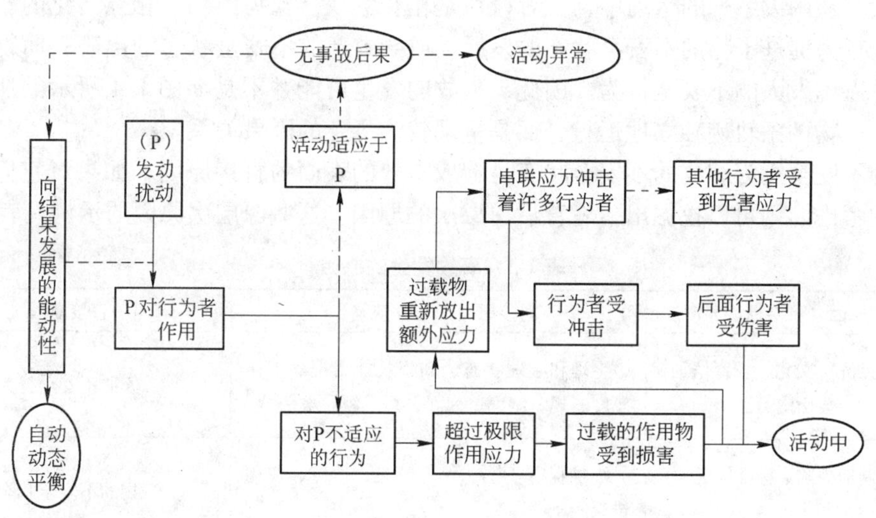

图 1-3　P 理论一般事故模型

22. 什么是轨迹交叉论？

轨迹交叉论的基本思想是：伤害事故是许多相互联系的事件顺序发展的结果。这些事件概括起来不外乎人和物（包括环境）两大发展系列。当人的不安全行为和物的不安全状态在各自发展过程中（轨迹），在一定时间、空间发生了接触（交叉），能量转移于人体时，伤害事故就会发生。而人的不安全行为和物的不安全状态之所以产生和发展，又是受多种因素作用的结果。

轨迹交叉理论的示意图见图 1-4。图中，起因物与致害物可能是不同的物体，也可能是同一个物体；同样，肇事者和受害者可能是不同的人，也可能是同一个人。

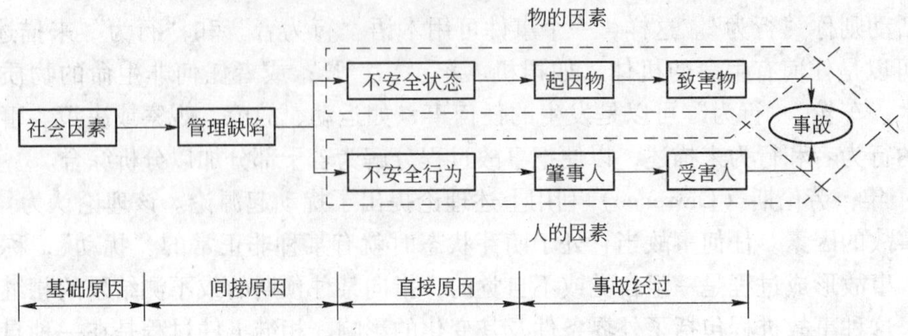

图 1-4　轨迹交叉论事故模型

轨迹交叉理论反映了绝大多数事故的情况。在实际生产过程中，只有少量的事故仅仅由人的不安全行为或物的不安全状态引起，绝大多数的事故是与二者同时相关的。例如：日本劳动省通过对 50 万起工伤事故调查发现，只有约 4% 的事故与人的不安全行为无关，而只有约 9% 的事故与物的不安全状态无关。

在人和物两大系列的运动中，二者往往是相互关联，互为因果，相互转化的。有时人的不安全行为促进了物的不安全状态的发展，或导致新的不安全状态的出现；而物的不安全状态可以诱发人的不安全行为。因此，事故的发生可能并不是如图 1-4 所示的那样简单地按照人、物两条轨迹独立地运行，而是呈现较为复杂的因果关系。

人的不安全行为和物的不安全状态是造成事故的表面的直接原因，如果对它们进行更进一步的考虑，则可以挖掘出二者背后深层次的原因。这些深层次原因的示例见表 1-3。

表 1-3　事故发生的原因

基础原因（社会原因）	间接原因（管理缺陷）	直接原因
遗传、经济、文化、教育培训、民族习惯、社会历史、法律	生理和心理状态、知识技能情况、工作态度、规章制度、人际关系、领导水平	人的不安全行为
设计、制造缺陷、标准缺乏	维护保养不当、保管不良、故障、使用错误	物的不安全状态

轨迹交叉理论作为一种事故致因理论，强调人的因素和物的因素在事故致因中占有同样重要的地位。按照该理论，可以通过避免人与物两种因素运动轨迹交叉，来预防事故的发生。同时，该理论对于调查事故发生的原因，也是一种较好的工具。

23. 什么是管理失误论?

该模型认为，事故之所以发生，是因为客观上存在着不安全因素及众多的社会因素和不利的环境条件。这一理论认为，人的不安全行为和物的不安全状态是造成事故的主要原因。但是，造成“人的不安全行为——人的失误”和“物的不安全状态”的背后往往是由于“管理上的失误”所造成的。从这一基点出发，作者认为“管理失误”是发生事故的本质原因。

由图1-5可见，人的不安全行为可以造成物的不安全状态，而物的不安全状态又会客观上造成人发生不安全行为的环境条件。

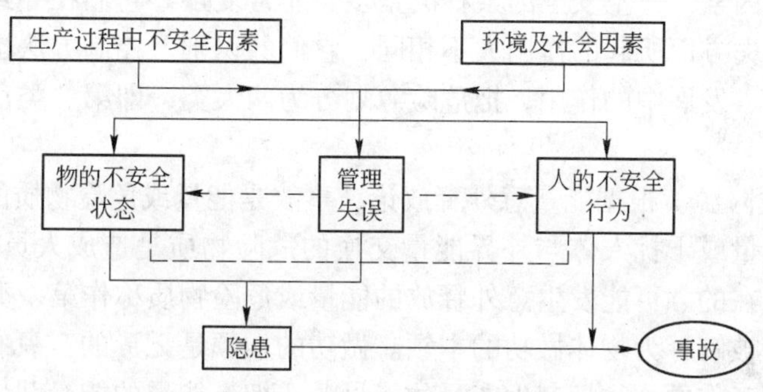

图1-5　以管理失误为主因的模型

从图1-5可见，“隐患”往往是由物的不安全状态和管理上的缺陷共同耦合而成的。显然，如果“隐患”一经形成，这时，如果出现“人的不安全行为”，则会导致事故的发生。比方说，绞车提升钢丝绳由于使用年限超限而发生断股，但若在正常操作时尚不至于马上断裂，按要求，如果及时更换，则可避免事故隐患的存在，但由于管理不善，不按章及时更换，则客观上埋下了“隐患”。这样的钢丝绳，如果在运行过程中进行急刹车，可以断言，它马上会导致断裂而造成事故。

所以从这一模型可以清楚地看出，要想事故不发生，则应杜绝“不安全状态”、“管理失误”和“人的不安全行为”的发生。

应强调指出的是，物的不安全状态有时往往较难发现，而“人的不安全行为”是自由性的，随机的，行动较容易被发现。所以，在事故分析中，常把“人的失误”看成最主要的，往往是断定为事故的直接责任者，有时，这种判定是正确的，但有时却是不对的，因为大家应看到“物质”在事故中是呈第一性的，所以，在事故的分析与预防时，应注意重视“物的不安全状态”。另外，从模型上看，假定“物的不安全状态”已经存在，但若管理不失误，则就可以避免危险性的扩大，这样，就可避免事故的发生。

譬如，在一个工作面的开口处，由于原有的巷道与新掘出的巷道交叉，造成暴露面积的加大，在这一区域，顶板压力显然要增大。此时，若作业规程没明确地规定加强支护，工人按这样的不完善的作业规程进行作业，没进行足够的支护，造成了物的不安全状态。这实际上就是埋下了事故的隐患，倘若没有进行及时的处理，就会酿成事故。

24. 什么是两类危险源论？

随着科学技术的不断进步，设备、工艺及产品越来越复杂。各种大规模复杂系统相继问世，这些复杂的系统往往由非常复杂的关系相连接，人们在研制、开发、使用及维护这些大规模复杂系统的过程中，逐渐萌发了系统安全的基本思想。在系统安全研究中，认为危险源的存在是事故发生的根本原因，防止事故就是消除控制系统中的危险源。

危险源一词译自英文单词的 Hazard，按英文词典的解释，“Hazard—a source of danger”，即危险的根源的意思。哈默（Willie Hammer）定义危险源为可能导致人员伤害或财物损失事故的，潜在的不安全因素。按此定义，生产、生活中的许多不安全因素都是危险源。

实际上，事故因素——不安全因素种类繁多、非常复杂，它们在导致事故发生、造成人员伤害和财物损失方面所起的作用大不相同，它们的识别、控制方法也大不相同。根据危险源在事故发生、发展中的作用，把危险源划分为两大类，即第一类危险源和第二类危险源。

（1）第一类危险源。根据能量意外释放论，事故是能量或危险物质的意外释放，作用于人体的过量的能量或干扰人体与外界能量交换的危险物质是造成人员伤害的直接原因。于是，把系统中存在的、可能发生意外释放的能量或危险物质称作第一类危险源。

一般地，能量被解释为物体做功的本领。做功的本领是无形的，只有在做功时才显现出来。因此，实际工作中往往把产生能量的能量源或拥有能量的能量载体作为第一类危险源来处理。例如，带电的导体、奔驰的车辆等。

可以列举常见的第一类危险源如下：

1）产生、供给能量的装置、设备；

2）使人体或物体具有较高势能的装置、设备、场所；

3）能量载体；

4）一旦失控可能产生巨大能量的装置、设备、场所，如强烈放热反应的化工装置等；

5）一旦失控可能发生能量蓄积或突然释放的装置、设备、场所，如各种压力容器等；

6）危险物质，如各种有毒、有害、可燃烧爆炸的物质等；

7）生产、加工、储存危险物质的装置、设备、场所；

8）人体一旦与之接触将导致人体能量意外释放的物体。

第一类危险源具有的能量越多，一旦发生事故其后果越严重。相反，第一类危险源处于低能量状态时比较安全。同样，第一类危险源包含的危险物质的量越多，干扰人的新陈代谢越严重，其危险性越大。

（2）第二类危险源。在生产、生活中，为了利用能量，让能量按照人们的意图在系统中流动、转换和做功，必须采取措施约束、限制能量，即必须控制危险源。约束、限制能量的屏蔽应该可靠地控制能量，防止能量意外释放。实际上，绝对可靠的控制措施并不存在，在许多因素的复杂作用下约束、限制能量的控制措施可能失效，能量屏蔽可能被破坏而发生事故。导致约束、限制能量措施失效或破坏的各种不安全因素称作第二类危险源。

如前所述，札别塔基斯认为人的不安全行为和物的不安全状态是造成能量或危险物质意外释放的直接原因。从系统安全的观点来考察，使能量或危险物质的约束、限制措施失效、破坏的原因因素，即第二类危险源，包括人、物、环境三个方面的问题。

在系统安全中涉及人的因素问题时，采用术语“人失误”。人失误是指人的行为的结果偏离了预定的标准，人的不安全行为可被看作是人失误的特例。人失误可能直接破坏对第一类危险源的控制，造成能量或危险物质的意外释放。例如，合错了开关使检修中的线路带电；误开阀门使有害气体泄放等。人失误也可能造成物的故障，物的故障进而导致事故。例如，超载起吊重物造成钢丝绳断裂，发生重物坠落事故。

物的因素问题可以概括为物的故障。故障是指由于性能低下不能实现预定功能的现象，物的不安全状态也可以看作是一种故障状态。物的故障可能直接使约束、限制能量或危险物质的措施失效而发生事故。例如，电线绝缘损坏发生漏电；管路破裂使其中的有毒有害介质泄漏等。有时一种物的故障可能导致另一种物的故障，最终造成能量或危险物质的意外释放。例如，压力容器的泄压装置故障，使容器内部介质压力上升，最终导致容器破裂。物的故障有时会诱发人失误；人失误会造成物的故障，实际情况比较复杂。

环境因素主要指系统运行的环境，包括温度、湿度、照明、粉尘、通风换气、噪声和振动等物理环境，以及企业和社会的软环境。不良的物理环境会引起物的故障或人失误。例如，潮湿的环境会加速金属腐蚀而降低结构或容器的强度；工作场所强烈的噪声影响人的情绪，分散人的注意力而发生人失误。企业的管理制度、人际关系或社会环境影响人的心理，可能引起人失误。

第二类危险源往往是一些围绕第一类危险源随机发生的现象，它们出现的情况决定事故发生的可能性。第二类危险源出现得越频繁，发生事故的可能性越大。

一起事故的发生是两类危险源共同起作用的结果。第一类危险源的存在是事故发生的前提，没有第一类危险源就谈不上能量或危险物质的意外释放，也就无所谓事故。另外，如果没有第二类危险源破坏对第一类危险源的控制，也不会发生能量或危险物质的意外释放。第二类危险源的出现是第一类危险源导致事故的必要条件。

在事故的发生、发展过程中，两类危险源相互依存、相辅相成。第一类危险源在事故时释放出的能量是导致人员伤害或财物损坏的能量主体，决定事故后果的严重程度；第二类危险源出现的难易决定事故发生的可能性的大小。两类危险源共同决定危险源的危险性，如图 1-6 所示。

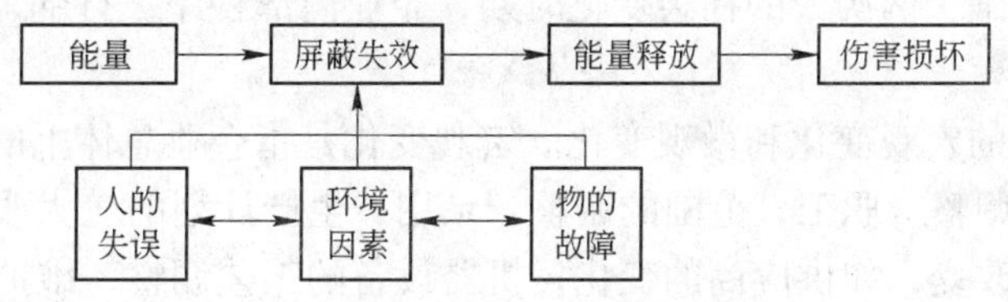

图 1-6 两类危险源理论的事故因果连锁

在企业的实际事故预防工作中，第一类危险源客观上已经存在并且在设计、建造时已经采取了必要的控制措施，因此事故预防工作的重点乃是第二类危险源的控制问题。

25. 什么是变化论?

世界是在不断运动、变化着的，工业生产过程也在不断变化之中。针对客观世界的变化，我们的安全工作也要随之改进，以适应变化了的情况。如果管理者不能或没有及时地适应变化，则将发生管理失误；操作者不能或没有及时地适应变化，则将发生操作失误；外界条件的变化也会导致机械、设备等的故障，进而导致事故的发生。

约翰逊认为：事故是由意外的能量释放引起的，这种能量释放的发生是由于管理者或操作者没有适应生产过程中物的或人的因素的变化，产生了计划错误或人为失误，从而导致不安全行为或不安全状态，破坏了对能量的屏蔽或控制，即发生了事故，由事故造成生产过程中人员伤亡或财产损失。图 1-7 为约翰逊的变化-失误理论示意图。

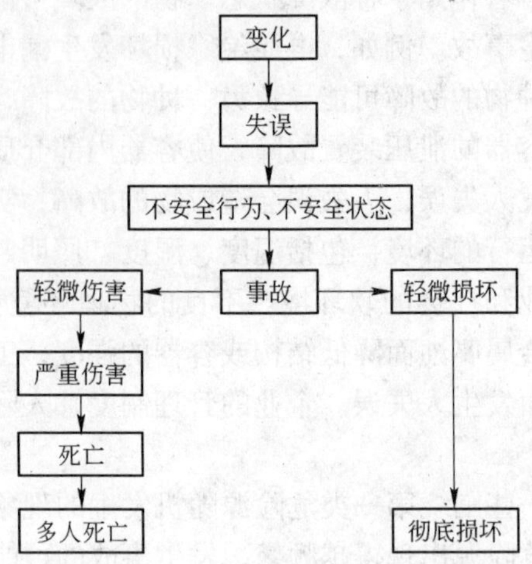

图 1-7　约翰逊的变化-失误理论示意图

按照变化的观点，变化可引起人失误和物的故障，因此，变化被看作是一种潜在的事故致因，应该被尽早地发现并采取相应的措施。作为安全管理人员，应该对下述的一些变化给予足够的重视：

（1）企业外部社会环境的变化。企业外部社会环境，特别是国家政治或经济方针、政策的变化，对企业的经营理念、管理体制及员工心理等有较大影响，必然也会对安全管理造成影响。例如，从对新中国成立以后全国工业伤害事故发生状况的分析可以发现，在大跃进和“文化大革命”两次大的社会变化时期，企业内部秩序被打乱，伤害事故均大幅度上升。

（2）企业内部的宏观变化和微观变化。宏观变化是指企业总体上的变化，如领导人的变更，经营目标的调整、职工大范围的调整、录用，生产计划的较大改变等。微观变化是指一些具体事物的改变，如供应商的变化，机器设备的工艺调整、维护等。

（3）计划内与计划外的变化。对于有计划进行的变化，应事先进行安全分析并采取安全措施；对于不是计划内的变化，一是要及时发现变化，二是要根据发现的变化采取正确的措施。

（4）实际的变化和潜在的变化。通过检查和观测可以发现实际存在着的变化；潜在的变化却不易发现，往往需要靠经验和分析研究才能发现。

（5）时间的变化。随着时间的流逝，人员对危险的戒备会逐渐松弛，设备、装置性能会逐渐劣化，这些变化与其他方面的变化相互作用，引起新的变化。

（6）技术上的变化。采用新工艺、新技术或开始新工程、新项目时发生的变化，人们由于不熟悉而易发生失误。

（7）人员的变化。这里主要指员工心理、生理上的变化。人的变化往往不易掌握，因素也较复杂，需要认真观察和分析。

（8）劳动组织的变化。当劳动组织发生变化时，可能引起组织过程的混乱，如项目交接不好，造成工作不衔接或配合不良，进而导致操作失误和不安全行为的发生。

（9）操作规程的变化。新规程替换旧规程以后，往往要有一个逐渐适应和习惯的过程。

需要指出的是，在管理实践中，变化是不可避免的，也并不一定都是有害的，关键在于管理是否能够适应客观情况的变化。要及时发现和预测变化，并采取恰当的对策，做到顺应有利的变化，克服不利的变化。

约翰逊认为，事故的发生一般是多重原因造成的，包含着一系列的变化-失误连锁。从管理层次上看，有企业领导的失误、计划人员的失误、监督者的失误及操作者的失误等。该连锁的模型见图1-8。

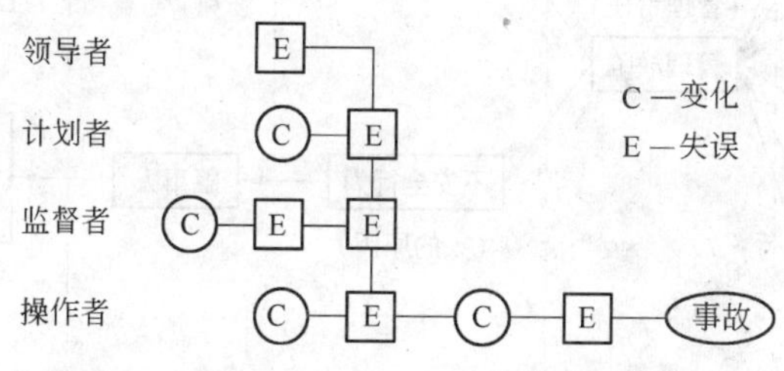

图1-8　变化-失误连锁模型

26. 什么是综合论？

从上述各种事故致因理论的分析中可以看出，人的不安全行为和物的不安全状态是造成事故的表面直接原因，如果对它们进行更进一步的考虑，则可挖掘出二者背后深层次的原因。

如今国内外的安全专家普遍认为，事故的发生不是单一因素造成的，也并非个人偶然失误或单纯设备故障所形成的，而是各种因素综合作用的结果。

综合论认为，事故的发生是社会因素、管理因素、生产中各种危险源被偶然事件触发所造成的结果。综合论事故模型见图1-9。

综合论认为，事故的适时经过是由起因物和肇事人偶然触发了加害物和受害人而形成的灾害现象。

偶然事件之所以触发，是由于生产中环境条件存在着危险源的各种隐患（物的不安全状态）和人的某种失误（人的不安全行为）共同构成事故的直接原因。

这些物质的、环境的以及人的原因，是由管理上的失误、管理上的缺陷和管理责任所导致。这是形成直接原因的间接原因，也是重要的基本原因。形成间接原因的因素，包括社会的经济、文化、教育、习惯、历史、法律等基础原因，统称之为社会因素。

显然，这个理论综合地考虑了各种事故现象和因素，因而比较正确，有利于各种事故的分析、预防和处理，是当今世界上最为流行的理论。美国、日本和我国都主张按这种模式分析事故。

事故的发生过程可以表述为由基础原因的“社会因素”产生“管理因素”，进一步产生“生产中的危险因素”，通过人与物的偶然因素触发而发生伤亡和损失。

调查分析事故的过程则与上述经历方向相反。如逆向追踪：通过事故现象，查询事故经过，进而了解物的环境原因和人的原因等直接造成事故的原因；依次追查管理责任（间接原因）和社会因素（基础原因）。

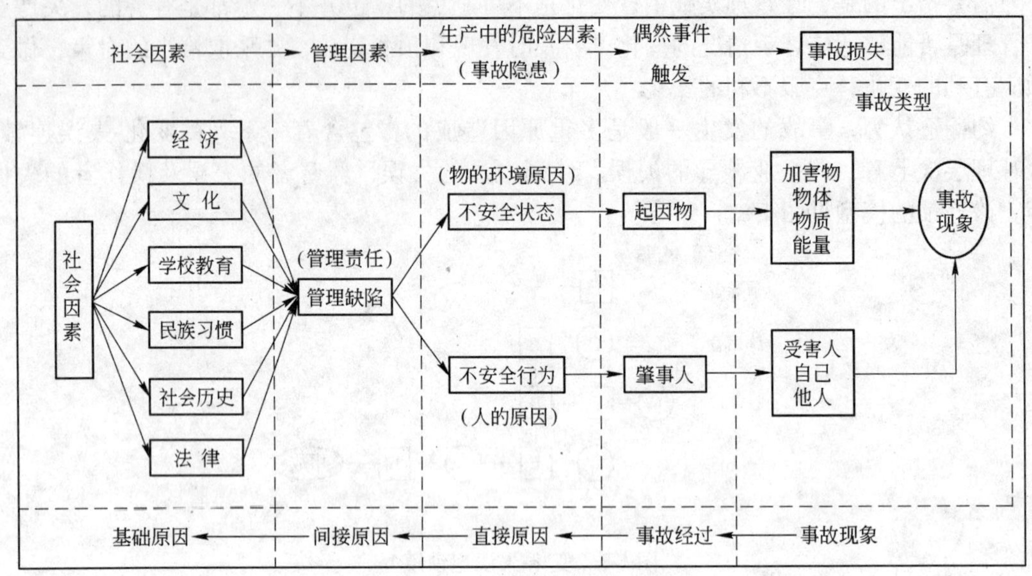

图 1-9　综合论事故模型

第二章 事故预防原理

第一节 事故可预防原理

27. 什么是事故预防原理？

事故预防原理是指通过采用一些技术和管理的手段使事故不发生。

28. 什么是事故控制？

事故控制是指通过采用技术和管理的手段，使事故发生后造不成严重的后果或降低后果的严重性。

例：火灾的预防和控制，通过规章制度和采用不可燃或者不易燃材料可以避免火灾发生，而火灾报警，喷淋装置，应急疏散措施和计划等则是火灾发生后控制火灾和损失的手段。

29. 如何搞好事故预防工作？

对于事故的预防，应从安全技术、安全教育、安全管理三个方面入手。为了防止事故发生，必须在上述三个方面实施事故预防与控制的对策，或结合使用上述措施，合理地采取相应措施，才有可能搞好事故预防工作。

第二节 安全技术对策

30. 什么是安全技术对策？

安全技术对策是以工程技术手段解决安全问题，预防事故的发生及减少事故造成的伤害和损失，是预防和控制事故的最有效的安全措施，也是本质安全的体现。

31. 评价一个系统是否安全应该从哪几方面考虑？

（1）防止人的失误：必须装配在安装、检修和操作过程中防止人失误的安全装置或措施，保障由于人的意外失误而造成伤害事故。如单相电源插头，规定火线、零线、地线的分布呈等腰三角形而非正三角形，还规定三线各自的位置，这样就可以避免因插错位置而造成的事故。

（2）控制后果的严重程度：人的失误有时是不可能避免的，在系统中应该设置相关的保护装置，保护由于人的意外失误可能导致的伤害事故的发生，使系统的有关部件或元件在运行过程中得到控制或限制，保证安全。如触电保安器就是在人触电后防止对人造成伤害的一种技术措施。

（3）防止故障传递的能力：防止由于一个部件或元件的故障而引起其他部件或元件的故障，以避免事故的发生。如电气线路中的保险丝，压力锅上的易熔塞。

（4）失误或故障导致事故的难易：应能保证至少 2 个或 2 个以上的人同时失误才能导致事故发生。对安全水平要求较高的系统，则应通过技术手段保证至少 3 个或更多的失误或故障同时发生才会导致事故的发生。常用的并联冗余系统就可以达到这个目的。

（5）承受能量释放的能力：运行过程中偶然可能会产生高于正常水平的能量释放，应采取措施使系统能够承受这种释放。如加大系统的安全系数就是其中一种方法。

（6）防止能量蓄积的能力：能量蓄积到一定的量往往会导致意外释放。因而应采取防止能量蓄积的措施，保障能量的积聚达不到发生事故的阈值。如压力容器的安全阀。

32. 防止能量逆流于人体的措施有哪些？

（1）限制能量：主要限制能量的转移速度和大小，如使用低压测量仪表等。

（2）用较安全的能源代替危险性大的能源：如用气压代替油压。

（3）防止能量积聚：如控制易燃易爆气体的浓度，电器上安装保险丝等。

（4）控制能量释放：如电器安装绝缘装置，在储存能源时采用保护性容器。

（5）延缓能量释放：如容器上设置安全阀，座椅上设置安全带。

（6）开辟能量释放渠道：如电气安装接地电线，水电站设置泄洪闸等。

（7）在能源上设置屏障：如安装消声器，自动喷水灭火装置。

（8）在人、物与能源之间设置屏障：如安装防火门、保护罩、防爆墙、佩戴安全帽、手套和穿着防护服等。

（9）提高防护标准：如采用抗损材料，双重绝缘措施，实施远距离遥控等。

（10）改善工作条件和环境，防止损失扩大：如改变工艺流程，增设安全装置，建立紧急救护中心。

33. 控制系统的有害因素基本原则有哪些？

（1）根除：从根本上消除危险和有害因素。其手段就是实现本质安全，这是预防事故的最优选择。

（2）控制：当危险、有害因素无法根除时，则采取控制措施使之降低到人们可以接受的水平。如依靠个体防护降低吸入粉尘的数量，以低毒无毒物质代替高毒物质。

（3）屏蔽和隔离：当根除和控制都无法做到时，则对危险有害因素加以屏蔽和隔离，使之无法对人造成伤害或危害。如安全罩，防护屏等。

（4）设置薄弱环节：利用薄弱元件，使危险因素达到阈值之前就预先破坏，以防止重大破坏性事故。如保险丝，爆破片等。

（5）联锁：以某种方法使一些元件相互制约以保证在违章操作时机器不能启动，或处在危险状态时自动停止。如起重机械的超载限制器。

（6）隔离：使危险或有害因素远离操作者或防止危险、有害因素进入人的操作地带。

如安全栅栏。

（7）提高设备的安全性：提高设备的强度，以防止由于设备破坏而导致发生事故，如压力容器的壁厚等。

（8）时间防护：缩短作业人员处在危险、有害因素环境中的时间。如在有毒有害环境中作业可以实行缩短工时作业制度。

（9）距离防护：增加人与危险、有害因素之间的距离，以消除、减轻它们对人体的伤害。如在有放射性、辐射、噪声的环境中作业，在条件允许的情况下，应加大与其的作业距离。

（10）智能化：对于存在严重危险或有害因素的场所，用机器人或运用自动控制技术来取代操作人员进行操作，如采场的装载机可以通过遥控进行作业。

（11）传递警告和禁止信息：运用声、光、警告色等技术手段告诫人避开危险、危害，或禁止人进入危险、有害区域。

34. 预防事故的安全技术有哪些？

（1）控制能量：因为事故后果的严重程度与系统中能量的大小紧密相关，因而用控制能量的方法，可以从根本上保证系统的安全性。

（2）危险最小化设计：通过设计消除危险或使危险最小化，是避免事故发生，确保系统的安全水平的最有效的方法。

（3）隔离：隔离是一种空间分离法，采用护板、栅栏等设施将已识别的危险源与人员和设备隔开，以防止事故一旦发生将对人体造成伤害。

（4）闭锁、锁定和联锁：它们的功能是防止人员违章或失误而造成意外事故。

（5）有效安全设计：在系统的一部分发生故障或失效的情况下，在一定的时间内也能保证系统安全运行的安全技术。

（6）故障最小化：方法主要有降低故障率和实施安全监控两种形式。降低故障率主要采取提高系统各元件的可靠性，安全监控主要检测系统运行中的各个参数，保障各个参数不超过安全的阈值。

35. 怎样避免和减少事故损失？

（1）隔离：隔离除了作为一种广泛应用的事故预防的方法之外，还经常用于减少因事故中能量剧烈释放而造成的损失。隔离技术在避免或减少事故损失方面的应用有增大距离、隔离和封闭等。

（2）个体防护：在对所发生的事故没有较好的技术控制措施或采用的措施仍不能完全保证人的生命安全的情况下，个体防护是一种好的解决办法。它向使用者提供了一个有限的可控环境，将人与危险分开。

（3）能量缓冲装置：事故发生后通过能量缓冲装置吸收部分能量，可以保护有关人员和设备的安全。如工人戴的安全帽，汽车中的安全带，都可以吸收冲击能量，防止或减轻伤害。

（4）薄弱环节：其作用是使系统中积蓄的能量通过薄弱环节得到部分释放，以小的代价避免严重事故的发生，达到保护人和设备的目的。

（5）逃逸，避难和营救：当事故发生到不可控制的程度时，则应采取措施逃离事故影响区域，采取避难等自我保护措施和为救援创造一个可行的条件。

第三节 安全教育对策

36. 企业安全教育的内容有哪些？

（1）安全思想教育：安全生产的思想教育是安全教育的基础，可以提高职工安全生产的自觉性、责任心、积极性，意在培养职工的安全素质和安全意识。主要包括：

1）安全生产方针、政策、法规教育。

2）劳动纪律和制度教育。

一般包括：安全生产责任制、安全检查制度、安全奖励制度以及安全管理制度等。

安全思想教育工作主要指针对生产活动中反映出来的不利于安全生产的各种思想、观点、想法等所进行的经常性的说服和教育工作。对职工的安全思想教育，应贯穿于生产过程之中，根据不同人员、不同时间、不同问题等有针对性地进行教育。目前一些企业在生产过程中坚持班前布置安全、班中检查安全、班后总结安全的制度和职工违章离岗安全教育、工伤事故责任制复工安全教育，都是这种教育的具体形式。

（2）安全技术知识教育：安全技术寓于生产技术之中，安全技术知识一般由生产技术知识、一般安全技术知识和专业安全技术知识三部分组成。安全技术知识教育是使职工重点掌握自己和与己相关的岗位的必须安全知识，提高职工安全素质，增强岗位作业的安全可靠性。这一点，对新工人和转岗工人特别重要。

（3）安全技能教育：安全技术教育的重点是安全技能教育。仅有安全技术知识，并不等于就能够安全地从事操作，还必须把它变成安全操作的本领。安全技能，包括岗位操作的重点、难点、注意事项，危急情况应变措施，安全技能教育不仅要靠书本的讲授，更主要靠演示和练习才能掌握。

37. 什么是三级安全教育？

三级安全教育是指新入厂的员工必须进行安全教育包括厂级安全教育、车间级安全教育和岗位（工段、班组）安全教育。对调换新工种的员工以及采取新技术、新工艺、新设备、新材料的岗位也必须对新上岗的操作者进行岗前培训，经考试合格后，方可上岗操作。三级安全教育制度是企业安全教育的基本教育制度。

38. 高空作业人员安全教育内容有哪些？

（1）高空作业工人须经过身体检查合格后，方可施工作业；

（2）高空作业时必须佩戴安全带，防滑鞋，挂好挂钩，并有安全防护栏和安全网等防护设施；

（3）在高空作业条件较差时，避免单人单独操作；

（4）高空作业时，对施工工具和材料要有保护措施，避免掉落，严禁向下方丢弃废物；

（5）在搭设脚手架时，要统一指挥、协调作业，严禁使用材质、规格和缺陷不符合要求的配件；

（6）拆除脚手架时，要按搭设时相反的顺序拆除；

（7）严禁操作人员以绳索及起重机作为梯子上下，严禁在未固定的脚手架上工作；

（8）夜间进行高处作业时，配足照明设备，有塌陷、空洞地区要设有明显的标志；

（9）高空作业附近有高压线时，应先拆除或采取防护措施。

39. 三级安全教育内容有哪些？

（1）矿级安全教育包括：

1）国家和地方有关安全生产法律、法规、上级安全生产管理规定，矿山安全生产规章制度。

2）矿山安全生产特点及注意事项。

3）入矿（厂）安全须知和一般安全知识、守则及抢救自救常识。

4）矿山内部特殊危险部位的介绍。

5）矿山典型事故案例及预防事故措施。

6）经考核合格后才能分配工作。

（2）工区（车间）级安全教育包括：

1）工区（车间）生产特点和安全注意事项。

2）工区（车间）安全生产规章制度。

3）相关工作安全技术操作规程。

4）本单位的危险部位，危险机电设施。

5）本单位的职业危害及预防措施。

6）工区（车间）历年典型事故案例、教训及预防事故的措施。

7）参观本单位的生产作业现场。

8）本工种或本岗位的生产知识。

9）经考核合格后才能分配工作。

（3）班组安全教育

1）队组的工作性质、工作职责、本岗位的基本生产技术知识及队组安全生产概况。

2）岗位工种所操作的机具设备的安全操作规程及操作方法。

3）各种安全防护设施的性能和作用。

4）作业地点的文明生产要求，掌握尘源、毒源、危险区域、危险机件、危险物的控制方法。

5）发生事故时的紧急救灾措施和安全撤退路线。

6）安全、消防装置及工器具、个人防护用品的性能、使用及注意事项。

7）岗位事故案例及预防事故措施。

8）经考核合格后（笔试或口试），在指定师傅的带领下上岗作业。

40. 三级安全教育与其他安全教育的关系？

三级安全教育是最基础的安全教育，新员工除要接受三级安全教育培训以外，还必须接受经常性的安全教育，复工教育，“五新”教育，特别是要从事特种作业的员工，还必须接受专门的特种作业人员安全教育培训，取得特种作业人员操作资格证，才能上岗作业。“三级”安全教育不能代替其他教育，其他教育也不能代替三级安全教育，员工只有通过这些教育培训，才能不断提高自身的安全意识和技能，从而实现安全生产。

41. 安全教育的作用？

（1）提高企业员工的安全意识。所谓安全意识就是安全生产重要性在人们头脑中反映的程度，职工的行为是由他的思想意识支配的。从诸多事故案例可以看出，往往越是安全的地方越容易发生事故，其原因正是因为安全系数大，导致了人们思想麻痹、安全意识减弱。许多事故发生的原因分析和调查结果明确显示，职工对安全生产的认识和态度与事故发生率之间存在着密切的关系，职工对安全重视的单位事故发生率低，反之，事故发生率高。

（2）帮助职工掌握安全知识和技术。良好的安全意识，对于安全生产固然重要，但如果缺乏必要的安全知识和安全操作技能也难免会发生事故。由于不懂安全知识，没有熟练的安全操作技术而发生的事故也为数不少。由于企业职工是不断变动更新的，同时，随着科技发展，企业不断运用新原料、新设备、新工艺、新技术、新产品，不进行安全知识和技术的更新教育，就很难避免发生事故。

（3）实现全员安全管理。安全管理的效果如何，在某种意义上讲，取决于广大职工的安全认识水平和安全责任感。只有人人都切实感觉到，搞好安全生产是他们的切实利益所在，是与自己本身和家庭幸福息息相关的大事，是每位职工义不容辞的责任，职工才会积极行动起来，自觉地参与安全管理。为此，必须通过广泛的宣传教育，使安全生产的思想深入人心，唤起广大职工强烈的安全责任感，增强安全意识，这样，安全管理才有坚实的群众基础。

42. 什么是经常性安全教育？

由于企业的生产方法，环境，机械设备的使用状态及人的心理状态都处于变化之中，因此安全教育不可能一劳永逸。对于人来说，由于其大部分安全技术知识与技能均为短期记忆，必然随时间而衰减，因而必须开展经常性的安全教育，进一步强化人的安全意识与知识技能，保证其的安全状态。如班前班后会，安全会议等。

43. 安全教育的形式有哪些？

（1）广告式：包括安全广告、标语、宣传画、标志、展览、黑板报等形式。

（2）演讲式：包括教学、讲座、经验介绍、演讲比赛等。

（3）会议讨论式：包括事故现场分析会、班前班后会、专题研讨会等。

（4）竞赛式：包括口头、笔头知识竞赛，安全消防技能竞赛以及其他各种安全活动评比。

（5）声像式：用声像等现在艺术手段，使安全教育寓教于乐。

（6）文艺演出式：它是以安全为题材编写和演出的相声和小品以及话剧等。

（7）学校正规教学：利用国家或企业办的大学、中专、技校，开设专业教学班，开办安全工程专业。

（8）展览及安全出版物：通过展览物，把注意力集中到有关工厂近来发生的事故上；定期出版安全杂志和简报等出版物，介绍操作规程等安全措施以及预防事故的新方法。

44. 如何提高安全教育的效率？

（1）领导要重视安全教育。

（2）安全教育要注重效果。

（3）要重视初始印象对学习者的重要性。

（4）要注意巩固学习成果。

（5）应与企业安全文化建设相结合。

45. 什么是特种作业人员？

特种作业人员是指其作业的场所、操作的设备，操作内容具有较大的危险性，容易发生伤亡事故，或者容易对操作者本人、他人以及周围设施造成重大危害的作业人员。由于特种作业人员在生产作业过程中承担的风险较大，一旦发生事故，便会带来较大的损失。因此，对特种作业人员必须进行专门的安全技术知识教育和安全操作技术训练，并经严格的考试，考试合格后方可上岗作业。

46. 特种作业人员应当符合的条件有哪些？

（1）年满18周岁，且不超过国家法定退休年龄；

（2）经社区或者县级以上医疗机构体检健康合格，并无妨碍从事相应特种作业的器质性心脏病、癫痫病、美尼尔氏症、眩晕症、癔症、震颤麻痹症、精神病、痴呆症以及其他疾病和生理缺陷；

（3）具有初中及以上文化程度；

（4）具备必要的安全技术知识与技能；

（5）相应特种作业规定的其他条件。

危险化学品特种作业人员除符合前款第（1）项、第（2）项、第（4）项和第（5）项规定的条件外，还应当具备高中或者相当于高中及以上文化程度。

47. 特种作业包括哪些种类？

电工作业：含发电、送电、变电、配电工，电气设备的安装、运行、检修（维修）、试验工，矿山井下电钳工。

金属焊接，切割作业：含焊接工、切割工。

起重机械（含电梯）作业：含起重机械（含电梯）司机、司索工、信号指挥工，安装与维修工。

企业内机动车辆驾驶：含在企业内及码头、货场等生产作业区域和施工现场行驶的各类机动车辆的驾驶人员。

登高架设作业：含2m以上登高架设、拆除、维修工，高层建构物表面清洁工。

锅炉作业（含水质化验）：含承压锅炉的操作工、锅炉水质化验工。

压力容器作业：含压力容器罐装工、检验工、运输押运工，大型空气压缩机操作工。

制冷作业：含制冷设备安装工、操作工、维修工。

爆破作业：含地面工程爆破、井下爆破工。

矿山排水作业：含矿井主排水泵工、尾矿坝作业工。

矿山安全检查作业：含安全检查工、电器设备防爆检查工。

矿山提升运输作业：含主提升机操作工、（上，下山）绞车操作工、固定胶带输送机操作工、信号工、拥罐工。

采掘（剥）作业：含掘进机司机、耙岩机司机、凿岩机司机。

危险物品作业：含危险化学品、民用爆炸品、放射性物品的操作工，运输押运工，储存保管员。

经国家安全监督管理总局批准的其他的作业。

第四节　安全管理对策

48. 什么是“三同时”？

三同时是指矿山新建、改建或扩建工程和改造技术工程项目时必须有保障安全生产、预防事故和职业危害的安全设施，安全设施必须与主体工程同时设计、同时施工、同时投入生产和使用。三同时是一种法律制度。“三同时”制度，是指对环境有影响的一切基本建设项目、技术改造项目和区域开发建设项目，其防止污染和生态破坏的设施必须与主体工程同时设计、同时施工、同时投产使用的法律规定。“三同时”制度也是落实我国预防为主原则的一项法律制度。

49. 什么是“四不放过”？

（1）事故原因未查清不放过；

（2）事故责任人未受到处理不放过；

（3）事故责任人和周围群众没有受到教育不放过；

（4）事故没有制订切实可行的整改措施不放过。

50. 安全检查的内容有哪些？

（1）查思想：检查各级领导对安全生产的思想认识情况，以及贯彻落实“安全第一、预防为主”方针和“三同时”等有关情况。

（2）查管理：检查各采场、工段、班组的日常安全管理工作的进行情况。

（3）查制度：检查矿山企业中各项规章制度的制定和贯彻执行情况。

（4）查隐患和整改：检查重大危险源监控和事故隐患整改的落实情况以及存在的问题。

（5）查事故处理：检查矿山对伤亡事故是否及时汇报、认真调查、严肃处理。

51. 安全检查的方式有哪些？

（1）一般性检查：一般性检查又称普遍检查，是一种经常的、普遍性的检查，目的是对安全管理、安全技术、工业卫生的情况作一般性的了解。

（2）专业性检查：专业性检查是指对特殊作业、特殊设备、特殊场所进行的检查。

（3）季节性检查：季节性检查是根据季节特点，为保障安全生产的特殊要求所进行的检查。

（4）节假日前后的检查：由于节日前职工容易因考虑过节等因素而造成精力分散，因而应进行安全生产、防火保卫、文明生产等综合检查；节日后则要进行遵章守纪和安全生产的检查，以避免因放假后职工精力涣散而引起纪律松懈等问题。

第五节　保险与风险管理

52. 什么是保险？

保险是指投保人根据合同约定，向保险人支付保险费，保险人对于合同约定的可能发生的事故所造成的财产损失承担赔偿保险金的责任，或则当被保险人死亡、伤残和达到合同约定的年龄期限时，承担给付保险责任的保险行为。

53. 什么是企业财产保险？

企业财产保险是指以投保人存放在固定地点的财产和物资作为保险标志的一种保险，保险标的有效地点相对固定且处于相对静止状态。

54. 什么是第三者综合责任保险？

第三者综合责任保险是指被保险人以第三者依法应负的民事损害赔偿责任为保险标的保险，属于责任保险范畴。

55. 什么是职业责任保险？

职业责任保险是指承保各种专业技术人员由于工作上的疏忽或过失造成合同一方或他人的人身伤害或财产损失的经济赔偿责任的保险。

56. 什么是保证保险？

保证保险是由保险人为被保险人向权利人提供的担保业务。当被保证人的行为或不行为致使权利人遭受经济损失时，保险人负经济赔偿责任。

57. 什么是健康保险？

健康保险是以被保险人的身份为保险标的，保证被保险人在疾病或意外事故所致伤害时的费用或损失获得补偿的一种人身保险，包括重大疾病保险、住院医疗保险、手术保险、收入损失保险等。

58. 什么是死亡保险?

死亡保险是指以人的死亡为保险事故，在事故发生时，由保险人给付一定保险金额的保险。

59. 什么是两全保险?

两全保险，又称生死合险，是指被保险人生存期间或某一特定期间，保险人按合同约定向被保险人或其他年金受益人给付保险金的人寿保险。

60. 什么是意外伤害保险?

意外伤害保险是指保险人对被保险人由意外伤害事故所致的死亡或疾病，或者支付医疗费用，或者按照合同约定给付全部或部分保险金的保险。

61. 什么是投资连结保险?

投资连结保险是指包含保险保障功能并至少在一个投资账户中拥有一定资产价值的人身保险。是一种寿险与投资基金相结合的产品。

62. 什么是社会保险?

社会保险是指在既定的社会政策的指导下，由国家通过立法手段对公民强制征收保险费，形成保障基金，用以对其中因年老、疾病、生育、伤残、死亡和失业而导致丧失劳动能力或失去工作机会的成员提供基本生存保障的一种社会保障制度。

63. 什么是工伤保险?

工伤保险亦称职业伤害保险，是对在劳动过程中遭受人身伤害的职工、遗属提供经济补偿的一种社会保险制度。

64. 什么是可保风险?

保险中的可保风险仅限于纯风险，即指只有损失可能而无获利的机会的不确定性，但并非所有的纯风险都是可保风险。

65. 什么是风险管理?

风险管理是指面临风险者进行风险识别、风险估测、风险评价、风险控制以减少风险负面影响的决策及行动过程。

66. 什么是回避风险?

回避风险是指主动避开损失发生的可能性。它适用于对付那些损失发生概率高且损失程度大的风险。

67. 什么是预防风险?

预防风险是指采取预防措施，以减少损失发生的可能性及损失的严重程度。对于安全管理来说，就是指事故预防和应急措施两种手段。

68. 什么是自留风险?

自留风险是指自己非理性或理性地主动承担风险。“非理性”是指对损失发生存在侥幸心理或对潜在损失程度估计不足从而暴露于风险中；“理性”是指经正确分析，认为潜在损失在承受范围之内，而且自己承担全部或部分风险比购买保险更经济合算，这适用于对付发生概率小，且损失程度低的风险。

69. 什么是转移风险?

转移风险是指通过某种安排，把自己面临的风险全部或部分转移给另一方，通过转移风险而得到保障。保险就是转移风险的风险管理手段之一。

70. 科学的安全风险评价指标体系的内容是什么?

危险性评价方法按对评价指标进行量化处理来分类，一般可分为定性评价、定量评价和综合评价。

（1）定性危险性评价。定性评价是指根据经验和判断能力对生产工艺、设备、环境、人员、管理等方面的状况进行非量化评价。危险源辨识就是对危险性的一个定性评价，它由参与评价的人员凭借自己所掌握的知识、经验，对照有关的标准、规范，或者根据同类系统或类似系统以往的事故统计资料，找出系统中存在的可能在某种条件下引发事故的危险源，同时提出安全控制措施。定性评价结果总体来说比较粗略，只能大概地了解系统的危险程度，且评价结果受评价人员的经验、思维倾向、分析判断能力以及所占有资料的影响。

（2）定量危险性评价。定量评价包括半定量评价和定量评价两种类型。

半定量评价是指用一种或几种可直接或间接反映物质和系统危险性的指数指标来评价系统的危险性大小，如物质特性指数、人员素质指标等。

定量评价根据对危险性量化方法的不同，又分为相对的定量危险性评价和概率危险性评价。

1）相对的定量危险性评价。相对的定量危险性评价是对系统中存在的各种危险源，按照一定的标准打分，然后运用数学的方法将各项分值综合成一个指数，根据指数值确定系统的危险性。故又称为指数法或评点法。该方法应用起来较为简单，但易受评价者主观影响。

2）概率危险性评价。概率的危险性评价方法是一种以可行性为基础的评价方法，通过运用故障树分析、事件树分析、故障类型和影响分析等方法，查找出系统可能的故障或事故模式，并根据已经积累的故障和事故数据，计算出待评价系统的故障或事故发生概率，进而计算出系统的风险度和可接受的风险值。由于这种评价方法的评价结果是根据大量数据统计资料，经科学计算得出的，故它能够较好地反映系统危险性的真实大小。但这种方法的应用受到数据难以获得的限制。

（3）危险性综合评价。综合评价是在定性和定量评价方法的基础上，综合考虑影响系统安全的所有危险源，从系统的整体出发，对系统的人员、设备、环境、管理等方面的危险性进行综合危险性评价。模糊综合评价方法就是其中之一。

第三章　井下作业安全

第一节　地下矿山基本概念

71. 什么是金属非金属地下矿山，什么是地下开采？

金属非金属地下矿山是指开采金属矿石、放射性矿石以及作为化工原料、建筑材料、辅助材料及其他非金属矿物（煤炭除外）的地下矿山。

地下开采是通过地表向下掘进一系列通达矿体的井巷来开采矿石的方法，具有投资少、适应性强、占地面积小等优点。地下开采是一个复杂的生产过程，必须综合利用地质、开拓、掘进、运输、提升、通风、爆破、动力、安全技术及组织管理等科学技术。

72. 地下开采矿山安全生产的基本条件包括哪些内容？

（1）地下开采矿山的井口和平硐及其主要构筑物的位置应不受岩移、滑坡、滚石、地表塌陷、山洪暴发和雪崩的威胁。井口标高应在历年最高洪水位 1 ~3m 以上。

（2）主要井巷的位置应布置在稳定的岩层中，避免布置在含水层、断层和受断层破坏的岩层中，特别是在岩溶发育地层的流沙中。若难以避开时，应由专门设计，并报主管部门批准。

（3）每个生产矿井，必须有两个独立的能上下人的直达地表的安全出口，两个出口之间的距离不能小于 30m；各个生产中段（水平）和各个采场必须使两个能上下人的安全出口与直达地表的安全出口相通。

矿山两个通往地面的安全出口中，如有一个出口不适于人员通行时，应停止坑内采掘工作，直至修复或设置新出口时为止。

（4）采矿方法和开采顺序合理，并符合安全规程的要求。

（5）选用适应顶板特点的支护形式和器材，井下巷道断面的宽度和高度应满足生产和行人的要求。

（6）矿井有完整、合理的通风系统，采用机械通风；新矿井、新水平（区段）、新采区的开采应按设计的要求形成通风系统，井下通风构筑物、设备设施的设置和质量以及通风的风压、风量、风速要符合矿山安全规程的要求。

（7）矿井开采的防排水、防尘、供水、供电、照明要安全可靠，对开采中产生的噪声、振动、有毒有害物质等有预防措施。

（8）提升运输系统的安全保护和信号装置齐全可靠，其设备的选择、安装、试运转要符合安全要求；按规定选择电气设备、仪器仪表，其安装和保护装置符合要求并安全可靠。

（9）尾矿和排土场的设置符合安全规程的要求。

（10）有自燃倾向的矿井需安装完善的防灭火系统，消防器材、材料配置及数量要符合要求。

（11）按规定建立矿山救护组织、配备救护器材、制定事故应急救援预案。

（12）安全生产规章制度健全，按要求设置安全管理机构，配置安全管理人员，对特种作业人员按规定进行教育培训与考核，持证上岗。

73. 关于采矿方法的一般安全规定有哪些?

（1）地质资料比较齐全，赋存条件基本清楚的中型矿山，应有采矿方法设计图，作为施工依据。产状、赋存条件缺乏的矿体，必须在开拓、采准过程中，及时进行补充勘探，做出块段或矿块的采矿方法设计图。

（2）采矿方法必须根据矿体的赋存条件、围岩稳定情况、设备能力等因素谨慎选择。厚度大或倾角缓的矿体，采用留矿法时，应合理地布置底部结构，防止底板留矿。没有足够符合要求的木材时，不应采用横撑支柱法等耗用大量木材的采矿方法。

（3）每个采场都要有两个出口，并上下连通。安全出口的支护必须坚固，并设有梯子。

（4）在上下相邻的两个中段，沿倾斜上下对应布置的采场使用空场法、留矿法回采时，禁止同时回采，只有上部矿房结束后，才能回采下面采场。

（5）采用全面采矿法时，回采过程中应周密检查顶板。根据顶板稳定情况，留出合适的矿柱。

（6）采用横撑支柱采矿法时，横撑支护材料应有足够强度。要搭好平台后才准进行凿岩作业。禁止人员在横撑上行走。采区宽度（矿体厚度）不得超过3m。

（7）矿柱必须合理地回收。设计回采矿房时，必须同时设计回采矿柱。本中段回采矿房结束后，应及时回采上一中段的矿柱。

（8）回采过程中，必须保证矿柱的稳定性及运输、通风等巷道的完好，不允许在矿柱内掘进，有损其稳定性的井巷。回采矿房至矿柱附近时，应严格控制凿岩质量和一次爆破炸药量，技术人员要及时给出回采界限，严禁超采超挖。

（9）地压活动频繁、强度大的矿井，应有专管地压的人员。地压人员对全矿各地段进行日常监察，发现险情（如支护歪斜、破损、顶板和两帮开裂等），应及时报告，通知有关人员，并分析原因，进行处理。个别地压活动频繁、顶板破碎、有冒落可能的采场，应由有经验的人员，每班进行检查，指导凿岩方式，避免发生大冒落。如果发现冒落预兆，应立即撤出全部人员。

（10）采空区应及时处理。视采空区体积及潜在危险大小采取不同的处理办法。体积大，一旦塌落会造成下部整个采场或整个矿井毁灭性灾害的，应采用充填法或采用强制崩落的方法及时有效地进行处理。体积不大或远离主要矿体的孤立采空区，可采用密闭方法进行处理。密闭墙的强度应满足能够抵御塌落时所产生的冲击波的冲击。

（11）在漏斗放矿时，放矿工应和采场搬运工取得联系，不宜同时往溜井倒矿，以免矿石流冲出伤人。

74. 地下矿山开采步骤是什么?

(1) 开拓工作。指从地面掘进一系列井巷达到矿床，使矿床连通地面，形成行人、运输、通风、排水、供电、供风、供水等系统。

(2) 采准工作。指在已开拓完毕的矿床里，掘进采准巷道，将阶段划分成矿块作为回采的独立单元，并在矿块内创造行人、凿岩、放矿、通风等条件。采准系数是指每一千吨矿块采出矿石总量所需掘进的采准、切割巷道米数。

(3) 切割工作。指在已采准完毕的矿块内，为大规模回采矿石开辟自由面和自由空间。

(4) 回采工作。包括落矿、运搬和地压管理等三项主要作业。

1) 落矿是以切割空间为自由面，用凿岩爆破方法崩落矿石。一般根据矿床的赋存条件、采矿方法及凿岩设备，选用落矿方法，一般有浅孔、中深孔、深孔和药室落矿方法等。

2) 矿石运搬是指在矿块内把崩下的矿石运搬到阶段运输巷道，并装入矿车。运搬方法主要有重力运搬和机械运搬（电耙、装运机、汽车等）。

3) 地压管理是指在回采过程中或矿石采出后，为保证开采工作的安全，对采场、矿柱、巷道及上下盘围岩所发生的变形、破坏、崩落等地压现象采取必要的技术措施，控制地压和管理地压，消除地压所造成的不良影响。

75. 什么是空场采矿法?

空场采矿法适用于矿岩中等以上稳固、矿岩接触面较明显、形态较稳定的矿体。其特点是将矿体沿走向划分成矿房和矿柱，分两步骤回采；矿房回采时，采空区顶板主要依靠矿岩自身的稳固性和矿（岩）柱来支撑；矿房回采完毕后，有计划地回采矿柱或不采矿柱，并及时处理采空区。空场采矿法的优点是成本低，生产能力和劳动生产率高。缺点是采空区留下大量矿柱，且回采困难，采空区需处理。

空场采矿法可分为分层（单层）空场法、分段空场法和阶段空场法（阶段矿房法）。

分层空场法又可分为全面采矿法、房柱采矿法和留矿采矿法。

76. 空场采矿法的安全要求主要有哪些?

(1) 加强顶板管理。顶板管理主要是对顶板的监测控制，是应用各种手段和方法，对井下采矿过程中所形成的空间、围岩、顶板的观察和测定，分析掌握其变形、位移等的变化情况和规律，获得其大冒落前的各种征兆，以便制定相应的防范措施，保证作业人员和设备的安全。

(2) 根据矿山地质条件，岩石力学参数以及大量监测数据的规律和经验，选择修正矿块的结构参数、回采顺序、爆破方式等控制地压活动，降低冒落的危害。

(3) 根据采场结构、面积大小，结合地质构造，破碎带的位置、走向，矿石的品位高低等因素，在矿岩中选留合理形状的矿柱和岩柱，以控制地压活动，保护顶板。在矿柱中，必须保证矿柱和岩柱的尺寸、形状和直立度，应设有专人检查和管理，以保证其在整个利用期间的稳定性。

（4）在矿房回采过程中，不得破坏顶板；采用中深孔或深孔爆破时，应严格控制炮孔的方位和深度，不许穿透暂不回采的矿柱。

（5）及时回采矿柱和处理采空区。

（6）采用分段采矿法时，除回采、运输、充填和通风用的巷道外，禁止在采场顶柱内开掘其他巷道；上下中段的矿房和矿柱，应尽量相对应，规格应尽量相同。

（7）采用浅孔留矿法采矿时，应遵守下列规定：1）在开采第一分层前，应将下部漏斗和喇叭口扩充完毕，并充满矿石；2）每个漏斗都应均匀放矿，发现悬空应停止其上部作业，经妥善处理悬空后方准继续作业；3）放矿人员和采场内的人员要密切联系，在放矿影响范围内不准上下同时作业；4）每回采一分层的放矿量，应控制在保证凿岩工作面安全操作所需高度，作业高度一般应控制在2m左右。

（8）加强矿山安全管理工作，健全各项规章制度，对人员、财产、设备进行合理分配。

77. 什么是充填采矿法?

充填采矿法是随着回采工作面的推进，用充填料对采空区进行充填的采矿方法。充填是该法回采过程中必不可少的工序，其作用是及时处理采空区，控制地压，并为回采工作创造方便和安全条件。矿房采空后，一次性充填采空区，以控制采空区围岩变形破坏，使相邻矿柱及矿房得以顺利回采，称为嗣后充填。

充填采矿法适用地表需要保护、矿石经济价值高、上部或相邻矿体暂不开采，矿石或围岩具有自燃性和开采技术条件复杂的矿床；适用于开采任何厚度、任何倾角，矿石和围岩从稳固到极不稳固，以及形态复杂的矿体。充填采矿法分为干式充填采矿法、水砂充填采矿法和胶结充填采矿法。

78. 充填采矿法的安全要求主要有哪些?

（1）采场必须保持两个出口，并设有照明设备。顺路行人井、溜矿井、泄水井（水砂充填用）和通风井都应保持畅通。

（2）水砂充填料的最大粒径不大于管径的1/4，胶结充填料的最大粒径不大于管径的1/5。

（3）上向分层充填采场，必须先施工充填井及其联络道，然后施工底部结构及拉底巷道，以便尽快形成良好的通风条件。当采用脉内布置溜矿井和顺路行人井时，严禁整个分层一次爆破落矿。

（4）采场凿岩时，炮眼布置要均匀，沿顶板构成拱形。装药要适当，以控制矿石块度。

（5）每一分层回采后要及时充填，确保充填质量。最后一个分层回采完后应接顶严密。

（6）禁止人员在充填井下方停留和通行。充填时，各工序间应有通讯联系。

（7）顺路人行井、溜矿井应有可靠的防充填料泄漏的背垫材料，以防止堵塞以及形成悬空。

（8）下向胶结充填的采场，两帮底角的矿石要清理干净。

(9) 用组合式钢筒做顺路天井(行人、滤水、放矿)时,钢筒组装作业前应在井口悬挂安全网。

(10) 采用人工间柱上向分层充填法采矿,相邻采场应超前一定距离。

(11) 采场放矿要设格筛,防止人员坠落和堵塞。人行井、溜矿井、泄水井、充填井应错开布置。

(12) 干式充填,每个作业点均应有良好的通风、除尘措施,并加强个体防护。

(13) 禁止在采场内同时进行凿岩和处理浮石。

79. 什么是崩落采矿法?

崩落采矿法是随着矿石的采出,有计划地强制或自然崩落矿体上盘围岩充填采空区的采矿方法。在回采过程中,不需要划分矿房和矿柱,而是以矿块为单元,按一定的顺序进行连续回采。

崩落采矿法适用于地表允许崩落、矿体上部无较大的水体和流砂、矿石价值中等以下、不会结块、品位不高、并允许有一定损失和贫化的中厚和厚矿体。尤其是对上盘围岩能大块自然冒落和矿体中等稳固的矿体最为理想。崩落采矿法主要有壁式崩落法、无底柱分段崩落法、有底柱分段崩落法和阶段崩落法。

80. 壁式崩落采矿法的安全要求有哪些?

(1) 应在设计中规定悬顶、控顶、放顶距离和放顶的安全措施。

(2) 放顶前要进行全面检查,以确保出口畅通、照明良好和设备安全。

(3) 放顶时,禁止人员在放顶区附近的巷道中停留。

(4) 在密集支柱中,每隔3~5m要有一个宽度不小于0.8m的安全出口。密集支柱受压过大时,必须及时采取加固措施。

(5) 放顶若未达到预期效果,应进行周密设计,方可进行二次放顶。

(6) 放顶后应及时封闭落顶区,禁止人员入内。

(7) 多层矿体分层回采时,必须待上层顶板岩石崩落并稳定后,才允许回采下部矿层。

(8) 相邻两个中段同时回采时,上中段回采工作面应比下中段工作面超前一个工作面斜长的距离,且不得小于20m。

(9) 撤柱后不能自行冒落的顶板,应在密集支柱外0.5m处,向放顶区重新凿岩爆破,强制崩落。

(10) 机械撤柱及人工撤柱,应自下而上、由远而近进行。矿体倾角小于10°的,撤柱顺序不限。

81. 有底柱分段崩落采矿法和阶段崩落法的安全要求有哪些?

(1) 采场电耙道应有独立的进、回风道;电耙的耙运方向,应与风流方向相反。

(2) 电耙道间的联络道,应设在入风侧,并在电耙绞车的侧翼或后方。

(3) 电耙道位于矿溜井口旁,必须有宽度不小于0.8m的人行道。

(4) 未修复的电耙道,不准出矿。

(5) 采用挤压爆破时,应对补偿空间和放矿量进行控制,以免造成悬拱。

（6）拉底空间应形成厚度不小于3～4m的松散垫层。

（7）采场顶部应有厚度不小于崩落层高度的覆盖岩层；若采场顶板不能自行冒落，应及时强制崩落，或用充填料予以充填。

82. 无底柱分段崩落采矿法的安全要求有哪些？

（1）回采工作面的上方，应有大于分段高度的覆盖岩层，以保证回采工作的安全。若上盘不能自行冒落或冒落的岩石量达不到所规定的厚度，必须及时进行强制放顶，使覆盖岩层厚度达到分段高度的2倍左右。

（2）上下两个分段同时回采时，上分段应超前于下分段，超过前距离应使上分段位于下分段回采工作面的错动范围之外，且不得小于20m。

（3）各分段联络道应有足够的新鲜风流。

（4）各分段回采完毕，应及时封闭本分段的溜井口。

83. 分层崩落法的安全要求有哪些？

（1）每个分层进路宽度不得超过3m，分层高度不得超过3.5m。

（2）上下分层同时回采时，必须保持上分层（在水平方向上）超前相邻下分层15m以上。

（3）崩落假顶时，禁止人员在相邻的进路内停留。

（4）假顶降落受阻时，禁止继续开采分层。顶板降落产生空洞时，禁止在相邻进路或下部分层巷道内作业。

（5）崩落顶板时，禁止用砍伐法撤出支柱，开采第一分层时，禁止撤出支柱。

（6）顶板不能及时自然崩落的缓倾斜矿体，应进行强制放顶。

（7）凿岩、装药、出矿等作业，应在支护区域内进行。

（8）采区采完后，应在天井口铺设加强假顶。

（9）采矿应从矿块一侧向天井方向进行，以免造成通风不良的独头工作面。当采掘接近天井时，分层沿脉（穿脉）必须在分层内与另一天井相通。

（10）清理工作面，必须从出口开始向崩落区进行。

84. 矿柱回采的安全要求有哪些？

（1）回采顶柱和间柱，应预先检查运输巷道的稳定情况，必要时应采取加固措施。

（2）采用胶结充填采矿法时，须待胶结充填体达到要求强度，方可进行矿柱回采。

（3）回采未充填的相邻两个矿房的间柱时，禁止在矿柱内开凿巷道。

（4）所有顶柱和间柱的回采准备工作，须在矿房回采结束前做好（嗣后胶结充填采空区除外）。

（5）除装药和爆破工作人员外，禁止无关人员进入未充填的矿房顶柱内的巷道和矿柱回采区。

（6）采用大爆破方式强制崩落大量矿柱时，在爆破冲击波和地震波及影响半径范围内的巷道、设备及设施，均应采取安全措施；未达到预期崩落效果的，应进行补充崩落设计。

85. 残余采矿的安全要求有哪些?

（1）开采范围应由原经营单位规定，转让采矿权的单位，必须周密考虑所转让区域会不会对现有的通风、运输、给排水等系统造成干扰及引起资源纠纷，不允许不负责任地转让采矿权。接受单位不得越界开采。

（2）转让采矿权的单位，有权利和义务依据转让区域具体条件对接受单位（或个人）的开采能力进行检查，不具备开采能力的不准转让。转让单位应向接受者提供有关的地质、采矿资料和安全生产注意事项。地质资料中，应交代清楚有水的空区、溶洞的位置。

（3）在废弃时间较长的矿井或中段进行残采时，应首先熟悉原来各系统的布置情况，对已破坏的井巷、硐室进行修复，确保通道的安全和必要的通风条件。

（4）废弃采场中的支护材料，封闭溜矿口、漏斗、人行井口的钢材、木材以及井巷中原来冒顶区下的木垛，严禁随便挪用或搬动。发现上述支护材料已有腐烂、破损，应加固或更换。

（5）进入废旧采场进行残采前，必须对采场井巷及支护的稳定性、空气条件作认真检查，不安全因素处理后，方准进行正常的采矿生产。

（6）在老空区内或矿柱上采矿，应严格控制一次爆破用药量，以避免爆破引起大规模冒落灾害。

（7）个体户集中采矿的地段，放炮时必须通知左邻右舍，防止放冷炮伤害他人。宜规定统一的放炮时间，但应避免各作业面同时起爆，形成大规模爆破。各作业面应顺序爆破。

（8）补充探矿、采矿井巷时，应避开有水的老空区或溶洞。

86. 采场地压控制的主要方法包括哪些内容?

（1）合理确定采场断面形状及矿房、矿柱参数。利用矿柱控制回采矿房的跨度、形状，并支撑上覆岩层的压力；以使矿房周围应力分布尽可能地合理，既便于充分发挥围岩自承能力维护自身的稳定，又能做到充分采出矿石。

（2）支撑与岩体加固。回采不稳定矿体时，常利用人工支护回采工作空间，防止冒落。传统的支护方法是用立柱、支架、木垛等进行支撑。近代又发展了岩体加固法，用锚杆、锚索、注浆等加固不稳定矿体，增强其强度，维持其稳定。若对待不稳固矿体预先进行加固，则可收到预控的效果，使回采更接近于在稳固矿体中进行的状况。

（3）利用免压拱解除采场地压。在高压力区进行回采时，可利用形成免压拱的方法使待采矿块处于卸压区内，借以解除原有的高应力状态，使应力释放，并使来自原岩体的载荷转移到该区域之外，从而改善待采矿块的回采条件。

（4）合理的回采顺序。在地质构造复杂地段应先回采高应力块段；自断层下盘后退式回采；回采空间的长轴方向尽可能与矿体最大主应力方向平行。

（5）充填。（充填后由于有侧向约束形成三维应力状态），增强采场围岩的稳定性和矿柱的强度，以及利用充填处理采空区，借以阻挡围岩冒落，缓和地压显现，减少地表下沉，是一种常用的地压控制方法。

（6）崩落。

87. 按振动能大小，冲击地压的强度可分为几个等级？

（1）微冲击。仅有岩体或矿体表层的局部破坏和岩块弹出，岩体深部有微振动。

（2）弱冲击。巷道围岩有局部破坏和少量岩块抛出，伴有明显的声响和地震振动，但对支架、设备无严重损害。

（3）中等冲击。巷道围岩出现迅速的脆性破坏，并有大量岩石碎块、粉尘抛出，形成气浪冲击，可使几米长的一段巷道冒落，支架及设备损坏。

（4）强烈冲击。使长达几十米的地段上支架破坏和巷道冒落，机器及设备受到损坏。发生强烈冲击地压后，井下需要大量的修复工作。

（5）灾害性冲击。在整个开采区域或中段内有许多矿柱发生连锁反应式破坏，矿区或中段内巷道坍塌，甚至可使全矿井报废。

88. 开拓井巷分为哪几类？

开拓井巷分为主要开拓井巷和辅助开拓井巷。凡属主要的运输、提升矿石和矿内通风井巷，均为主要开拓井巷；采矿时仅起辅助作用的井巷称为辅助井巷，如通风井、充填巷道、专用安全出口、水泵站、积水仓等。

89. 平硐开拓时应注意的安全问题主要有哪些？

（1）当矿石有黏结性或围岩不稳固时，矿石可采用竖井、斜井下放或用无轨自行设备经斜坡道直接将矿石运往地表。

（2）主平硐排水沟的通过能力，应保证平硐水平以下矿床开采时，水泵在20h内正常排出一昼夜涌水量。主平硐水沟坡度一般为3‰～5‰。

（3）平硐人行道，有效净高不得小于1.9m，有效宽度应满足：人力运输的巷道不小于0.7m；机车运输的巷道不小于0.8m；无轨运输的巷道不小于1.2m；带式输送机运输的巷道不小于1.0m。

（4）平硐出口位置不受山坡滚石、山崩和雪崩等危害；其出口标高应在历年最高洪水位1m以上，以免被洪水淹没；同时也应稍高于贮矿仓卸矿口的地面水平。

90. 竖井开拓时应该注意的安全问题主要有哪些？

（1）主副井尽可能布置在矿体厚度大的中央下盘，且尽量集中布置，不占用或少占用农田。井口标高应高出当地历史最高洪水位1m以上。在中央或主副井之间布置破碎系统时，主副井间距应在50～100m之间。应避免压矿，并布置在开采后地表移动区之外20m远的地方。

（2）提升竖井作为安全出口时，必须设有提升设备和梯子间。梯子和梯子间平台等构件，要有足够的强度并要考虑防锈蚀措施。梯子间的设置，必须符合《金属非金属矿山安全规程》的规定。

（3）位于地震区的竖井出口，当井深超过300m时，每隔200m左右应在井筒附近设一休息室（硐），并与梯子间平台相通。当设计地震烈度为8～9度时，处于表土段的井筒直至基岩内5m，必须用双层钢筋混凝土作井颈；靠近井口的各种预留硐口（压气管硐、水管硐、通讯硐）应尽量错开布置，避免在同一水平截面或竖直面内将井壁削弱过多，必要时井壁需进行加固。

（4）井筒有淋水时，马头门以上 1～2m 处须设集水圈。

（5）深井地温随深度的增加而增加，必须采取降温措施，井筒断面应考虑制冷管道的敷设和增加备用管道的位置。

91. 斜井开拓时的安全要求主要有哪些？

（1）下盘斜井必须与矿体保持一定的距离，其距离应根据矿体下盘变化确定，一般应大于 15m。脉内斜井必须在井筒两侧留保安矿柱 8～15m。

（2）斜井倾角大于或等于 12°时，斜井一侧须设人行台阶；倾角大于 15°时，应加设扶手；大于 30°时，应设梯子。斜井人行道必须符合下列规定：人行道的有效宽度不小于 1.0m；人行道的有效净高不小于 1.9m；运输物料的斜井，人行道与车道之间，应设坚固的隔墙。

（3）斜井井筒与矿体一般应取同一角度，中途不宜变坡；特殊情况下斜井下段倾角可大于上段倾角 2°～3°（大型矿井除外）。

92. 斜坡道开拓的一般安全要求有哪些？

（1）斜坡道须设错车道和信号闭锁装置；错车道的长度和宽度应视行驶设备尺寸而定。

（2）斜坡道断面应根据无轨设备的外形尺寸和运行速度、斜坡道用途、支护形式、风水管和电缆等布置方式确定，并应符合下列规定：1）人行道宽度不应小于 1.2m。2）无轨设备与支护之间的间隙不应小于 0.6m。3）无轨设备顶部至巷道顶板的距离不应小于 0.6m。

（3）斜坡道坡度应根据采用的运输设备类型、运输量、运输距离和服务年限经技术经济比较确定；用于运输矿石时，其坡度不大于 12%；运输材料设备时，其坡度不得大于 20%。

（4）斜坡道的弯道半径应根据运输设备类型和技术规格、道路条件、行车速度及路面结构确定，一般应符合下列规定：1）通行大型无轨设备的斜坡道干线的弯道半径不小于 20m，中间联络道或盘区斜坡道的弯道半径不小于 15m。2）通行中小型无轨设备的斜坡道的弯道半径不小于 10m。

（5）斜坡道路面结构应根据其服务年限、运输设备的载重量、行车速度和密度合理确定，一般采用混凝土路面。

（6）斜坡道应设置排水沟，并需定期清理，以保证水流畅通。

第二节　掘进作业

93. 井下平巷及斜井掘进作业有哪些安全要求？

（1）进入工作面必须严格执行“安全规程”，对工作面进行安全确认，发现隐患不处理不准作业。

（2）凿岩前要认真检查凿岩机各部件及风水接头的紧固情况，做到不漏风、不漏水，并在作业中随时进行检查。

（3）凿岩前看好中腰线严格按设计规格、方位、坡度等要求进行施工，并根据岩石情况合理布置炮眼、确保工程质量。

（4）凿岩中严禁打干眼、打残眼，坚持湿式凿岩，开机时先开水后开风，关机时先关风，后关水。

（5）开眼门时不准开全风，操作者站立位置要适当，不得跨骑气腿，掌钎者应在开眼门后撤离到安全地点，严禁从凿岩的钎子下穿过。

（6）凿岩时发现工作面有突然冒（涌）水、片帮冒顶等异常险情时，应停止凿岩，采取措施，禁止边处理险情边凿岩石。

（7）在松散岩石中掘进，必须坚持多打眼、打浅眼、合理装药，支护及时跟上迎头。

（8）严禁边凿岩边装药。

（9）退钎或人工处理夹钎时，凿岩机要低速运行，防止卡钎器自动脱落。

（10）凿岩结束时，吹眼时操作者应在炮眼一侧，正对炮眼方向禁止站人。

（11）作业完毕，机具，材料必须堆放整齐，作业现场达到标准化文明生产的要求。

94. 立井（竖井）施工安全设施要求有哪些？

（1）立井（竖井）施工，至少需要两套独立的上下人员直达地面的提升装置。安全梯电动稳车应具有手摇装置，以备断电时用于提升井下人员。

（2）立井（竖井）施工初期，井内应设梯子，深度超过15m时，应采用卷扬机提升人员。

（3）井口必须装置严密可靠的井口盖和能自动启闭的井盖门，卸渣装置必须严密，不许漏渣，防止发生井内坠物伤人事故。

（4）立井（竖井）施工应采用双层吊盘作业，以确保井内作业人员的安全。为保证井筒延深时的施工安全，在提升天轮间顶部的上方应设保护盖。

（5）井筒内每个作业点都要设有独立的声光信号系统和通讯装置，从吊盘和掘进工作面发出的信号，要有明显的区别，并指定专人负责，所有信号经井口信号室转发。

（6）井筒延深5～10m后安装封口平台，天轮平台距离封口平台的垂高，不得小于15m，翻矸平台应高于封口平台5m。

95. 立井（竖井）施工安全保护措施有哪些？

（1）加强职工安全知识教育和培训，特种作业人员必须持证上岗。

（2）井口应配置醒目的安全标志牌，实行安全警告制度。

（3）卷扬机安全防护装置，吊桶提升速度、提升物料对信号工的安全要求，都应严格遵守矿山安全规程。完善安全回路闭锁，防止吊桶冲撞安全门。

（4）由专人负责定期对运转设备、井内提升、悬吊设施检查，发现问题及时汇报处理，并做好详细记录。

（5）对卷扬机、空压机、爆破器材存放点和井内高空作业等危险源点实行监控管理。

(6) 井内高空作业（大于2m），工作人员必须系牢安全带，谨防发生人员与物体的坠落事件，并采取可靠的防坠措施。

(7) 经常监测井筒内的杂散电流，当超过30mA时，必须采取安全可靠的防杂散电流措施。

(8) 在含水层的上下接触地带及地质条件变化地带、可疑地带掘进，要加强探水。探水作业严格遵守技术规程和安全规程要求。当掘进面发现有异状水流和气体或发生水叫、淋水异常、底板涌水增大等情况，应立即停止作业，进行分析处理，确认安全后方可恢复施工。

96. 平巷（硐室）施工安全要求有哪些?

平巷（硐室）施工，必须严格按设计和《矿山井巷工程施工及验收规范》（GB/J213—90）施工；在施工前必须编制施工组织设计，在流砂、淤泥、砂砾等不稳固的含水表土层中施工时，必须编制专门的安全技术设计。

(1) 顶板管理。包括:

1) 平巷（硐）施工过程中，要设专人管理顶帮岩石，防止片帮冒顶伤人。

2) 钻眼前要检查并处理顶帮的浮石，在不太稳固岩石中巷道停工时，临时支护应架至工作面，以确保复工时顶板不致发生冒落。

3) 在不稳固岩层中施工，进行永久支护前应根据现场需要，及时做好临时支护，确保作业人员人身安全。

4) 爆破后，应对巷道周边岩石进行详细检查，浮石撬净后方可开始作业。

(2) 爆破安全管理。包括:

1) 平巷（硐）爆破时，应先通知在附近工作面作业人员，待全部撤离至安全区后，才能进行爆破，并要在所有的路口设岗，以加强警戒。

2) 在处理瞎炮时，应在爆破20min后再允许人员进入现场处理。处理时应将药卷轻轻掏出，或在距瞎炮300mm处另打炮眼爆破，引爆瞎炮，严禁套老眼施工。

3) 加强爆破器材管理，禁止使用失效及不符合有关要求或国家标准的爆破器材。

(3) 通风防尘管理。掘进爆破后，通风时间不得小于15min，待工作面炮烟排净后，作业人员方可进入工作面作业，作业前必须洒水降尘。独头巷道掘进应采用混合式局部通风，即用两台局扇通风，一台压风，一台排风。风筒要按设计规定安装到位，对损坏的风筒要及时修补更换。

(4) 供电管理。包括:

1) 建立危险源点分级管理制度，危险源点处必须悬挂安全警示牌。

2) 保护电源与供电线路要确保工作正常。

3) 严禁携带照明电进行装药爆破。

(5) 施工组织管理。包括:

1) 开挖平巷（硐）时，要编制施工组织设计，并应在施工过程中贯彻执行。

2) 采用钻爆法贯通巷道时，当两个互相贯通的工作面之间的距离只剩下15m时，只允许从一个工作面掘进贯通，并在双方通向工作面的安全地点设立爆破警戒线。

3) 喷混凝土作业时，严格按照安全操作规程作业，处理喷管堵塞时，应将喷枪对准前下方，并避开行人和其他操作人员。

97. 平巷（硐）掘进及支护包括哪些内容？

在井巷工程中，平巷（硐）工程所占的比重一般要达到80%以上，工期也要超过建井工期的55%。因此，加快平巷（硐）施工速度，是缩短建设工期的重要手段之一，平巷（硐）施工主要包括掘进和支护两大环节。

平巷（硐）掘进方法有普通钻眼爆破法、联合掘进机掘进法、风镐挖掘法和水力冲破法等。钻眼爆破法掘进是最常用的方法，其主要工序包括凿岩、爆破、装岩、转载、运输和调车等。

为了保持巷道的稳定性，防止围岩发生垮落或过大变形，巷道掘进后一般都要进行支护。巷道支护按用途分为临时支护和永久支护两类。常用的临时支护有棚式临时支护、锚杆临时支护、喷混凝土临时支护。常用的永久支护有喷混凝土支护、浇混凝土支护和喷锚网联合支护等。

98. 斜井（巷）施工安全要求有哪些？

（1）斜井（巷）井口施工，应严格按照设计执行，及时进行支护和砌筑挡墙。

（2）必须设置防跑车装置；在斜井（巷）井口应设逆止阻车器或安全挡车板；井内应设两道挡车器，即在井筒中上部设置一道固定式挡车器，在工作面上方20～40m处设置一道可移动式挡车器。井内挡车器常用钢丝绳挡车器、型钢挡车器和钢丝绳挡车帘等。

（3）由下向上掘进30°以上的斜巷时，必须将溜矿（岩）道与人行道隔开。

（4）斜井内人行道一侧，每隔30～50m设一躲避硐室；人行道应设扶手、梯子和信号装置。

（5）掘进巷道与上部巷道贯通时，应设有安全保护措施。

（6）在有轨运输的斜井（巷）中施工，为了防止轨道下滑，可在井筒底板每隔30～50m设一混凝土防滑底架，将钢轨固定其上。

（7）在含水层的上下接触带及地质条件变化地带、可疑地带掘进，应认真实行防突水措施，防止工作面突水事件发生。

99. 斜井（巷）掘进及支护包括哪些内容？

斜井（巷）倾角小于20°～30°，其施工方法与平巷类似，但在斜井（巷）施工中，除考虑装岩、运输、支护和排水的特点外，必须妥善处理表土层的掘砌工作，还应预防跑车事故发生。斜井（巷）掘进施工由表土施工和基岩施工两部分组成。斜井井口段（又称井颈）多建在表土上及风化岩层中，井口段的长度视表土层的厚薄和斜井的倾角而定，通常延伸到基岩内3～5m。

常用的斜井（巷）永久支护有整体混凝土支护和喷射混凝土支护，临时支护可采用棚式支架支护和喷射混凝土支护。

100. 普通法天井溜井掘进有哪些安全要求？

（1）天井凿岩禁止单人作业。

(2) 普通天井掘进时，工作台下 1.5～2m 必须铺设保护平台，坚持两层小方作业，做到可靠牢固，盘木距迎头 2m，梯子距迎头 3m，隔板距迎头 7m。

(3) 天井、溜子应尽量与上部平巷贯通，贯通前不准在其间开凿任何工程。

(4) 天井掘进距上部中段 7m 时，测量人员必须标出贯通位置。施工单位在贯通位置设警界标志或围栏，放炮要派人警戒，并在安全地点站岗。

(5) 溜矿井矿渣不准放空，应留一茬炮的矿岩高度。并设置活动格筛。

(6) 凿岩前必须检查横撑，工作台是否牢靠稳固，发现异常，需处理后再作业。

(7) 提、放凿岩机具时必须捆绑牢固，井脚有人站岗，但不准站在正对井脚处。严禁从井口向下抛物件。

(8) 松散岩石天井掘进，支护必须及时跟上，并采用关棚凿岩。

(9) 作业前必须对迎头进行通风，保证炮烟全部排除后方可进入作业。

待炮烟排除后，进入作业迎头，应检查梯子挂钩的稳固情况，在壁坎眉线以上 2m 左右的地方必须挂安全网，一切工作结束后方可进行作业。

(10) 天井迎头操作平台必须铺两层 5cm 方板，方板端必须加以固定，并检查牢固才能作业。

(11) 作业挂钩必须用 28～32mm 的圆钢加工后投入使用，挂钩埋设长度不得小于 50cm，挂钩眼必须形成向上的角度；制作梯子的材料必须用直径为 16～18mm 圆钢或螺纹钢制作，踩档之间距离不得大于 30cm，每把梯子高度不得超过 3m；挂桩间距不得超过 2m。

(12) 挂钩安装必须牢固，不得有松动摇晃现象，梯子悬挂必须用 8 号铁丝拴牢固，不准挂有负角度。

(13) 安装梯子的一面，从井脚到操作平台必须要设有稳绳和 1 寸风管通风，并且井脚安装风机。

(14) 操作者在整个作业过程中，必须系好安全带。

(15) 放炮前，必须回收操作平台及安全网后方可起爆，爆破后，下一循环作业进入时，要认真检查挂钩、梯子悬挂的牢固情况，发现有受损的必须修复或更换后方可作业。

101. 吊罐掘进作业有哪些安全要求？

(1) 上罐前必须检查罐笼各部件的链接，保护盖板，钢丝绳，风管，水接头及声关信号系统和通讯装置等是否完善，可靠。如有损坏和故障，须经处理后方准作业。

(2) 通讯线路不准和钢丝绳铺设在同一罐孔内。

(3) 吊罐升降时，应认真处理井帮的浮石，作业人员应系好安全带（绳）；站在保护盖板内，头部不接触罐盖和罐壁；升降完毕后应立即切断电源，绑紧装置。

(4) 禁止从吊罐内往下投扔工具和物件。

(5) 游动绞车应固定在短道上，并与巷道钢轨断开，检修绞车时，应移至安全地点进行。

(6) 凿岩时，严禁将爆破器材放在吊罐内。

(7) 吊罐升到凿岩高度时，待罐停稳，放下保护盖板，打开罐底活叶扳和支撑的气缸，经固定、检查、确认安全后方可作业。

(8) 升降吊罐和作业过程中，井脚不得站人。

（9）吊罐法掘进天井与上部平巷贯通的最后一茬炮，原岩厚度不得少于2m，贯通时必须加强对上部平巷的通风和警戒。

102. 浅采盘区掘进作业有哪些安全要求？

（1）岩石较硬，但顶板裂隙发育，岩石稳固性差进入工作面后要认真清理好隐蔽性较强的浮石，喷雾洒水冲墙洗壁，照明必须确保充足。

（2）严格按设计施工，采用倒退式回采，打眼时要首先清理好残眼瞎炮，禁止打老眼、干眼。

（3）浅采盘区内必须留有永久性矿柱，回采时必须确保人行进路联络巷道畅通。

（4）每次循环爆破出矿后，必须保证矿石与顶板间距高度不得大于2.5m。

（5）采空区内人行进退路，作业点照明必须齐全，梯子平台要牢固可靠。

（6）大块必须在采区内解小，并保证块度不能大于30cm，坡高较大时，防止滚石伤人。

（7）作业过程中辅助人员要随时观察顶板变化情况若有异常，人员要及时撤出。

（8）作业队组过往井口时必须用木板把井口铺设完好，照明充足，认真清理好井口人行过道。

（9）如矿体厚大，回采到顶板时，根据岩层的稳固情况，必要时必须对空区顶板采取支护措施（管缝式锚杆）。

（10）回采时必须尽快形成通风系统如通风系通统未形成时，必须采取局部机械通风。

（11）局部放矿时，上下人员要联系好，严禁任何人员正在进行放矿的漏斗上作业。

（12）作业人员进入作业现场时，必须走正规人行道进入巷道，严禁人员从采空区内进出或停留。

（13）加强爆破物品管理，现场爆破物品必须分箱上锁，爆破前必须在各个通往采区的安全通道口站好岗并通知相邻作业人员撤出，严禁看回头炮。

（14）作业贯通点，必须对两端进行封闭，并悬挂安全警示牌。

（15）作业中如发现顶板大面积冒落时，必须报告上级部门，采取有力的安全保障措施后才能进入作业。

第三节　井下装、运、搬

103. 供矿采场、耙巷出矿有哪些安全要求？

（1）进入作业现场，首先敲帮问顶，清理浮石，检查支护的稳固情况。

（2）检查电气线路，开关电耙是否漏电，固定电耙的地脚，棚子是否稳固，机械转动，制动部位及滑车正常。

（3）耙矿前，打开井口格筛，察看耙巷内无人及障碍物时，方能启动电耙，空转试运行正常方能耙矿。

（4）耙矿时，要防止耙头掉入溜井，遇有大块应拉至安全地点进行二次破碎，禁止将大块等杂物耙入溜井。

（5）作业结束，将耙斗停在安全地点，放下格筛拉下电源闸刀，吊起钢丝绳。

（6）打扫电耙及联道硐室的清洁卫生，做好交班工作。

104. 装岩机出碴作业有哪些安全要求？

（1）进入工作面必须进行通风、检查确认，首先接通照明，做到有充足的照明，后检查处理顶帮浮石进行喷雾洒水，洗壁，洒水程度以碴湿透为准。检查迎头处理瞎炮、残管和其他后方可作业。

（2）操作装岩机前检查各部件是否灵活、风管连接是否牢靠。

（3）操作装岩机人员所在巷道一侧的有效宽度不得小于0.8m，巷道高度应大于装岩机扬铲高度。

（4）摘挂连环销子时，等待装岩机和矿车停稳后再进行，头部或身体不得伸入装岩机与矿车之间。

（5）装岩时，除操作者外，装岩机周围不准站人，过往人员应与操作者联系清楚，待装岩机停稳后，才能过往，禁止人员在扬铲时从铲斗下过往。

（6）操作者离开装岩机时，必须放下铲斗，锁住操作手柄，关闭控制开关后，方可离开。

（7）装岩机搬运时，应打开离合器，固定定位销，扬铲处理故障时必须稳固铲斗。

（8）装碴完毕，应清扫残留在装岩机机体各部位的积碴，并将装岩机退至安全地点，关闭风管闸门。

105. 电耙出碴作业有哪些安全要求？

（1）电耙绞车硐室必须符合设计要求，线路悬挂整齐，设备保护设施齐全，安装牢固，严禁将电耙绞车直接安装在溜子井盖上。

（2）溜井口安设地梁，封闭严实，下碴口要安装活动格筛，每班应检查其完好情况。溜井口禁止堆放材料和积渣。

（3）作业前必须检查电器设备有无漏电、手柄是否加绝缘套，接地是否完好，电源线是否与设备发生摩擦。

（4）启动电耙时必须注意耙巷内是否有人或障碍物，人员撤离出或排除障碍，确认安全后，方能启动电耙；禁止在电耙运行时，人员跨越钢丝绳；多台电耙交叉时，必须安装信号装置，取得联系方能启动电耙。

（5）禁止用脚操作电耙绞车手柄。

（6）操作电耙绞车时，操作者身体向前倾斜不得超过绞车手柄位置。

（7）耙碴作业中，在处理故障时，耙斗应停放在安全支点上，吊好钢绳，并保持最少有三圈钢绳在卷筒上，断丝严重过多要处理或更换。

（8）耙碴作业时，耙斗应停放在安全地点，吊好钢绳，放下格筛，切断电路，出碴人员才能离开现场。

（9）二次以上耙碴倒运时，应尽量保证同开同停，若不能做到同开同停，任何一台启动或停止时，必须和其他电耙操作工取得联系，电耙开动时、严禁人员在耙巷中行走。一次电耙停开，钢绳必须悬挂固定好。

106. 一条耙巷两边供矿有哪些安全要求？

认真开好班前会，值班班长必须传达、宣传一条耙巷两边供矿的安全管理规定及有关安全注意事项。

交接班时，要明确当班安全负责人，进行现场安全检查。

当班安全负责人，必须对所有作业的各条耙巷认真进行安全确认，斗穿变化的情况，严格按五坚持进行标准化作业，坚持“不清理浮石”不作业的原则，并做好记录。

在作业过程中，作业人员要认真检查，提高安全意识，选择好安全退路。撬卡斗大块时，人员必须站在斗穿左右两方（上山人员只能站在上方，不得站在下方）做到心细、自保、互保、联保、三不伤害，确保安全生产。

崩斗时一律使用爆破杆，严禁进入斗穿作业，一条两边耙巷作业，放炮点火前必须与对面和相邻作业人员取得联系，待人员全部撤出，并站好岗，方可点火放炮，严禁切断导火索。

107. 井下水平运矿作业有哪些安全要求？

（1）作业前必须认真检查机车闸、灯、警铃，连接装置、过电流保护装置及润滑情况，保证良好。

（2）机车工，跟车工必须持证上岗，严格执行机车工、跟车工安全规定，思想统一，信号清楚，启动或停车都必须由跟车工统一指挥。

（3）过往弯道岔口、漏斗时减速慢行，两车同一条道上行驶，必须保持车距。

（4）进入浅采盘区铁漏斗放矿时，必须认真检查操作台是否牢固，闸门等放矿（碴）设施是否完好。

（5）放矿（碴）时人员只能站在漏斗的一侧，注意观察矿（碴）流动变化情况，有无积水或堵塞物，撬大块时，撬棍不准正对人体。

（6）漏斗堵塞必须用爆破杆或其他爆破工具处理，严禁人员钻漏斗作业。

（7）进入振机漏斗放矿（碴）时，要认真检查每台振机电源开关全部断开，电器线路完好。

（8）启动振机前，认真检查是否有大块卡斗，如有大块卡斗，必须待大块处理完后，方能启动振机进行放矿（碴），严禁启动振机振出大块。

（9）振机漏斗卡斗或高吊时，需经安全确认，应使用爆破杆，禁止钻斗作业，严禁将药包与混凝土壁振机底板、帮板接触，每次爆破都必须控制药量，一般每次爆破药量不超过0.8kg。

（10）处理卡斗在打眼时，必须切断滑触线电源。

（11）放矿时严禁人员从漏斗下通行。

（12）放矿（碴）结束时，应清理振机硐室或巷道放漏的碴子，保持放矿作业面的清洁卫生。

（13）停止振机时，先按下振机停止按钮，拉下该台振机的电源开关，并关好每台振机漏斗堵板。如停止振机采场出矿时，再拉下总电源开关。

(14) 放矿(碴)过程中，必须注意观察，是否泥质较重，如泥质量较重，井筒积水时，必须采取措施，排出井筒积水才准放矿(碴)，若井筒积水严重，必须一次性将漏斗放空，保持空漏斗并关好闸门堵板。

(15) 放矿(碴)时，指挥司机对车的信号必须清晰，并使用正规信号工具。

(16) 禁止在矿车运行时处理侧卸式矿车门。

(17) 下班时，搞好机车设备维护保养工作，保持清洁卫生，把车停在无淋水及不妨碍人员或车辆通行的地方，禁止将电机车开进甩车道，并作好交班记录和运行记录。

108. 振动放矿作业有哪些安全要求?

(1) 在眉线口处理大块，必须用浅眼爆破，眼口距门柱、门梁和斗板的距离应大于0.2m，眼深视大块情况而定，每次爆破药量不得超过0.2kg，孔口应填塞炮泥，禁止在斗口使用裸露药包爆破。

(2) 漏斗内卡斗需要爆破时，需经安全确认，应用爆破杆，严禁将药包与混凝土接触，一般每次爆破药量不超过0.8kg。

(3) 启动振机前需认真检查是否有大块卡斗，如有大块卡斗，严禁启动振机振出大块。

(4) 打眼或处理卡斗时必须切断滑轴线电源。

(5) 各个斗口应安装喷雾器喷头，放矿时必须喷雾洒水。

(6) 放矿时严禁人员通行。

(7) 放矿结束时，应清理振机巷道和振机洞室的漏渣，保持放矿作业面的清洁卫生。

(8) 开动振机前，经检查每台振机电源开关全部合上总电源开关，再合上振机电源开关，停止振机采场放矿时，拉下总电源开关。

109. 井下跟车工作业有哪些安全要求?

必须取得电机车工特种作业证，方可上岗。跟车人员应配合电机车司机做好开车前的检查工作，检查矿车间连环、卡销是否稳固。有无影响行车的障碍物。

在摘挂连环销子必须与司机取得联系，严禁列车运行时摘挂销子。

因工作需要乘电机车，乘车者坐在电阻箱朝后限乘两人，身体不得超出车边缘，不得妨碍司机视线。

机车行驶时，严禁上下机车并禁止坐在车上捡拾车外物件。

机车行驶时，跟车人员发现前方有障碍物或人员行走，应通知司机减速慢行或停车处理。

机车通过岔机时，禁止用手扶道岔任车辆通过。

列车倒车时，跟车工应在前方引车。

在溜子口处理矿车结底，格筛上有堵塞物时，应有可靠的安全措施并拴安全带。

处理矿车跳道，应使用复轨器，严禁使用金属材料顶车，处理时要统一指挥，人员不得站在矿车两侧，应退到安全地点才准开车。

110. 装、运料材料及危险物品时有哪些安全要求?

(1) 装卸材料思想要集中，动作要统一。

（2）装车时装载高度不超过车帮高度，两头装齐装稳。用罐笼升降时，装车长度不得超出罐外。斜井运输要对连接装置进行安全确认，销子、绳扣必须符合规范。

（3）用人推材料车，同方向、同轨行车车速不得超过0.3m/s；坡度小于5‰，两车相距不小于10m；坡度大于5‰，两车相距不小于30m。进入岔道、巷道口、通过风门、弯道以及两车相遇，前面有障碍物、跳道、停车等情况，推车人应及时发出警号；禁止放飞车和爬乘材料车。

（4）卸材料应选择在巷道宽敞处或材料场，堆放整齐稳固，不影响人员和车辆通行。

（5）提放材料时必须捆绑牢靠，严禁超重。

（6）升降材料时，上下要联系清楚，发出的信号要准确，一旦发生意外，必须与井口信号工取得联系。

（7）在有滑触线的地方卸料时，首先必须断电或有保护措施。

（8）工作完毕后，要保持周围环境清洁，保持巷道畅通。

（9）运输爆破器材从坑门口下放并运输到爆破指定地点，必须按要求把各点所需药量放到位，负责爆破器材运输入库工作，并按安全操作规程运输和堆放爆破器材。

（10）搬运炸药过程中，若出现数量上有差错时，应立即向领导汇报，并立即查寻。没有经得相关领导同意，班组或个人不得擅自离开库房或运药点。

（11）装卸和运输爆破器材时，禁止吸烟和携带火种。

（12）炸药和起爆材料、易燃、易爆物品不得同车，同罐运行。

（13）装运爆破器材应有专人监督，指挥人员要检查运输工具的完好情况，并清除其内杂物；搬运中禁止撞击和抛掷爆破器材。

（14）装载爆破器材时，不准站在下层箱（袋）上装上一层；运输起爆器材时，装载高度不超过两层。

（15）上下班或人员集中的时间，坑内禁止运输爆破器材，禁止运输爆破器材时在井下机房和井底车场较长时间滞留。

（16）装车时装载高度不超过车帮高度1m，两头装齐装稳。用罐笼升降时，装车长度不得超出罐外；斜井运输连接装置要进行安全确认，材料车、销子、绳扣必须符合规范。

（17）材料井提、放材料应做到：

1）检查绞车、钢绳、照明、通讯信号、井口格筛是否完好，牢固。

2）提、放材料时必须捆绑牢靠，严禁超重；禁止向井内抛丢碴子、物料。

3）提、放材料时，严禁绞车工边开绞车边用手拉、脚踢钢绳；禁止在提拉材料时用手去紧、压绳扣。

4）升、降材料时，上下要联系清楚，发出的信号要准确，井脚不准站人，若材料井在运输巷道边，井脚两头要有人站岗。

5）材料井脚若有滑触线通过，接放材料时要采取临时隔离防护措施。

（18）搭设、拆除操作平台时，要有妥善的安全措施才准作业。

111. 带式输送机的运输安全要求有哪些？

（1）带式输送机运输物料的最大坡度，向上（块矿）应不大于15°，向下也应不大于15°；带式输送机最高点与顶板的距离，应不小于0.6m；物料的最大外形尺寸应不大于350mm。

（2）禁止人员搭乘非载人带式输送机；不得用带式输送机运送过长的材料和设备。

（3）输送带的最小宽度，应不小于物料最大尺寸的2倍加200mm。

（4）带式输送机的胶带安全系数，按静荷载计算时应不小于8，按启动和制动时的动荷载计算时应不小于3。

（5）钢绳芯带式输送机的滚筒直径，应不小于钢丝绳直径的150倍，不小于钢丝直径的1000倍，且最小直径不得小于400mm。

（6）装料点和卸料点，应设空仓、满仓等保护装置，并有声光信号与输送机连锁。

（7）带式输送机应设有防胶带撕裂、断带、跑偏等保护装置，并有可靠的制动、胶带清扫以及过速保护、过载保护、打滑保护、防大块冲击等装置；线路上应有信号、电气连锁和停车装置，上行的输送机，应设防逆转装置。

（8）在倾斜巷道中采用带式输送机运输，输送机的一侧应平行敷设一条检修道，需要利用检修道作辅助提升时，应在二者之间加挡墙。

112. 运输巷道及行人的安全要求有哪些?

运输巷道是供车辆和人员通行的场所，根据运载工具不同可分有轨巷道和无轨巷道。为了保障车辆行驶和人员通行安全，运输巷道应符合以下要求：

（1）巷道的宽度、高度、巷道顶帮和车体突出部位的间隙、人行道宽度应符合有关规定。

（2）轨道铺设应平直、稳固，轨距、轨面高低、轨道接头以及弯道的曲线半径应符合有关标准。

（3）巷道内不要堆积杂物，水沟要畅通，没有积水。

（4）有良好的照明。

113. 行人在运输巷道内行走时要注意什么?

（1）人员在巷道内行走时，要随时注意前后方向驶来的车辆，尤其是在噪声大（局扇附近）的地方更要注意。发现车辆驶来，要及早躲避在安全地点。

（2）在双轨巷道内，禁止人员在两轨之间停留。禁止横跨列车。

（3）行走时，思想不能开小差，要防止碰头和跌跤，特别是在溜井、小眼的地点，要防止失足坠落。

（4）要注意巷道顶帮的情况，不要在顶帮不稳定的地点停留，对于易冒顶的地段要加强观察，防止顶帮冒落伤人。

（5）在有电机车架空线或电缆的巷道内，行人手持长金属工具时，不得扛在肩上，以免触及电车架线或电缆等物。锋利的工具，如斧子等应包上或装入护套内带走。

114. 在巷道中推矿车时，应注意哪些安全事项?

（1）推车人员应携带矿灯。在照明不良的地段，矿灯应挂在矿车行进方向的前端。

（2）推车人员要随时注视着前方。在单轨巷道推车要确认对面没有车，以免发生撞车事故。

（3）一人只准推一辆车，同方向行驶的车辆的间距，轨道的坡度在5‰以下的，不得小于10m；坡度大于5‰的，不得小于30m；坡度大于10‰的，禁止人力推车。

（4）在能够自滑的线路上运行时，应有可靠的制动装置，行车速度不得超过3m/s；严禁推车人员骑跨车辆滑行或放飞车。

（5）矿车通过道岔、巷道门、风口、弯道和坡度较大的区段，以及两车相遇、前面有人或障碍物、脱轨、停车等情况时，推车人应及时发出警号。

（6）人力推车不得随意进入机车运行区域，如需进入，须得到机车调度的许可。

（7）在能自动滑动的坡度上停放矿车，要用木楔或木板稳住。

115. 在无轨平巷或缓坡斜巷内采用手推车（或手拉车）运输时，应注意哪些安全事项？

（1）推（拉）车人要注意前方道路和行人，与车或人相遇时，要减速行走，看好前方道路再行车，或等行人通过后再推车前进。

（2）推车人员应在巷道中间行走，不要靠着侧帮行走。

（3）同方向行车，两车间距不得小于5m，不准抢先越位。

（4）行走速度不能太快，下坡时不能放飞车。

（5）推车人员应携带矿灯，如在无照明区段矿灯熄灭，不得继续向前推车。

116. 电机车的安全运行管理包括哪些内容？

（1）电机车司机的安全操作是关键。司机要由责任心强、身体健康，经过培训考试合格的人员担任。其他人员不得开车。

（2）电机车司机不得擅离工作岗位。开车前，必须发出开车信号。开车时，要集中精力，谨慎操作。司机离开机车时，必须切断电动机电源，拉下控制手把，取下车钥匙，扳紧机车刹住。

（3）电机车在正常运行时，必须在列车的前端牵引，只有在调车和处理事故时才可以顶车。

（4）司机在行车时，必须随时注意线路前方有无障碍物、行人或其他危险情况，不得将头或身体探出车外。列车通过风门区域时，要发出声光信号；接近风门、巷道口、弯道、道岔、坡度较大或噪声等区域，以及前方有车辆或视线有障碍时，必须减低速度和发出警号。

（5）在列车运行前方，任何人发现有碍列车运行的情况时，应以矿灯等方式向司机发出紧急停车信号；司机发现有异常情况或信号时，应立即停车检查，排除故障后方可继续行车。

（6）要加强行车管理，安排好机车行驶路线，防止机车撞头和追尾事故。两机车在同一轨道同方向行驶时，必须保持不少于100m的距离。在机车运行较多的区段，应装设信号闭锁装置。

（7）除了跟车工外，机车或矿车（除专用运人车辆外）不准带人。跟车工摘挂钩时，要与司机配合默契，安全地进行摘挂钩。

（8）电机车要定期检修，经常检查，发现隐患，及时处理。电机车的闸、灯、警铃、连接器和过电流保护装置不正常的，不得使用。

117. 井下使用内燃无轨运输设备应遵守哪些安全规定?

（1）每台设备必须有废气净化装置，净化后的废气中有害物质的浓度应符合 GBZ1—2010《工业企业设计卫生标准》的有关规定。

（2）运输设备应定期进行维护保养，司机必须进行培训考核，持证上岗。

（3）采用汽车运输时，汽车顶部至巷道顶板的距离应不小于0.6m。

（4）斜坡道长度每隔300～400m应设坡度不大于3%的缓坡段。

（5）严禁在斜坡道上熄火下滑；在斜坡道上停车时，应用三角木块挡车。

（6）每台设备必须配备灭火装置。

第四节 井下支护

118. 井巷的维护应遵循的主要原则包括哪些内容?

（1）合理选择井巷的位置。在生产条件允许下，尽可能选在地质和水文地质条件较好，没有软弱夹层的岩体中；尽量避免回采的影响；主要巷道应布置在崩落带以外，并保持一定距离。

（2）采用合理的施工工艺。在井巷施工中，应快速掘进，尽量采用光面爆破、预裂爆破等先进的爆破技术，以减少爆破对围岩的振动和破坏，保持围岩体的完整性。应积极采用锚喷支护，以提高围岩岩体强度，充分发挥其自承能力。

（3）选择合理的支护类型。对于以变形地压为主的巷道，应选择可缩性大的柔性支架，如锚喷支护、可缩性钢支架及在刚性支架的棚梁和棚腿的接触面、砌混凝土巷道的肩部夹入可缩性材料如橡胶等。对于以松动地压为主的巷道，则可选用有足够强度的刚性支架来支撑松动岩石的重量，如石料砌混凝土、钢木支架、钢筋混凝土支架等。

（4）选择合理的断面形状和尺寸。圆形与椭圆形井巷断面的应力集中程度最低，当巷道面越高，巷道两侧的压力越大，巷道两侧应采用圆弧形断面；巷道断面越宽，巷道顶部的压力越大，巷道顶部应采用圆弧形断面，以减少应力集中。巷道断面的最大尺寸应沿着最大来压方向布置；最大来压方向的巷道周边应尽量选用曲线形状。

（5）确定合理的支护时间。

119. 天井、溜井施工安全技术要求包括哪些内容?

天井、溜井施工，必须严格按照设计和《矿山井巷工程施工及验收规范》（GB/J 213—90）进行施工，矿山必须编制天、溜井施工设计和施工组织设计图。

（1）普通法、吊罐法和爬罐法施工的安全要求。普通法、吊罐法和爬罐法掘进天、溜井时，作业人员要进入井内，应注意以下事项：

1）每次爆破后，必须加强局部通风，半小时后方可允许人员进入井内。

2）首先要检、撬浮石，而且要保证两人作业，一人照明，一人检撬。

3）井壁破碎或不稳固时，应支横撑柱或安装锚杆维护。

4）凿岩平台要安装稳固，出渣间和人行间的隔板要严密结实，防止渣石掉入人行间。每隔6~8m设一平台，内设人行梯子。

5）用吊罐法施工时，严防发生“翻罐”和“蹲罐”事故；凿岩时吊罐要架牢，防止摆动。爬罐法施工时，导轨要固定牢靠，并防止爆破崩坏或崩松导轨，而发生吊罐事故。

6）必须设立信号联络装置。可采用电铃、灯光和电话或复式信号系统，保持罐内人员与绞车司机之间的联系，确保罐笼提升、下降时的安全。

7）应选用安全系数 $k>13$ 的粗钢丝绳、提升能力大的慢速绞车，电动机要有过电流保护装置。

（2）钻井法施工的安全要求。包括：

1）采用“上扩法”时，岩渣可以自重下落，操作人员应采取防护措施以避免落石伤人的事故的发生。

2）采用“下扩法”时，岩渣由导孔排出，下面操作地点粉尘大，坠石容易伤人。要加强通风和降尘措施，并采取防止落石伤人的安全措施。

3）设专人负责定期对钻井设备进行检查和维护工作，确保设备在运转时的正常进行。

（3）深孔爆破成井法施工的安全要求。包括：

1）中心孔一定要按设计施工，确保一次成井。

2）作业人员不准站在中心孔下方，防止中心孔内掉石伤人事故的发生。

3）盲天井施工时，为保证一次爆破达到设计高度，一般掏槽孔要超深1.5~2m，辅助孔超深1.0~1.5m，周边孔超深0.5~1.0m；并且要防止发生炮孔挤死或堵塞。

120. 天井、溜井掘进及支护包括哪些内容？

在矿山掘进工程施工中，天井及溜井的施工难度最大。因此，在天、溜井施工中，除普通法掘进天、溜井外，一些矿山应用“吊罐法”、“爬罐法”、“钻井法”和“深孔爆破法”等掘进方法。

溜井的井壁易受矿石的冲击、磨损及二次破碎等损害，需要对其进行加固和补强加固等。溜井破损较严重的地方主要是倒矿口和放矿口，磨损严重的地方是井筒。根据磨损程度可采用钢纤维混凝土加固，放矿口可采用锰钢板加固，通过矿量不大的溜井也可以采用混凝土或石料砌筑加固。在岩石不稳固或破碎带中掘进天井，一般可采用木框法支护或喷锚支护。

121. 天井木支护有哪些安全要求？

（1）在松散岩石的天井中架设密集盘或矮人盘时，四角要垂直，盘木背紧背牢，每隔5~10m支一对托梁，梁窝深度不得小于150mm。

（2）在天井中架设棚子时，梁窝不准打在脱帮的松石上，每台棚子间距不大于2m。

（3）人行井梯子平台间距不得超过3m，梯子坡度不大于80°，梯子铺设应伸出平台0.3~0.4m，平台应错开布置。

（4）在天井中架设木支架提升或下降工具时，上下联系要清楚，材料、工具要拴牢，井内、井脚人员要站在安全地点，严禁抛掷材料或工具。

（5）工作结束要清理工具，摆放整齐，清扫工作面。

122. 喷锚支护有哪些安全要求?

（1）喷射作业人员要佩戴防尘面罩、口罩、手套。

（2）作业前应检查喷射机各部件，风、水皮管连接牢固，电器设备确认安全完好方准作业。

（3）喷射作业开始时要调好供水量，先开风，后启动电钮，喷射机运转正常后才能供料，喷射结束时，须待喷射机和管理道内余料喷射干净，先停电，后停风。

（4）锚杆眼的布置形式、角度、深度等应符合设计规定，固结锚杆的砂浆强度不低于20MPa，水灰比宜为0.38～0.45，注浆时必须确保锚杆眼内饱满。

（5）钢筋网应随岩面铺设，钢筋网保护层为10～30mm，网孔间距应符合规定。

（6）喷射机，注浆机，水箱，风包等应安装压力表和安全阀，使用前应作检查。

（7）处理喷射机管堵塞时，必须将喷枪口朝下，不准朝向人。

（8）在松软破碎岩层中进行喷锚作业时，宜用高压风清除岩粉，应视具体情况采取素锚作临时支护或打超前锚杆等措施。

（9）喷射作业面应用混合通风，抽出风筒末端必须接至回风道或净化处理。喷锚作业人员在作业面搅拌或向喷射机投入喷射物料时，应严格按规定进行操作，尽量减少因操作不当人为地产生粉尘。

（10）喷射作业结束时，必须清洗喷射机具，清除回弹料，打扫现场卫生。

（11）在施工锚杆眼时，必须用自动机头施工，禁止用平巷机头施工锚杆眼。

123. 平巷木支护有哪些安全规定?

（1）进入工作业面后根据作业情况，确定支护方案和程序。

（2）在松散岩石中架设木支护应从外向里，拆除旧的木支护应从里向外，每次拆除支架数应视具体情况确定，密集支架一次拆除不得超过两架。

（3）架设木支护应严格按设计支护间距架设，平巷木支架应梁平、腿齐，不吊脚，不吊口，顶板和两帮关严、背紧，在倾斜巷道中应加下撑和拉杆，当坡度大于30°时，棚间应增设撑柱，并在稳固岩石中架设生根棚子。

（4）放炮前，靠近作业面的木支护架应用抓钉，拉条，撑木等进行加固。

（5）处理老硐，涝塘，废旧天井等工程时，要制定安全措施（包括选择安全通道和撤退路线）做到统一指挥，统一行动。当上部有工程时不准大量出碴，应以打穿楔进行处理，有下陷的地段必须铺设地梁。

发现木支架歪斜，压裂，脱口、顶梁折断，及坑木腐烂等，应及时更换修复。

拆换松散岩石地点的木支架，或在跨度较大的岔机巷道，以及严重的冒顶区域进行维修，应采取以立柱顶撑，或架设临时木支架。

在运输巷道拆换木支架，应在巷道两端悬挂警示牌。

修复、拆除旧巷道的木支护，应了解周围的安全情况，制定安全措施。

124. 井巷维护包括哪些方面?

为了保证矿井正常生产，对已破坏的巷道应及时修复，使其处于良好状态。巷道的修复工作应根据支护结构、工作条件、支护破坏程度等情况采取不同的措施。下面介绍砌混凝土、喷混凝土、架棚等巷道的修复方法。

（1）砌混凝土巷道的修复。

1）局部加固法。局部加固法主要适用于料石砌旋或混凝土砌旋的巷道修复。若巷道拱顶受到局部地压作用而产生纵向或横向裂缝，旋体仍能起支撑作用，且仍能满足使用要求时，可采取喷射混凝土或内套拱形槽钢支架来处理，喷层厚度一般20～30mm。经过一段时间，若旋体又产生裂缝可重复喷射。

若旋体拱顶均产生裂缝，并且有失稳的危险，可用钢轨做骨架，在两架钢轨间铺设模板，在模板内浇灌约为700mm厚混凝土，进行整体加固。

如果重要硐室处于松软岩层中，地压显现很大，旋体破坏变形严重，采用加固方法难以奏效时，此时应考虑其他加固方案。

2）砌旋巷道返修。返修巷道必须由外向里分段进行，其施工方法和新掘巷道基本相同。值得注意的是，前方待返修的5～10m巷道必须用木棚或拱形金属支架进行加固，以防止在拆除旧旋体时发生冒顶事故。此外，返修段巷道一旦开挖后，应及时支护，支护过程接顶必须严格。

（2）锚喷巷道的修复。若喷层开裂，局部出现剥落现象，而锚体仍能有效地发挥作用，此时只要挖掉破坏的喷层，在原有喷层上再喷一层混凝土即可。若围岩及喷层破碎严重，除打锚杆加固外，还应挂设金属网；压力特别大时，还要增设钢筋架，以增加锚喷支护的刚度。

处于断层破碎带的巷道，可考虑注浆团结围岩，然后用锚喷网或砌混凝土方式加以修复。

（3）棚式支架巷道的修复。在棚式支架巷道中，若只有一根棚腿折断。先在折断棚腿的顶梁支上撑柱，并将顶梁抬高20～50mm，撤出折断的棚腿，修整侧帮松脱围岩，然后换上新的棚腿，背好背板即可；若一架棚子的两根棚腿均被压坏，而棚梁完好无损，此时可采用两根临时支柱支撑顶梁，撤出两侧压坏的棚腿，然后分别更换棚腿即可；若连续有2～3架支架的棚腿都在巷道一侧折断，此时可在压坏棚腿的一侧用抬棚将棚梁托起，然后更换被折断的棚腿。

若支架顶梁被压坏，且顶梁上部有浮石，则应在折断的顶梁前后安设中间棚子，控制顶部岩石，防止发生冒落事故，然后再更换压坏的顶梁。

第五节 采场安全

125. 撬毛有哪些安全要求？

（1）无合格的撬毛工具不准撬。

（2）手举撬毛杆够不着的地方不准撬。

（3）照明不好，不能撬。

（4）未判断明浮石下落方向，未找准安全位置和退路不准撬。

（5）浮石直径大于 0.8m（天井上大于 0.4m）不准撬，应采取其他措施。

（6）设备、设施、工具未搬开或无保护措施不能撬。

（7）其他人员未离开撬毛地点不准撬。

（8）岩石破碎，可能出现在面积冒落时不准撬，应作其他方法处理。

（9）浮石周围瞎炮未处理不能撬。

（10）无人监护，无照明不能撬。

126. 采场施工有哪些安全要求？

（1）严格落实“五坚持”作业；

（2）天井施工禁止单人作业；

（3）作业前必须对迎头进行通风，保证炮烟全部排除后方可进入作业；

（4）进入作业迎头，检查梯子挂钩的稳固情况，在天井壁坎眉线上 2m 左右必须挂安全网，一切工作结束后方可进行作业；

（5）天井迎头作业必须铺设两层小方，各层小方两端必须加以固定，并形成两个操作平台，两个操作平台的间距不得大于 1.5m，并检查牢固后才能作业；

（6）天井作业使用的梯子挂钩，必须用 ϕ28～32mm 的圆钢加工后投入使用，挂钩眼的深度不得少于 70cm，埋设挂钩的长度不得少于 60cm；

（7）制作梯子的材料必须用 ϕ16～18mm 圆钢或螺纹钢，梯子踩档之间的距离不得大于 30cm，每把梯子长度不得超过 3m；

（8）每把梯子的固定挂钩不得少于四个；

（9）挂钩安装必须牢固，不得有摇晃现象，梯子悬挂必须用 8#铁丝拴牢固，不准出现有负角度的现象；

（10）天井井筒内安装梯子的一面，从井脚到操作平台的这一段距离必须设有安全绳。

（11）天井作业必须系安全带。

127. 采场主要人行井的检修、安装有哪些安全要求？

（1）棚子平台之间的距离，不得大于 2m；

（2）每个平台所铺设的方板，其铺设间隙不超过 10cm 为准；

（3）35～45mm 角钢制作的梯子，长度统一规范为 2.5m，梯子最上部要有 1m 的距离并形成一定的弯度，以便与棚子相吻合，梯子的最下端必须有 3cm 近 90°的梯子脚，梯子中间的横档间隔不大于 0.3m，梯子上下两端钻孔，以便用钉子固定；

（4）在铺设每个平台棚子时，两个棚子要牢靠稳固，每架棚子都必须加楔子，在铺设木板后要用 5 寸钉子固定；

（5）在安装各平台的梯子时，必须确保梯子上端超过各个平台 30cm，梯子保持在 600～700mm 之间，梯子上下两端用 5 寸钉子固定牢靠；

（6）混合使用的采场主要人行井检修，必须按要求从下至上整齐安装隔板，隔板的密度间隙不得大于 20cm；

（7）采场主要人材井及专用材料井都必须安装信号设施；

（8）人材井的检修，上井口必须有用 16mm 圆钢制作的正规格筛，并且用胶皮管固定，不得少于3个固定点；

（9）采场人材井及专用材料井必须配备专用的安全绳，固定在现场，并有安全绳使用的明显标志。

128. 采场溜井小格筛的检修及安装有哪些安全要求？

（1）采场溜井口小格筛制作时，除必须用直径16mm的螺纹钢制作外，每个小格筛中间的空格不得大于20cm；

（2）采场溜井整个小格筛的制作，必须依据实际溜井口的大小来制作，不得出现因小格筛规格不够，溜井口关闭不严的情况；

（3）溜井口小格筛的安装，必须安装在大格筛的侧面铁质主梁上，并用16mm的圆钢作固定小格筛的铰链之用，固定点不得小于3个。

第六节　其　　他

129. 轨道铺设、维修有哪些安全要求？

（1）永久性铁道应随巷道掘进及时敷设，临时性铁道的长度不得超过1.5m。

（2）搬运铁轨时，注意力要集中，两人合抬一根铁道行动要统一，防止铁道与滑触线接触和碰撞动力线、照明线。

（3）铁道曲率半径应符合下列规定：

1）行驶速度小于1.5m/s时，不得小于列车最大轴距的7倍。

2）行驶速度大于1.5m/s时，不得小于列车最大轴距的10倍。

3）铁道弯道转角大于90度时，不得小于最大轴距的10倍。

（4）铁道曲线段轨道加宽和外轨超高，应符合运输技术的要求，铁道的轨距误差不得超过+5mm和−2mm，平面误差不得大于5mm，钢轨接头间隙不得大于5mm。

（5）维修铁道路线时，应在工作地点前后不少于80m处设置临时警示牌或信号，在停放列车的尾部后面检修铁道时，应与电机车司机取得联系，以免倒车伤人。

（6）使用大锤、道叉等工具时，要防止与滑触线接触，并注意周围人员，避免误伤。

（7）更换铁道后要把铁轨两端的副电回路线接通。

（8）使用电、氧焊作业必须遵守电氧焊安全技术操作规程，禁止无证操作。

（9）工作结束，必须把废旧道木和碴子清除干净，将剩余材料搬至安全地点分类整齐堆放。

130. 滑触线安装有哪些安全要求？

（1）不行人的巷道高度不小于1.8m。

（2）运输平巷及各岔机弯道不小于2m。

（3）悬挂横吊高度差不应大于±50mm。

（4）井下直线运输巷两悬挂点间距为5m。

（5）井下分岔曲线段两悬挂点间距为3m。

（6）两横吊悬挂点间有松弛度不应大于30mm。

（7）巷道顶与滑触线高度上距离不小于200mm。

（8）滑触线过架箱地点时：

1）滑触线过木箱时：滑触线与木箱之间距离不小于200mm；当木箱潮湿时，除保证200mm的距离外，滑触线上要套橡胶管以加强绝缘程度。

2）滑触线过金属箱时：滑触线与金属箱之间距离不小于300mm，且金属箱上有加强绝缘度的措施（如金属箱上捆绑木板或滑触线上套绝缘橡胶管）。

（9）滑触线与风水管交叉时，滑触线与风水管之间距离不小于300mm，且风水管上要捆绑绝缘材料。

（10）滑触线过漏斗时，应采用不小于35mm^2的铜芯线连接，连接处应铰接牢固，过漏斗的铜芯线应套上橡胶管或塑料管进行保护。

（11）横吊线应采用两股直径不小于3.2mm的镀锌铁丝。

（12）滑触线与机横吊线连接使用正规的蝴蝶夹。

（13）滑触线与巷道连接之间使用绝缘瓷瓶（一侧一件），绝缘瓷瓶与滑触线间距不大于250mm。

（14）横吊线两侧应安装便于调节的调节器。

（15）井下吊线两端应使用钢筋固定，钢筋直径不小于12mm。

（16）井下安装分区断电装置地点：

1）主运输巷道与川脉分岔处。

2）主运输巷道大于500m时，应设立分区断电开关。

3）机车检修硐室设断电开关。

4）各溜矿井井口设断电开关。

（17）断电装置安装规定：

1）分区断电装置必须固定在巷道上，不允许有晃动现象。

2）分区断电装置与安装地点距离不得大于2～3m。

3）分区断电装置用不小于100A的空气开关，连接线应采用直径不小于35mm^2的铜芯线（电缆线）。

（18）滑触线与轨道中心线左右偏差值不得大于150mm。

（19）滑触线与滑触线搭接处长度不得小于80mm。

131. 滑触线如何维护与保养？

（1）当滑触线截面积磨损超过50%时应进行更换；

（2）定期清扫绝缘瓷瓶，每年不少于2次；

（3）绝缘瓷瓶出现裂纹或瓷瓶破损面积超过表面积的4%时，应更换；

（4）滑触线正规安装地段需进行喷浆支护时，应注意保护好滑触线，滑触线上不应有混凝土；

（5）轨道及道岔的轨端连接开焊或丢失时应及时补焊或加装。

132. 井下采掘设备检修有哪些安全要求？

检修人员必须懂得所检修的设备性能和原理，掌握维修技术，对工作认真负责。

起吊设备和重物前，必须认真检查起重机具各部件，确认安全完好方可使用。

起吊设备和重物时，事先应估量被吊物重量，正确选用吊具、拴捆稳固牢靠。起吊过程中吊件上方及吊件下方严禁站人。

起吊或搬运设备及重物时，统一要求，统一信号、专人指挥，严禁乱喊乱叫。

使用手动葫芦时，脚不得伸入吊件下方，防止意外伤害。

检修溜矿井格筛时，必须拴好安全带。

133. 天井升降设备有哪些安全要求？

（1）提放设备所用绞车必须考虑起重能力有足够的安全系数；

（2）起吊前应认真检查起重设备的稳固情况，若有问题须重新加固；检查绷子、滑车、绳扣和提升绳是否可靠；

（3）下降设备时，钢绳（或麻绳）应把多余部分整理好放在一边，人员不得站在绳圈内，应站在安全的地方；

（4）升降设备时严禁用手或脚抹绳扣，以防手被夹入钢绳与设备中；

（5）升降时上下要联系好，井脚5m内严禁站人，严禁往井筒中抛丢材料、设备。

为方便设备搬运、升降，需临时拆卸的安全防护设施，工作结束后，应及时恢复。

134. 高空作业有哪些安全要求？

（1）使用的竖井、天井、溜井等必须及时封闭好；临时启用、停用必须有安全措施，用后及时封闭；暂停或待用井及采场切割井开拓后应临时封闭或有防坠措施；

（2）使用的溜井井口必须设有防止人员坠落的围栏、格筛、照明、警示牌和人员安全通道；竖井下掘施工，井口必须严密封闭和有坚实的联动安全门，井口附近保持清洁，无杂物；

（3）提升井、人行井井口和中段的连接口，应有围栏、安全门、人行道、照明和阻车器；专用人行井必须有合格的梯子间和梯子；

（4）三井（竖井、天井、溜井）作业，井上井下必须有可靠的联络信号、防坠措施；

（5）高空作业所用的吊盘、吊罐、升降台、工作台（棚）、安全棚等，必须坚固安全；连接部位无变形并有坚实可靠的锁紧装置；钢索的断丝和磨损必须符合安全规程规定；

（6）高空作业的升降台和行走台以及高层作业现场周围必须设坚实的围栏；

（7）为生产、生活需要所设的坑、壕、池和高层间预留孔、电梯间等必须有围栏或盖板；

（8）高空用的提升设备，必须有可靠的限位、制动、接地装置，并定期对钢丝绳及连接部位、安全制动装置进行重点检查；

（9）高空作业（高层施工、吊罐、井筒安装、维修等）人员，必须经过健康检查、安全训练，合格者方能上岗作业。作业时必须戴好安全帽，拴好安全带。

135. 井下气割、气焊有哪些安全要求?

（1）工作前应检查乙炔发生器、氧气阀门、压力表、气管、焊枪、割刀等是否完好，连接部位是否可靠。发现故障或隐患应及时处理好。搬运气瓶防止倾倒和冲击。

（2）安装氧气表前，氧气瓶先放少许气体吹洗接头尘污。氧气表装好后必须缓慢开启，使表达到所需压力。氧气表必须保持清洁、严禁沾油，氧气皮管和乙炔皮管严禁相互换用。

（3）乙炔器的压力表、安全阀应保持完好，电石不能加得过多，各连接头不得有漏气现象。

（4）氧气瓶及乙炔器应远离高温、明火，距离必须保持5m以上。不准在氧气瓶及乙炔器旁点火、抽烟，氧气瓶至焊接地点距离不得少于10m。

（5）工作时必须戴专用护目眼镜。

（6）焊、割完毕应检查有无火种，必要时应用水泼洒作业地点。

（7）工作中如果火焰突然熄灭，应迅速关闭乙炔器开关。

（8）氧气瓶、瓶阀及开阀工具禁止沾有油污，瓶阀与氧气表应用专门螺帽连接固定，禁止使用卡子固定。

（9）氧气瓶、乙炔器瓶内气体不得全部用光，必须留有一定的压力，氧气瓶0.05MPa，乙炔器瓶0.3MPa。

（10）工作完毕收好皮管、割刀、排除电石渣、冲洗发生室，清扫作业地点。

136. 井下电焊有哪些安全要求?

（1）工作前应检查电焊机、调节手轮是否正常，线路是否破损漏电，焊钳是否完好，焊机有无接地线，作业现场是否有易燃、易爆和有毒物品，发现问题处理好再作业。

（2）作业地点应选在安全宽敞处，尽量在接近回风道的地方作业。

（3）施焊前必须戴好面罩、电焊手套。

（4）电焊机二次线的空载电压不得大于75V，接地电阻不大于4Ω。合闸时人应站在侧面，合闸动作要快。

（5）施焊前应通知周围人员注意，方可起弧，以免弧光刺伤他人眼睛。

（6）立焊、仰焊时，要扎紧衣袖领口；高处作业有防坠措施；潮湿地点作业要有防触电措施；焊补容器要有防爆、防毒措施及通风措施。

（7）工作中发现焊机温度过高或其他异常情况，应立即切断电源，焊机不用时应随之停电。

（8）电焊机的一次电源线必须使用小电缆线或者用大于10平方以上的胶质线，并确保无破损。电源线不能与风水管线混挂在一起。二次电源线长度一般情况下不得超过8m，特殊情况可使用10m的电源线，但不超过10m。

（9）工作完毕，切断电源，收好电缆清扫现场。

137. 井下人行井、人材井检修及天井溜井井口铺设、检修安全要求有哪些?

（1）在天井中架设棚子时，梁窝不准打在脱帮的松散岩石上，每台棚子间距不大于

1.8m，棚子不能两头压楔。

（2）人行井梯子平台间距不得超过3m，梯子坡度不大于80°，梯子铺设应伸出平台30~40cm，平台应错开布置，梯子使用正规的角铁梯子，禁止使用钢筋梯子。

（3）人材井同时检修时，人行一边规格控制在2m×1.4m，靠材井一边棚子必须上下平行达成一条直线，每台棚子间应钉格板，格板间距不大于15cm。

（4）在天井中架设木支架提升或下放工具时，上下联系要通畅，材料、工具要拴牢，井内、井脚人员要站在安全地点，禁止抛掷材料和工具。

（5）工作结束时，要上下检查一遍，梯子必须用铁丝和钉子固定牢靠，踩板上的杂物清扫干净。

（6）进入作业前必须认真清理夹帮井壁浮石，检修时必须拴好安全绳。

138. 天溜井井口铺设检修安全操作规程包括哪些内容？

（1）进入现场认真确认安全，清理井口周围积碴，按井口跨度选择合适的地梁。人行井，人材井井口地梁（圆木小头直径不得小于15cm）铺设平行在一水平位置，两头搭在实体上，所搭实体位置不能小于20cm。

（2）作业前必须拴好安全绳，有可靠的防坠措施。

（3）人行井口除人员上下的位置留通道口外，其余部分必须用木板铺严，并用钉子加固牢靠。

（4）人材井，人员上下一边留一通道口，拉材料一边也必须留一个放材料的方口（方口规格不能大于1m×1.2m）并且使用规范的格筛盖严，格筛一边必须固定牢靠，其余部分用5cm木板铺严钉牢。

（5）检修好使用的井口，必须挂设安全绳，有警示标语。

139. 通风系统的日常管理有哪些安全要求？

（1）加强日常通风系统管理，进风段抓风质，用风段抓分配，回风段抓降阻。

（2）根据需风量，调整分支风路阻力，合理分配风量。

（3）对系统定期或不定期检测，发现并消除串、漏、反风现象。出现串、反、循、漏的有关天井、联道，风井应及时进行密封或充填。

（4）对通风系统的设备及设施，不得随意破坏或拆除，若发现损坏，应用时修复，谁使用谁负责，谁损坏谁修复。

（5）通风人员必须每季度对系统风机进行一次加油，对进风段每周洒水洗壁二次，对回风系统风机每周检查二次。

（6）系统所有风机，不得随意启动和停止（除专业人员外）。

（7）加强通风技术培训，通风系统革新，节能降耗，创造最佳经济效益。

（8）大系统需要增减风机或调整风机位置，必须报总工程师批准。

（9）矿井总进风，总回风和主要风道的风量，每季度测定一次。

140. 局部通风管理有哪些安全要求？

（1）独头掘进必须采用局部机械通风。

（2）独头巷道掘进长度小于 100m 可采用单一式通风，大于 100m 采用混合式通风。

（3）压入式风机应安装在上风流中不小于 10m，抽出式风筒末端应接至下风流中下小于 10m 或直接导入回风道。局风扇风筒口与工作面的距离，压入式不大于 10m，抽出工不大于 5m；混合式压入风筒不大于 10m，抽出式风筒吸风口应滞后压入式风筒出口 5m 以上。

（4）风筒要安装平直，转角要平滑，接头要严密。

（5）各工区要加强通风防尘工作，通风队人员及有关部室人员负责技术上的指导工作。

（6）通风较差的采场，必须采用机械局部通风。

141. 大爆破通风管理有哪些安全要求？

（1）大爆破时，必须明确炮烟测定的时间和地点，爆破前通风人员必须做好以下工作：

1）检查通风设备和通风构筑物，保证爆破区域进回线路一切通风设备、设施安全完好，可靠。

2）对需要加强通风的爆破采场必须做临时措施工程。

（2）爆破后，所有风机必须连续正常运转。

（3）按规定时间和地点测定炮烟浓度，并及时向调度室汇报。

第四章 顶板、提升、尘害事故安全

第一节 顶板及顶板事故的基本知识

142. 什么是顶板、冒顶、片帮?

顶板是指赋存于矿层之上的邻近岩层。

冒顶、片帮是由于围岩不够稳定，当强大的地压传递到顶板或两帮时，使顶板岩石完整性遭受破坏，顶板下沉弯曲，裂缝逐渐增大，如果生产技术和组织管理不当，就可能形成顶板岩矿的冒落，这种冒落就是常说的冒顶事故；而如果冒落的部位处在巷道的两帮就叫做片帮。

143. 冒顶前的预兆有哪些?

大多数情况下，在冒顶之前，由于压力的增大，顶板岩石开始下沉，使支架开始发出断裂声，而后逐渐折断。与此同时，还能听到顶板岩石发出“啪、啪”的破裂声。随着顶板岩石进一步破碎，在冒落前几秒钟，就会发现顶板掉落小碎石块，涌水量也逐渐增大，而后便开始冒落。

顶板冒落之前，岩石在矿山压力作用下开始破坏的初期，其破碎的响声和频率都很低，常常在井下工作人员还没有听到之前，老鼠在洞里已经听到了。所以在井下岩层大破坏或大冒落之前，有时会看到老鼠“搬家”，甚至可以看到老鼠像受惊的野马到处乱窜。所以在井下工作的人员，当听到或者看到上述冒顶预兆时，必须立即停止工作，从危险区撤到安全地点。必须注意的是，有些顶板本来节理发育裂缝就较多，有可能发生突然冒落，而且在冒落前没有任何预兆。

144. 一级顶板指哪些，其顶板管理措施有哪些?

具有下列情况之一的为一级顶板：

（1）顶板岩石特别松软，层理节理发育，有较大的压碎带，呈破碎状态者。

（2）有较大的断层和较多的中小断层，或岩层交错形成三角岩体者。

（3）采场超过规定跨度，或开采最后一分层时。

（4）顶板有较大的渗透水者。

一级顶板管理措施有：

（1）要根据不同的地质条件，选用合理的采矿方法，尽量减少采矿作业人员暴露在大面积的顶板条件下作业。

(2) 采用合理的开采顺序，采取快掘、快采、快出的办法，缩短生产周期。

(3) 要采取长锚索、短锚杆、木支护及多种方法联合支护的方法维护顶板。

(4) 采用光面控制爆破方法落矿。

(5) 实行顶板三次检查制（班前、班中、班后），加强经常性的检查，及时处理顶板浮石，有人作业时要设专人监护。

145. 二级顶板指哪些，其顶板管理措施有哪些?

符合二级顶板的情况是：顶板矿岩较松软，层理节理较发达，断层不多，顶板有时出现中小型三角岩体或有局部渗水者。

二级顶板管理措施有：

(1) 要根据不同的地质条件，选用合理的采矿方法，尽量减少采矿作业人员暴露在大面积的顶板条件下作业。

(2) 采用合理的开采顺序，采取快掘、快采、快出的办法，缩短生产周期。

(3) 采用光面控制爆破方法落矿。

(4) 采用锚杆支护。

(5) 实行顶板三次检查制（班前、班中、班后），加强经常性的敲帮问顶。

146. 三级顶板指哪些，其顶板管理措施有哪些?

顶板矿岩较稳固、层理节理不发达、断层不明显，这属于三级顶板。

对于三级顶板，应采用光面控制爆破方法落矿，加强经常性的敲帮问顶工作。

147. 影响采场顶板事故发生的因素有哪些?

采场顶板事故的影响因素主要包括：矿床地质特征等自然因素和采矿技术因素。

(1) 自然因素包括以下几种：

1) 矿层的倾角。其对采场工作面矿山压力显现的影响很大。

2) 采场的围岩组成，主要是指采场工作面的围岩，一般是指采场顶板以及直接底的岩层。这些围岩的稳定性直接决定着采场稳定性，是引起工作面局部冒顶的主导原因。

3) 地质构造。各种地质构造如断层的存在可能改变顶板冒落的一般规律，造成突然来压和冒顶。

4) 开采深度。开采深度直接影响着原岩应力大小，同时也影响着开采后巷道或工作面周围岩层内支承压力的大小。随着采深增加，支承压力必然增加，从而导致片帮及底板膨起的几率增加，由此也可能导致支架载荷增加。

5) 矿层厚度。

(2) 采矿技术因素。开采技术对采场顶板管理的影响是多方面的，不仅与采场选择支护方式有关，还受到回采工艺及其参数（采高、控顶距、循环进度等)、采空区处理方式、是否分层开采等开采技术因素的影响。同时采矿设计及施工管理也会影响到顶板事故的发生。如采场设计过长，分段崩落采场有的长达100m以上；采、出矿速度慢，回采强度低，结果造成顶板暴露面积过大，延长了矿岩的暴露时间，另外，采充失调，采空区不及时充填，空区多，空顶面积大，矿岩的应力集中区，最先打破一个缺口，沿着断层，岩脉等构造薄弱线发生岩石移动，形成地压活动，加剧了岩矿的冒落。

第二节 顶 板

148. 顶板常见的支护方式有哪些？

顶板常见的支护方式大致包括单体支柱支护、液压支架支护、锚杆支护。

单体支柱支护主要是指采用木支架、摩擦式金属支柱、单体液压支柱支护。

液压支架是在摩擦式金属支柱和单体液压支柱基础上发展起来的采矿工作面机械化支护设备。

锚杆支护主要是指用木锚杆、竹锚杆、金属锚杆、树脂锚杆、快硬水泥锚杆结合锚网进行支护的一种支护方式。

149. 什么是声测法？

声测法是利用声学原理来判断岩石的完整性和破坏程度的方法，其中有：

（1）声撞击法。即常用的“敲帮问顶”法，工人利用手锤或撬棍敲击岩石，以判断岩体的完整性。它所根据的原理是岩石受到外来撞击时，由于振动而发声。脱离母体的松石，其振动频率较低，发出的声音比较沙哑、低沉；整体岩石则发出清脆响亮的声音，由此可检查发现浮石。

（2）声发射法。岩体内部发生破坏时，同时会发出声响，通常称为“地音”。注意监听所发出的声响，可以了解地压情况。监听有以下两种方法：

1）人工听声。响声由疏到密，频率逐渐增加并夹杂零星掉渣，这是大规模地压显现的前奏期；响声频度剧增，且由清脆炮声到闷雷声，掉渣频繁，这是剧烈的大规模地压显现即将发生的高潮期；响声由密到疏，逐渐减小，这是地压活动逐渐稳定的尾声。

2）地音仪监听。由主放大器、探头和耳机组成。这是人工听声的仪器化，它的灵敏度高，能听到用耳朵听不到的声音。利用地音仪还可判断岩层破坏的发展趋势和波及范围，预报岩体崩落的可能性和时间，以便及时采取预防措施。

150. 什么叫做裂缝调查法？

它是我国金属矿山当前对地压显现进行现场观察的一种主要方法。岩体发生破坏时，必然在其中产生一些裂隙，观察这些裂隙的变化情况，便可圈定大规模地压显现的范围及判断地压发展的趋势。

151. 如何观察围岩的相对移动？

简易的测量仪器有：滑尺、滑尺移动量警报器等。常用的有多点位移计，多点位移计用于测量巷道及采场岩体内部的位移量。将它埋在钻孔中，根据测量结果可以定期地了解围岩内部不同深度的位移量、位移速率、位移范围及其随时间的变化。多点位移计又有杆式、弦式和可分离式三种。

152. 采空区在回采期间的支撑手段有哪些?

（1）自然支撑。在留矿法中，由于围岩稳固或较为稳固，只要采场跨度、矿岩的暴露面积、时间控制在允许范围内，就能充分利用矿体本身的矿柱支撑力，达到管理地压的目的。自然支撑控制顶板的要点是合理确定矿房和矿柱的尺寸，保持矿柱和围岩的完整。

（2）充填支撑。以废石、水砂等充填料充填支撑空区是充填采矿法管理地压的主要手段。实践表明，充填及时而足量可以有效控制围岩大面积冒顶塌方，并可提高矿柱的稳定性，还可减缓和控制岩层移动，防止冲击地压，减少冒顶片帮事故。

（3）崩落围岩。崩落法管理顶板的实质是随着矿石被采出，有计划地崩落矿体顶盘的覆盖岩石或上下盘围岩，利用其膨胀率增加的碎石充填采空区。这种方法，中段不再划分为矿房与矿柱，而是沿矿体走向按合理顺序连续进行开采，使整个回采工作面始终在已崩落围岩的支撑掩护下进行，崩落的围岩随着矿石下移，边采边消除采空区。这种支撑控顶方法的关键在于保护好采场底部结构，搞好电耙道的维护。

（4）控制爆破。在采场落矿过程中采用光面控制爆破技术，爆破后较好地保证了采场顶板的完整，浮石大量减少。对于矿岩较破碎的采场，积极推广应用锚杆支护、长锚索和金属网支护、喷射混凝土等联合支护技术。这些措施增强顶板抗冒落的能力，大大减少了冒顶片帮事故的发生。

153. 巷道冒顶事故的处理原则是什么?

巷道冒顶主要发生在掘进工作面迎头外、巷道维修更换支架处和巷道交叉处。巷道维修与冒顶处理应按“先外后里、先支后拆、先上后下、先近后远、先顶后帮”的原则进行。分别介绍如下：

（1）先外后里是指维修某一段巷道或处理某一处冒顶时，必须先处理外边（离安全出口近的那一头）的，逐渐向前处理，再处理里边的，直到该段范围全部处理完。严禁在巷道只有一个安全出口的情况下两头处理，防止因再次冒顶“关人”，把人堵在里边。

（2）先支后拆是指在更换巷道支护时，在拆除原有支护前，应加固临近支护，拆除原有支护后，及时除掉帮顶活动岩石和架设永久支护，必要时还要架设临时支护。如需要更换柱腿时，则应先打好立柱或架抬棚，再拆去旧柱腿，换上新柱腿。

（3）先上后下是指在倾斜巷道内维修支架或处理冒顶时，应由上而下进行。特别是巷道倾角大于15°时，必须有防止岩石、物料滚落和支架歪倒的安全措施。

（4）先近后远是指当一条巷道存在几处需要维修支架和冒顶的地段，应该先处理距安全出口较近的那一段，再依次向里进行。

（5）先顶后帮是指在处理程序上，必须先维修、支撑住顶板，再维修好两帮。

154. 巷道冒顶事故如何进行处理?

巷道冒落的处理方法有木垛法、搭凉棚法、直接支架法、撞楔法、锚喷法、绕道法。

（1）木垛法：“井”字木垛和小棚结合法。冒顶超过5m，冒后稳定，为节省坑木和时间可用此法。要求架棚技术高，棚子牢固可靠。

（2）搭凉棚法：当冒落高度不超过1m，并不再继续冒落，冒落长度也不太大时，可以用适当数量的较长坑木搭在冒落两头完好的支架上，即所谓搭凉棚法。搭好“凉棚”后，在其掩护下迅速出矸、架棚。架好棚子后，再在凉棚上用其他材料把顶板接实。

（3）直接支架法：在巷道围岩已经稳定，冒落矸石又不多，冒顶范围约为2～3架时，可采用直接支架法。该方法是先扒掉碍事的矸石，在两帮掏出柱窝，然后立好柱腿，紧接着架设顶梁，并且插背好，最后清理底部矸石。再往前依次照上述程序操作，直至处理完毕为止。

（4）撞楔法：当巷道冒落矸石很碎，可采用撞楔法处理。该方法是在冒顶的地方先用撞楔向冒落碎矸深处打入，在撞楔的保护下，清理冒落的矸石，重新架设支架。

（5）锚喷法：锚喷法适用于冒顶范围较大，具备锚喷支护设备的岩巷。该方法是先处理冒顶区域内顶板及两帮活矸，人员站在安全侧向冒顶区域顶部喷射一层厚30～50mm的混凝土封固顶板，然后再封两帮。当初喷层凝固后再打锚杆，并及时挂网和复喷一次，复喷厚度不宜超过200mm。冒顶处理完后，按要求立模砌喧，也可架设金属支架。

（6）绕道法：当冒落长度大，不易处理，为了营救遇难人员，首先要设法给遇难人员供给新鲜空气、饮料和食物，然后打绕道迅速营救人员。

155. 发现顶板冒落预兆的紧急处理原则和安全注意事项是什么？

当发现顶板冒落的预兆时，应遵循的紧急处理原则和安全注意事项：如加强支护能使顶板不冒时，可在有经验的老工人带领下进行维护，立即加固支架（套棚、补边柱、打中柱、拉抬棚或抗山棚、打木垛等），防止顶板冒落；如情况危急，无法采取措施防止顶板冒落时，作业人员应果断、立即将人员撤离危险区域。

156. 矿井冒顶事故的应急处理措施是什么？

发生冒顶事故以后，抢救人员首先应以呼喊、敲打、使用地音探听器等与其联络来确定遇险人员的位置和人数。如果遇险人员所在地点通风不好，必须设法加强通风。若因冒顶遇险人员被堵在里面，应利用压风管、水管及开掘巷道、打钻孔等方法，向遇险人员输送新鲜空气、饮料和食物。

在抢救中，必须时刻注意救护人员的安全。如果觉察到有再次冒顶危险时，首先应加强支护，有准备地做好安全退路。在冒落区工作时，要派专人观察周围顶板变化。在清除冒落岩石时，要小心地使用工具，以免伤害遇险人员。在处理时，应根据冒顶事故的范围大小、地压情况等，采取不同的抢救方法。

顶板冒落范围不大时，如果遇险人员被大块岩石压住，可采用千斤顶等工具把其顶起，将人迅速救出。若遇较大范围顶板冒落，如人被堵在巷道中，也可采用另开巷道的方法绕过冒落区将人救出。

157. 抢救冒顶事故被困人员的措施有哪些？

在抢救被困遇险人员时，首先应确定遇险人员的位置和人数，尽可能与遇险人员直接联络。具体措施又分为：

（1）当冒顶范围不大时，可用撞楔法支护顶板，然后快速清理，尽快救出被困人员。在清除冒落岩石时，要防止落石伤害遇险人员，尽量采取短掘进、小支护。并派专人观察周围顶板变化，如果发现有再次冒顶的预兆时，首先应加强支护，找好安全退路。

（2）当冒顶范围大，而顶板又不能维护，一时无法疏通被堵巷道，但经分析被困人员有生还可能时，应先打钻孔尽快供风，或利用通往灾区的压风管道、水管，向灾区输送新鲜空气、水、食物；同时确定被困人员大概位置，采用避开冒顶区开挖绕道通达被困人员的方法救援。

158. 营救被冒顶埋压遇险人员的措施原则是什么？

（1）首先要保障营救人员的自身安全，营救工作要在灾区中的领导和有经验老工人的指挥下进行。营救人员要检查冒顶地点附近的支架情况，发现有折损、歪扭、变形的柱子，要立即处理好，以保障营救人员的自身安全，并要设置畅通、安全的退路。

（2）因地制宜地对冒顶处进行支护。根据顶板垮落的情况，在保证抢救人员安全和抢救方便的前提下，因地制宜地对冒顶处进行支护。在采面局部冒顶埋压人员时，可用掏梁窝、悬挂金属顶梁、架单眼棚等方法进行处理。棚梁上的空隙要用木料架设小木垛接到顶，并插紧背实，阻止冒顶进一步扩大。

（3）营救埋压人员。在检查架设的支架牢固可靠后，要指派专人观察顶板，才能清理被埋压人员附近的冒落岩石等，直到把遇险矿工从埋压处营救出来。在营救过程中，可用长木棍向遇险者送饮料和食物。在清理冒落岩石时，要小心地使用工具，以免伤害遇险人员。如果遇险矿工被大块岩石压住，应采用液压起重气垫、液压起重器或千斤顶等工具把大块岩石顶起，将人迅速救出。

（4）被救出的人员身上有外伤时，把他抬到安全地点，脱掉或剪开他的衣服。先止血，缠上绷带；受伤较重或有骨折，只要情况允许要按骨折伤员处理方法：先包扎固定，然后正确搬运送医院治疗；若已经失去知觉，或停止了呼吸但是时间不长的伤者，可将其放平躺下，解开衣服和腰带，撬开嘴，取净嘴里、鼻孔中的脏物，用毛巾拉出舌头，进行苏生器输氧或人工呼吸。

第三节　提升系统

159. 提升设备的主要部分有哪些？

提升设备是用于提升矿（岩）石和生产物资及人员的设备。它是一个系统，提升系统通常有如下主要组成部分：提升机、提升主钢丝绳、提升容器（箕斗、罐笼、矿车）、天轮（在塔式摩擦提升时的导向轮）、井架（在塔式摩擦提升时是井塔）、罐道（在斜井提升时是轨道）、井筒和井筒装备、装载设备（在罐笼提升时是进车装置）、卸载设备（在罐笼提升时是出车装置）、井底装置等。

160. 提升系统如何分类？

提升系统根据不同的划分标准有不同的分类，分别如下：

（1）按提升对象分为：主井提升，副井提升；

（2）按提升容器分为：箕斗提升，罐笼提升（或箕斗罐笼混合提升），矿车提升（一般用于斜井）；

（3）按井筒的提升井道角度分为：立井，斜井；

（4）按安装场合分为：地面提升设备，井下提升设备；

（5）按生产和施工分为：生产用固定提升设备和凿井提升设备；

（6）按提升机类型分为：单绳缠绕式和多绳摩擦式（还有布雷尔式等）；

（7）按提升水平数分为：单水平和多水平提升。

161. 我国生产常用的矿井提升机是什么？

矿井提升机是安装在地面，借助于钢丝绳带动提升容器沿井筒或斜坡道运行的提升机械。分缠绕式提升机和摩擦式提升机。在我国，常用的矿井提升机形式主要是：单绳缠绕式和多绳摩擦式。

162. 单绳缠绕式提升机的工作原理是什么？

单绳缠绕式提升机是较早出现的一种提升机，其工作原理是：将两根提升钢丝绳的一端以相反的方向分别缠绕并固定在提升机的两个卷筒上，另一端绕过井架上的天轮分别与两个提升容器连接。这样，通过电动机改变卷筒的转动方向，可将提升钢丝绳分别在两个卷筒上缠绕和放松，以达到提升或下放容器，完成提升任务的目的。

163. 多绳摩擦式提升机的特点是什么？

多绳摩擦式矿井提升机最主要的特点是摩擦式提升方式对深井提升特别有利，因为井再深、绳再长，钢丝绳不在筒上储存，所以绳长与摩擦轮宽度尺寸无关；第二个特点是用多根钢丝绳代替一根钢丝绳提升，可以用多根小直径的钢丝绳提升大负载，因此可以使摩擦轮直径较小，从而可以使提升机的尺寸、重量大幅度减小。

164. 容器与井壁或罐道梁之间的最小间隙有什么样的规定？

为防止容器在提升过程中发生碰撞等事故，容器与井壁或罐道梁之间的最小间隙必须符合表4-1的规定。

表4-1　容器与井壁或罐道梁之间的最小间隙（m）

罐道和井梁布置		容器和容器之间	容器和井壁之间	容器和罐道梁之间	容器和井梁之间	备　注
罐道布置在容器的一侧		200	150	40	150	罐道和导向槽之间为20
罐道布置在容器两侧	木罐道	—	200	50	200	有卸载滑轮的容器，滑轮和罐道梁间隙增加25
	钢罐道	—	150	40	150	
罐道布置在容器正门	木罐道	200	200	50	200	
	钢罐道	200	150	40	150	
钢丝绳罐道		450	350	—	350	设防撞绳时，容器之间的最小间隙为200

165. 井口应有哪些安全设施?

为保证提升作业的安全，防止发生人身或设备事故，在罐笼提升系统中，井口必须装设必要的安全设施：

（1）井口安全门。在地面及各中段井口必须装设安全门，以防止人员进入危险区域或者运输设备冲入井筒，发生人员或设备坠井事故。安全门应开启灵活，具有可靠的防护作用，其操作方式有手动、罐笼带动、气动、电动等多种。安全门只允许在上下罐作业时打开，其他时间都处于关闭状态。

（2）井口阻车器。为了预防矿车落入井筒，在罐笼提升的井口车场进车侧，必须装设阻车器，并要保持其动作灵活、可靠。阻车器的操作方式有手动、气动、液压以及利用罐笼升降、矿车运行等为动力来进行传动的方式。按其结构有阻车轮、阻车轴等类型，阻车轮类是最常用的。各种阻车器通常均装有弹簧缓冲装置，以吸收矿车的撞击能量。为使矿车不致倾覆或掉道，矿车驶近阻车器的速度不能太快。井口阻车器要与罐笼停止位置相联锁，罐笼未到达停止位置，阻车器不能打开。

（3）承接装置。在罐笼提升的各井口，为了便于矿车出入罐笼，使用罐笼承接装置。承接装置可分为承接梁、托台（罐底）、摇台三种形式。无论使用摇台还是托台，都应与提升机或提升信号闭锁，以免发生冲撞事故。

166. 钢丝绳断裂的主要原因有哪些?

引起钢丝绳断裂的主要原因有：

（1）钢丝绳使用中强度下降。钢丝绳在使用过程中，因锈蚀、断丝和磨损而使强度下降。这三种因素常常是并存的，其中以锈蚀对强度的影响最为突出；

（2）立井提升容器受阻后松绳。在立井提升中的断绳事故，绝大多数是箕斗或罐笼在下放操作过程中，因受到某种阻碍松绳而导致。松弛了钢丝绳（常还伴有扭结）在巨大的冲击作用下立即遭到断破；

（3）多绳摩擦提升断绳。多绳摩擦提升具有比缠绕式提升更为安全的特点，其理由之一就是由多根钢丝绳承担工作荷载，在单根钢丝绳断裂的情况下，可在较大程度上避免坠罐事故。但是，这并非认为断绳是被允许的。

167. 钢丝绳的使用与维护要注意哪些事项?

（1）除用于倾角30°以下的斜井提升物料的钢丝绳外，其他提升钢丝绳和平衡钢丝绳，使用前应进行试验，经过试验的钢丝绳，储存期不得超过六个月；

（2）对于提升钢丝绳（用于摩擦轮式提升机的除外）的试验，升降人员或升降人员和物料用的钢丝绳自悬挂时起，每隔六个月试验一次；有腐蚀气体的矿山，三个月试验一次。升降物料用的钢丝绳自悬挂时起，第一次试验的间隔时间为一年，以后每隔六个月试验一次。悬挂吊盘用的钢丝绳自悬挂时起，每隔一年试验一次；

（3）钢丝绳应满足安全规程规定的卷筒直径与钢丝绳直径的比值要求，以控制其弯曲疲劳应力；

（4）钢丝绳在卷筒上排列要整齐，运行时要保持平稳，不跳动、不咬绳；

（5）钢丝绳在使用过程中应注意润滑，应定期对钢丝绳涂油。润滑钢丝绳用油要求黏稠性能好，振动、淋水甩冲不掉，最好采用专用的钢丝绳油；

（6）对钢丝绳应定期进行斩头，因绳头部分的钢丝绳损坏较为严重。同时也要适时调头，增加钢丝绳的使用寿命。其斩头和调头的期限，应根据各单位不同使用条件和钢丝绳损坏情况而确定；

（7）斜井提升中，井筒的地滚轮应齐全，转动灵活，道床堆积物要及时清除，以减少钢丝绳的磨损；

（8）井筒内应尽量减少淋水，保持干燥，以避免钢丝绳的锈蚀；

（9）要仔细地运输、存放及悬挂钢丝绳，启动、停车、加减速要平稳，注意卷筒及天轮衬垫情况，加强对钢丝绳的维护。

168. 钢丝绳的检查要求有哪些?

（1）新到货的钢丝绳，应检查是否有厂家合格证书、验收证书等资料，有无锈蚀和损伤，不符合要求的不准使用。升降人员的钢丝绳要按安全规程的规定进行试验；

（2）对提升钢丝绳应每日检查一次，每周进行一次详细检查，每月进行一次全面检查。检查时，采用慢速运行对钢丝绳进行外观检查，同时可用手将棉纱围在钢丝绳上，如有断丝，其断丝头就会把棉纱挂住。要特别注意检查绳头端和容易磨损段，还要注意不得有漏检；

（3）钢丝绳在遭受卡罐或突然停罐猛烈拉伸时，应立即停车检查；如发现钢丝绳受到损伤，或钢丝绳延长0.5%或直径缩小10%，均须更换；

（4）钢丝绳的检查工作要由专人负责，并要作好检查记录。

169. 罐耳与罐道之间的磨损达到什么程度时应予以更换?

木罐道的一侧磨损超过15mm；导向槽的一侧磨损超过8mm；钢罐道和容器导向槽同一侧总磨损量达到10mm；钢丝绳罐道表面钢丝在一个捻距内断丝超过15%；封闭钢丝绳的表面钢丝磨损超过50%；导向器磨损超过8mm。

170. 过卷和过放事故的原因大致有哪些?

立井提升过程中当提升容器接近终点时，如不及时减速停车，则上行容器可能超过其正常停车位置而发生过卷事故；下行容器可能超过其正常停车位置而发生过放事故。事故的原因大致有：

（1）提升机控制失灵。包括控制回路障碍、保护功能失效或保护装置失灵、深度指示器失灵等；

（2）重载下放过程中，因提升设备失去控制而形成的事故不乏其例。尤其是箕斗提升系统，一般认为，箕斗提升的任务是提升重载，因而忽略该系统下放重载过程中的安全问题。实际上，在某些特殊情况下，箕斗提升系统也会出现被迫下放重载的运行。而恰恰在这种非正常运行的过程中，安全保障显得更为重要。具体包括：超载后不能继续提升，设备失控，箕斗反向下行，及操作失误，反向开车；

（3）制动装置是提升机最重要的安全机构，必须保证其正常的工作性能，以便在需要时，尤其是在提升系统出现非正常状态时，能按自动或人工的指令提供制动力。因制动失灵而造成事故。

171. 过卷高度的要求是什么？

为防止提升容器过卷后因惯性仍继续上升而冲撞井架，要设定合适的过卷高度，其要求如下：

（1）提升速度小于 3m/s 的罐笼，过卷高度不得小于 4m；提升速度等于或超过 3m/s 的罐笼，过卷高度不得小于 6m；凿井时期用吊桶提升，过卷高度不得小于 4m；

（2）应按要求检验过卷保护装置动作是否可靠，位置是否准确。应分别对安装在井架和深度指示器上的过卷开关进行试验。

172. 矿井提升机深度指示器的作用是什么？

深度指示器的作用包含了以下几点：

（1）向司机指示提升容器在井筒中的运行位置；

（2）当容器接近井口停车位置时，发出减速信号；

（3）当提升容器过卷时，推动装在深度指示器上的终点开关，切断安全保护回路，进行安全制动；

（4）减速阶段，通过限速装置进行过速保护。

173. 缠绕式提升机的安全要求有哪些？

（1）为了使筒壳应力分布均匀，在筒壳外面应装设衬木，并在上面刻有绳槽，以使钢丝绳排列整齐；

（2）为了限制缠绕应力和避免跳绳、咬绳，规定缠绕层数在两层以上时，卷筒边缘距最外一层钢丝绳的高度应不小于钢丝绳直径的 2.5 倍；钢丝绳由下层转到上层临界段（相当于四分之一绳圈长）必须经常加以检查，每季度应将钢丝绳移动四分之一绳圈的位置；

（3）钢丝绳的绳头必须牢固地固定在卷筒上，要有特备的卡绳装置，不得将钢丝绳系在卷筒轴上；穿绳孔不得有锐利的边缘和毛刺，曲折处的弯曲不得形成锐角，以防止钢丝绳变形；卷筒上必须留有三圈绳作为摩擦圈，以减小钢丝绳与卷筒连接处的张力；

（4）制动装置的动作必须灵活可靠；各传动杆件不变形、没有裂纹，紧固件不得松动；各销轴不松动、不缺油，开口销齐全；

（5）闸瓦与闸轮应接触良好；闸与闸轮的间隙应保持在 2mm 以内；闸把的工作行程不超过全行程的四分之三；

（6）闸轮表面应光滑，不椭圆；当闸轮表面沟深超过 3mm，椭圆度大于 1mm 时，应采用车削等方法加以修理；

（7）提升速度小于 3m/s 的罐笼，过卷高度不得小于 4m；提升速度等于或超过3m/s 的罐笼，过卷高度不得小于 6m；凿井时期用吊桶提升，过卷高度不得小于 4m；

（8）应按要求检验过卷保护装置动作是否可靠，位置是否准确，分别对安装在井架和深度指示器上的过卷开关进行试验；

（9）当提升速度超过正常最大速度的 15% 时，应使提升机自动停止运转，实现安全制动；当最大提升速度超过4m/s时，应保证提升容器在到达井口时的速度不超过2m/s；

（10）为了能在提升机的工作时或主令控制器失灵等紧急情况下，司机能够迅速地切断电源，实现紧急制动，防止事故发生，应在司机台前装设紧急脚踏开关。

174. 多绳摩擦提升机的安全要求有哪些?

（1）用于多绳摩擦提升机的钢丝绳，安全系数在升降人员或升降人员和物料时不低于8，升降物料时不低于7.5，专用升降物料的不低于7，作罐道或防撞绳用的不低于6；

（2）多绳摩擦提升机的首绳，使用中若有一根不合格的，应全部更换；

（3）多绳提升机的钢丝绳用专用桃形绳夹时，回绳头须用两个以上绳卡与首绳卡紧；

（4）采用扭转钢丝绳做多绳摩擦提升机的首绳时，必须按左右捻相间的顺序悬挂，悬挂前，钢丝绳须除油。若用扭转钢丝绳作尾绳，提升容器底部须设尾绳旋转装置，挂绳前，尾绳必须破劲；

（5）运转中的多绳摩擦提升机，应每周检查一次首绳的张力，如各绳张力反弹波时间差超过10%，应进行调绳；

（6）对于主导轮和导向轮的摩擦衬垫，应视其磨损情况及时车削绳槽。绳槽直径差应不大于0.8mm，衬垫磨损达2/3，应及时更换；

（7）采用多绳摩擦提升机时，粉矿仓要设在尾绳之下，粉矿仓顶面距离尾绳最低位置应不小于5m。穿过粉矿仓底的罐道钢丝绳应用隔离套筒予以保护；

（8）多绳摩擦提升系统两提升容器的中心距小于主导轮直径时，应装设导向轮；主导轮上钢丝绳包角应不大于200°；

（9）多绳摩擦提升机采用弹簧支承的减速器时，各支承弹簧应受力均匀；弹簧的疲劳和永久变形每年应至少检查一次，其中有一根不合格，都应按性能要求予以更换。

175. 提升信号的安全要求有哪些?

在提升中，为了统一指挥提升作业，保障人员、设施的安全和生产的正常进行，必须安装信号系统，包括声光信号、辅助信号、电话等。信号要求清晰明了，容易识别。

为了避免提升机的误操作，井底和各中段发出的信号须经井口信号工转发给提升机房，不准越过井口信号工直接向提升机房发开车信号，但可以发紧急停车信号。井口信号应同提升机的控制回路闭锁，只有当信号发出后，提升机才能启动。

176. 人员提升有哪些安全要求?

（1）井筒是人员进出的必由之路，为了避免人员提升时发生事故，必须经常对入井人员进行安全教育，建立严格的信号管理、乘罐等规章制度，加强对井口（中段、井底）的安全管理。井口的安全设施必须齐备、可靠。井筒和水平大巷的连接处，必须设人行绕道；

（2）信号工既是井口提升作业的操作者，又是井口安全的管理者。信号工发出信号之前，必须看清楚罐笼内和井口附近人员情况，关好罐笼门和井口安全门，防止人员进入危险位置；

（3）乘罐人员一定要严格遵守乘罐制度，服从管理人员和信号工的指挥，遵守秩序，不要拥挤。发出升降信号后，或者罐笼没有停稳和没有发出停车信号以前不许上下，以防失足坠落或者挤伤碰伤。当罐笼升降时，要站稳，抓住扶手，保持罐内安静，不要将头和手脚或工具伸到罐笼外面去；

（4）罐笼每次所载的人数要有明确规定，不许超载，不许强行搭乘；

（5）罐内装有物料时，不准搭乘人员；

（6）井口附近应有良好的照明；应设有明显的提升声光信号，其安装位置应尽量接近井口，使乘罐人员能清晰地看到、听到。

177. 斜井运送人员的安全要求有哪些?

为了减轻矿工的体力消耗，缩短行走的时间，在斜井距离较长，垂直高度较大时，应采用机械来运送人员。

（1）斜井人车。斜井人车是专供运送人员上下用的，其本身不带动力，用提升机钢丝绳牵引，由跟车的司机发送信号指挥提升机司机开车。

人车上装有断绳防坠器，当发生断绳或连接器脱钩等事故时，能自动将人车平稳地停车。断绳防坠器也可以用手操纵。人车断绳防坠器主要有插爪式和抱轨式两种。人车的防坠器要按有关规定进行检查和试验，定期进行维修、调整，使其动作灵活可靠。

（2）人车信号。为了保证乘车人员能随时与提升机司机取得联系，必须安装在运行途中任何地点都能发出紧急信号的声、光信号装置。多水平提升时，各水平的信号必须有所区别，以便提升司机辨认。所有收发信号的地点都要悬挂明显的信号牌。人车信号装置主要是有线式和感应式两种。

（3）乘车安全。乘车人员要遵守人车管理制度，听从人车司机和管理人员的指挥，不得拥挤，不得超员乘坐，在指定地点上下车；井口和各车场要设立候车室，候车人员要待车上人员下完后才能上车，上车后应关好车门，挂好车链；人车司机要由责任心强，经过培训考试合格的人员担任。

178. 倾斜井巷跑车事故类型及原因有哪些?

这类事故的次数占斜巷运输事故的66.6%，其死亡人数占斜巷运输事故的61%。具体类型包括如下：

（1）钢丝绳断裂。钢丝绳断裂的主要原因有：1）磨损或断丝严重，超过规定要求；2）锈蚀严重，使钢丝绳的强度和韧性降低；3）钢丝绳使用中出现扭曲、打扣、折绳等严重损伤；4）运行中受到过大的冲击负荷；

（2）连接装置断裂。连接装置和矿车检查、检修不及时，使用多年没有做过拉力试验、连接件出现裂纹没有及时发现、或用其他不合格的物件代替插销等，造成连接装置断裂；

（3）矿车底盘槽钢断裂跑车。底盘槽钢锈蚀过限，失去管理；超期服役，疲劳过限或遭受严重脱轨冲击形成隐患；

（4）连接销窜出脱钩跑车（窜销脱钩）。矿车插销没有防止脱落装置或防止脱落装置失效，插销没有放到位，轨道铺设质量差、行车中车辆在轨道接口处跳动（或脱轨）引起插销跳动而窜出；

（5）制动装置不良引起跑车。当制动装置出现故障时，闸瓦磨损超限、闸瓦间隙过大，使绞车制动力矩减小，发生带绳跑车事故。同时，由于绞车司机操作不当，下行时电机送电不及时，没有施闸，造成超速运行后，也会发生带绳跑车事故；

（6）把钩工违章操作或麻痹大意。把钩工没有挂钩或没有认真挂好就将矿车从平巷推下斜巷；提升车辆未全部上安全平坡道就提前摘钩；没有将常闭的挡车装置处于常闭挡车位置；没有对常开的跑车防护装置进行认真的检查和试验；在斜巷上部平车场钢丝绳松绳较多的情况下，没有与司机配合先紧绳，而把矿车直接推过变坡点，造成松绳冲击而发生断绳跑车事故。

179. 斜井提升时，防止跑车事故的措施有哪些？

防止跑车事故的措施一是防止发生跑车；二是一旦发生跑车时要避免事故扩大。主要措施如下：

（1）严格执行井筒行车不行人，行人不行车制度，严禁蹬钩；

（2）按规定设置可靠的防跑车装置和跑车防护装置，并经常保持完好。上部和中间车场，须设阻车器或挡车拦，在车辆通过时打开，通过后关闭。下部及中间车场须设躲避硐室。实现一坡三挡，加强检查、维护、试验，健全责任制；

（3）在条件允许的情况下井口尽量使用甩车场，以避免平车场容易跑车的缺点；

（4）把钩工要严格按操作规程进行操作，每次开车前必须检查牵引车数、钩头及各车的连接和装载等情况，确认无误后，方可发出开车信号。严禁先打开挡车装置后进行挂钩操作，严禁矿车在没有运行到安全停车位置就提前摘钩，严禁在松绳较多的情况下把矿车强行推过变坡点，严禁用不合格的物件代替有保险作用的插销；

（5）钢丝绳与矿车的连接和矿车之间的连接都要使用不能自行脱落的连接装置。常用的有保险插销、自锁插销及带锁口圈的矿车连接器等。井筒倾角超过12°时，还应装保险绳；

（6）保证斜井轨道和道岔的质量合格，并要及时清理，以防矿车掉道或运行时跳动；

（7）矿车要设专人检查。至少每2年进行一次2倍于最大静荷重的拉力试验。矿车的连接钩环、插销的安全系数不得小于6，发现底盘有开焊和裂纹的矿车，要停止使用。三链环与插销等连接装置要符合要求，不合格的不得使用；

（8）提升机制动装置的选用要可靠，防止飞车。

180. 使用较多的防跑车装置有哪些？

（1）自动抓捕装置。这种装置是利用发生跑车时，矿车速度较正常速度快的特征使抓捕机构动作而抓住矿车的，其类型有底部爪钩式、旁侧式和顶部撞杆式等多种。

（2）电动式自动挡车门。这种装置利用跑车后，矿车在轨道上的位置与深度指示器上所反映位置不一致的特征来实现防跑车。它主要由电动挡车门和电控系统两部分组成。

（3）闭锁式防跑车装置。这种装置是在正常下放时靠把钩工的操作使矿车不与装置的冲击杆碰撞，而在发生跑车时靠矿车的冲击能量使装置的挡车门落下，挡住下跑的矿车，从而实现防止跑车事故的。

181. 提升机司机的安全要求有哪些？

（1）提升机司机是矿山的特种作业人员之一，须经过专门技术训练，考试合格并取得操作证后才能上岗。

（2）每班在提升前必须对设备进行检查，并进行试车，检验紧急闸与工作闸是否灵活可靠，各部件是否正常，确认无误后方可开车。

（3）在整个操作过程中必须精力集中，谨慎操作，发现异常应停车分析，查找原因，作出判断，并及时汇报和处理。

（4）单钩下放，除井筒作业和检查设备外，要带电作业，防止超速飞车。

（5）要做好运转记录，下班时把情况交代清楚，存在的问题要及时处理好。

第四节 粉尘的基本理论及危害

182. 什么是粉尘、飘尘、降尘？

从理化概念上来讲，含尘空气实质上就是作为固体分散介质的尘粒，分布于以空气为胶体溶液的一种气溶胶，从这种气溶胶中自然或强制离析出来的固体微粒就是粉尘。由此可见，粉尘是广义的概念，其既是悬浮于空气中的、已经从空气中分离出来的固体颗粒物的总称，又单指那些以不同状态分布于空气中的固体微粒。粉尘颗粒越小，它在空气中停留时间就越长，被人吸入的可能性就越大。粉尘产生于固体物料的粉碎过程中，主要存在于采矿、建筑、冶金、纺织、水泥、玻璃、铸造等行业。

颗粒物按粒径被分为飘尘和降尘。飘尘是指大气中粒径小于10μm的固体颗粒物，能在空气中长时间悬浮，易随呼吸侵入人体肺部组织，因而对人体健康危害较大。降尘是指大气中粒径大于10μm的固体颗粒物，由于重力作用容易沉降，在空气中停留时间较短，在呼吸作用中又可被有效地阻留在上呼吸道上，因而对人体的危害较小。

183. 什么是可吸入粉尘、呼吸性粉尘？

由于不同直径的粉尘粒子在呼吸道的沉积部位不同，一般认为，空气动力学直径小于15μm的粒子可以吸入呼吸道，进入胸腔范围，称为可吸入性粉尘。其中10~15μm的粒子主要沉积在上呼吸道。

空气动力学直径小于5μm的粒子可到达呼吸道深部和肺泡区，称之为呼吸性粉尘。呼吸性粉尘是粉尘颗粒中损伤机体的关键性部分。

184. 我国对车间空气中一般粉尘的最高允许浓度是如何规定的？

我国规定车间空气中的一般粉尘的最高允许浓度为$10mg/m^3$，含10%以上游离二氧化硅的粉尘则为$2mg/m^3$。

185. 什么是矿山粉尘，其来源是什么？

矿山粉尘是指矿山生产过程中产生的并能长时间悬浮于空气中的矿石与岩石的细微颗

粒，简称为矿尘。悬浮于空气中的矿山粉尘称浮尘，已沉落的矿山粉尘成为落尘或积尘，检测防治的重点是浮尘。矿山粉尘名称可依其产生的矿岩种类而定，如硅尘、铁矿山粉尘、铀矿粉尘、煤矿粉尘、石棉尘等。矿山生产过程中，如凿岩、爆破、装运、破碎等作业都会产生大量的矿尘。

矿山尘源大体上分为自然产尘、生产过程产尘两种，其产尘量与设备类型、生产能力、矿岩性质、作业方法及自然条件等因素有关。自然产尘主要是指风力作用产尘，如矿区大气降尘、大气飘尘及其他作用产生的扬尘；生产过程产尘包括钻机作业、爆破、破碎、筛分、转载、堆放、铲装、运输及其他处理过程中产生的固体微粒，矿山企业中的焙烧、烧结、球团等炉窑排放的烟尘。

186. 粉尘的环境影响是何含义？

由于粉尘的存在及其产生的作用，使环境所受到的影响被统称为粉尘的环境影响。在一般情况下，粉尘对环境影响的产生，有个从量变到质变的发展过程，当其影响超过环境容量或自净能力时，就会对环境造成危害。

鉴于地球自然环境系统结构上的特点，作为大气不定组分的尘埃，对整个环境系统的影响是双重性的，既有有害的一面，也存在无害或有利的一面。

187. 矿山粉尘对人体健康有哪些影响？

矿山粉尘对人体健康的主要影响包括：

（1）破坏人体正常的防御功能。长期大量吸入生产性粉尘，可使呼吸道黏膜、气管、支气管的纤毛上皮细胞受到损伤，破坏了呼吸道的防御功能，肺内尘源积累会随之增加。因此，接尘工人脱离粉尘作业后还可能患上尘肺病，而且会随着时间的推移病情加深。

（2）可引起肺部疾病。长期大量吸入粉尘，使肺部组织发生弥漫性、进行性纤维组织增加，引起尘肺病，导致呼吸功能严重受损而使劳动能力下降或丧失。硅肺是纤维化病变最严重、进展最快、危害最大的尘肺。

（3）致癌。有些粉尘具有致癌性，如石棉是世界上公认的人类致癌物，石棉尘可引起间皮细胞瘤，可使肺癌的发病率明显增高。

（4）毒性作用。铅、砷、锰等有毒粉尘，能在支气管和肺泡壁上被溶解吸收，引起铅、砷、锰等中毒。

（5）局部作用。粉尘堵塞皮脂腺使皮肤干燥，可引起痤疮、毛囊炎、脓皮病等；粉尘对角膜的刺激及损伤，可导致角膜的感觉丧失、角膜浑浊等；粉尘刺激呼吸道黏膜，可引起鼻炎、咽炎、喉炎等。

188. 矿山尘害防治的基本手段是什么？

我国矿山尘害防治的“五项基本手段”是指：法律手段、管理手段、教育手段、技术手段和防护手段。

189. 什么是矿尘的分散度和矿尘浓度？

分散度就是指矿尘整体组成中各种粒级尘粒所占的百分比。表示方法有两种：一是质量分散度（各种粒级尘粒的质量占总质量的百分比）；二是数量分散度（各种粒级尘粒的颗粒数占总颗粒数的百分比）。

单位体积矿内空气中所含浮尘的数量称为矿尘浓度，表示方法有两种：质量法，每平方米空气中所含浮尘的毫克数，单位是mg/m^3；计数法，每立方厘米空气中所含浮尘的颗粒数，单位是粒/cm^3。

190. 矿尘的危害主要有哪些？

矿尘的危害主要有：（1）污染了作业场所，严重危害着人体健康，易引起职业病；（2）某些矿尘容易爆炸；（3）加速机械的磨损，缩短精密仪器的使用寿命；（4）降低工作场所的能见度，增加工伤事故的发生。

191. 爆破工作的产尘特点是什么？

爆破工作的产尘特点是：在短时间内集中地产生大量的矿山粉尘，并伴有大量的炮烟，若没有有效的通风防尘措施，不仅爆破地点的矿山粉尘质量浓度长时间不能达到国家规定的卫生标准，而且能污染和影响其他地区。集中溜矿井、井下破碎硐室等处的矿山粉尘质量浓度也多是很高的，必须采取有效的通风防尘措施，以防止污染和影响其他工作地点。

第五节　矿山防尘、除尘

192. 什么是除尘装置？

除尘装置（又名除尘器）是指把气流或空气中含有的固体粒子分离并捕集起来的装置，又称集尘器或捕尘器。根据是否利用水或其他液体，除尘装置可分为干式和湿式两大类。

193. 矿井防尘的措施分为哪几类？

防尘措施是指以各种技术手段减少粉尘的产生及其危害的措施。大体上，可将矿井防尘技术措施分为减尘、降尘、排尘、除尘和个体防护措施五类。

（1）减尘措施。减尘就是减少和抑制尘源产生。减尘措施是防尘工作根本性措施，它包括两个方面：一是减少各个产尘工序的产尘总量和产尘强度，从产尘数量上把关；二是减少对人体危害最大的呼吸性粉尘所占的比例，在降尘质量上设防。矿层注水、采空区灌水预湿矿体、湿式凿岩、水封爆破和水炮泥、寻求采矿机最佳工作参数等都是减尘措施。减尘措施是实现粉尘浓度达到国家标准的根本途径，在矿井防尘技术措施中应优先考虑采用。

（2）降尘措施。降尘是使悬浮于矿井风流中的粉尘及早沉降下来。降尘措施是减少浮游粉尘浓度的防治性措施。现阶段矿井降尘主要利用喷雾洒水、喷射泡沫和其他方法（如水中加入湿润剂）加速粉尘的降尘。

（3）排尘措施。排尘是指加强通风对除尘的作用，利用新鲜风流稀释并排除采用前述防尘措施尚未沉降的那部分游浮粉尘。

（4）除尘措施。除尘是将空气中浮游粉尘聚集起来处理的一项聚歼性措施，它主要是利用吸尘器和捕尘器来完成。

（5）个体防护措施。个体防护是指通过佩戴各种防护面具以减少吸入粉尘量的一项补救措施。这是防止尘害的最后一道关卡。

194. 粉尘测定内容有哪些？其计量方法如何？

生产场所空气中粉尘测定的项目较多，但目前从卫生学角度规定，主要测定的项目有粉尘浓度、粉尘分散度及粉尘中游离的二氧化硅的含量。

粉尘的计量方法如下：

（1）粉尘浓度是单位体积空气中所含粉尘的质量和数量。粉尘浓度计量方法有质量法和数量法两种，质量粉尘浓度以毫克/立方米（mg/m^3）表示，数量粉尘浓度以粒/立方厘米（粒/cm^3）表示。

（2）粉尘分散度为各粒径区间的粉尘数量或质量分布的百分比。两者都用“%”表示。粉尘中游离二氧化硅含量为粉尘中结晶型的二氧化硅含量的百分比，用“%”表示。

195. 粉尘采样点是如何选定的？

粉尘采样点的选定，以能代表粉尘对人体健康的危害为原则。考虑粉尘发生源在空间和时间上的扩散规律，以及工人接触粉尘情况的代表性，测定点应根据工艺流程和工人操作方法而确定。主要包括以下三种情况：

（1）在生产作业地点较固定时，应在工人经常操作和停留的地点，采集工人呼吸带水平的粉尘，距地面的高度应随工人生产时的具体位置而定，例如在站立生产时，可在距地面1.5m左右尽量靠近工人呼吸带进行采样。坐位、蹲位工作时，应适当放低。为了测得作业场所的粉尘平均浓度，应在作业范围内尽可能均匀选择若干点进行测定。求得其算术或几何平均值和标准差。

（2）在生产作业不固定时，应在接触粉尘浓度较高的地点、接触粉尘时间较长的地点和工人集中的地点分别进行采样。

（3）在有风流影响的作业场所，应在产尘点的下风侧或回风侧粉尘扩散较均匀地区的呼吸带进行粉尘浓度的测定。

196. 什么是通风除尘，影响其效果的主要因素有哪些？

通风除尘是指通过风流的流动将井下作业点的悬浮矿山粉尘带出，降低作业场所的矿山粉尘质量浓度，因此搞好矿井通风工作能有效地稀释和及时地排出矿山粉尘。

影响通风效果的主要因素是风速及矿山粉尘密度、粒度、形状、湿润程度等。风速过低，粗粒矿山粉尘将与空气分离下沉，不易排出；风速过高，能将落尘扬起，增大矿内空气中粉尘质量浓度。因此，通风除尘效果是随风速的增加而逐渐增加的，达到最佳效果后，如果继续增大风速，效果又开始下降。

197. 什么是孔口水封爆破？

孔口水封爆破又称为孔外水封爆破，方法是在炮孔口附近置放水袋及辅助起爆药包，孔口水袋装水量合计0.5～0.7m³，相当于爆破1m³矿石耗水量为0.01～0.015m³。孔内堵塞物、起爆药包置放照常不变，只是在起爆时，同时起爆水袋下的辅助起爆药包。水袋用无毒并具有一定强度的塑料制作，简易的水袋注水后扎口即可；自动封口式的专用水袋，靠注水的压力将伸入到水袋内的注水管压紧自动封口。抑尘效率达31%～55%，可使尘云高度降低66%以上。

198. 井下矿山降尘法有哪些？

（1）井下气幕阻尘法。气幕防尘技术是结合其他降尘措施的基础上，采用一种透明的无形屏障——气幕，将未降落的粉尘，特别是呼吸性粉尘隔离在工作区以外，从而降低粉尘对采掘工人的危害。

（2）干式凿岩捕尘。当不能采用湿式凿岩时，必须采用干式捕尘措施，防止凿岩时粉尘飞扬。目前国内外广泛采用的干式捕尘方法是中心式抽尘单机捕尘技术。干式泡沫捕尘法已在一些矿山进行工业性实验，该种除尘方法存在的主要优缺点是泡沫的含水量及其使用寿命不能很好地满足捕尘要求，在结构上只适用于单机。前苏联研究的一项成果，即采用中心抽尘的集中捕尘系统，可以克服单机捕尘的缺点，该捕尘系统主要是将凿岩时产生的大量粉尘集中送到大型的除尘装置中进行处理。

（3）湿式凿岩。除尘效率可达到90%左右。存在的主要问题是由于压气作用使钻孔岩浆雾化，造成粉尘的二次飞扬。

（4）锚喷防尘。锚喷支护作业中，可产生大量粉尘，有的高达600mg / m³以上。目前，国外多通过改进锚喷工艺来消除粉尘的产生。前苏联研制出无尘喷射机，美国也研制了无尘上料装置，德国主要采用电气自动输送、机械搅拌、湿喷机喷射等措施来降低锚喷支护时的粉尘质量浓度。

（5）装岩时的防尘。国外一般在出岩机上安装自动喷雾洒水装置，在装车点安装自动喷雾装置利用湿润管湿润矿体，或者使用密闭罩、半密闭罩将尘源密封起来，从下部将含尘空气抽至除尘器中净化。国外一般还利用康夫洛自动喷雾洒水装置，在下落矿石高度的地方，装设密闭罩和除尘器除尘，从而达到净化含尘空气的目的。

第六节　尘肺病及其预防

199. 什么是尘肺病？

尘肺病是指工人在生产中，由于长期吸入大量微细粉尘而引起的以纤维组织增生为主要特征的肺部疾病。它是一种严重的矿工职业病，目前还很难治愈。该病具有发病缓慢，病程较长，还有一定的潜伏期等特征，因此往往不被人们所重视。

200. 影响尘肺病的发病因素有哪些？

（1）矿尘中游离二氧化硅的含量。调查表明，吸入矿尘中二氧化硅的含量越高，肺部组织纤维化的过程越短，发病越严重。如果在含游离二氧化硅80%～90%的矿尘中工作，当矿尘的浓度很高时，1～2 年内即可患尘肺病。

（2）矿尘的分散度。粒度大的矿尘被呼吸道阻留，随咳嗽、吐痰带出。粒度小的矿尘虽能进入肺部，但是它又随气体呼出。粒度在 1～2μm 的矿尘多能沉积在肺部。

（3）接触矿尘的时间。连续在含尘环境中工作的时间越长，吸尘越多，发病率也越高。

（4）矿尘浓度。矿尘浓度越高，被吸入肺部的矿尘越多，患尘肺病就越快。事实表明，在矿尘浓度为 1000mg/m^{3}的环境中工作 1～3 年即能致病，而在国家规定的粉尘浓度以下的环境中工作几十年，肺部积尘问题也达不到致病的程度。

（5）个体防护及身体条件。注意个体防护的工人，因减少粉尘吸入量从而避免尘肺病的发生。一般身体素质好、年纪轻、抵抗力强的人，较体质差、年纪大、抵抗力差的人尘肺病发病较少一些。

201. 尘肺病的预防措施是什么？

尘肺病预防的关键在于最大限度地防止有害粉尘的吸入，只要措施得当，尘肺病是完全可以预防的，其主要预防措施如下：

（1）控制尘源、防尘降尘。尘肺的病因是吸入致病的生产性矿物性粉尘，没有粉尘或控制粉尘浓度在允许浓度之下，可以消除尘肺或明显降低尘肺的危害。

（2）接尘工人的健康监护。对从事粉尘作业的人员开展健康监护和定期的医学检查，是早期发现尘肺病人的重要手段。早期发现病人或高危人群，及早采取干预措施，可预防疾病的进一步发展，健康监护包括上岗前体检、在岗期间的定期检查和离岗时体检，对于接尘工龄较长的工人还要按规定进行离岗后的随访检查。

（3）个人防护和个人卫生。佩戴防尘护具，如防尘安全帽、防尘口罩、送风头盔、送风口罩等；讲究个人卫生，勤换工作服，勤洗澡；不吸烟，不酗酒，养成良好的生活习惯。

202. 什么是硅肺，和哪些因素有关？

硅肺又名矽肺，是由于长期吸入大量游离二氧化硅粉尘所引起，以肺部广泛的结节性纤维化为主的疾病。硅肺是尘肺中最常见、进展最快、危害最严重的一种类型。

发生硅肺的主要因素有：

（1）粉尘的粒径。

（2）二氧化硅的含量。粉尘中游离二氧化硅含量越高，越易引发硅肺，且发病越快。

（3）粉尘的浓度。浓度越大，吸入的粉尘量就越多，越容易发生尘肺病。

（4）作业年龄。从事硅尘作业时间越长，吸入量越大，越易发病。

（5）工种。不同工种有不同的产尘状况和与单位时间吸入含尘空气量有关的劳动强度。

（6）个体因素。如未成年以及健康状况较差、呼吸系统感染（尤其是肺结核）、营养不良、个体防护较差等人均易发病。

203. 尘肺病的发病阶段及症状如何？

尘肺病的发展是有一定过程的，轻者影响劳动生产力，严重的会丧失劳动能力，甚至死亡。尘肺病一般分为 3 个阶段：第一阶段：重体力劳动时，呼吸困难，胸痛，轻度干咳；第二阶段：中等体力劳动或正常工作时，感觉呼吸困难，胸痛干咳或带痰咳嗽；第三阶段：做一般工作甚至休息时，也感觉到呼吸困难、胸痛、连续带痰咳嗽，甚至咯血和行动困难。

尘肺病的症状主要表现为：早期患者在重体力劳动时感到气短，随着病情的发展，这种感觉在一般劳动或走上坡路、上楼梯时都很明显。病情加重时，在静止状态下也感到呼吸困难，甚至不能平卧。其次是早期患者感到胸闷，呼吸困难或有压迫感。有的则有间断性胸部隐痛或针刺样疼痛，但尚能忍受。胸闷部位多在一侧或双侧前胸，往往在气候变化或阴天加重。晚期患者针刺样疼痛往往减轻，代之以持续的胸部紧迫感或沉重感。有的呼吸极度困难，面色灰青，眼窝深陷，跪在床上，痛苦难言。尘肺病人再一个症状是咳嗽、吐痰。早期患者可能仅有轻度干咳，肺部感染时则有吐痰。晚期患者咳嗽加剧，甚至痰中带血，体重减轻，容易疲劳和盗汗等。

有的尘肺病患者还会发生并发症和继发病。最常见的并发症和继发病有：肺结核、支气管炎、肺气肿、肺源性心脏病等。随着病情的发展，并发症随着增多、加重，呼吸功能损害越来越严重，这是尘害病人的死亡原因。

204. 《尘肺病诊断标准》针对尘肺的 X 射线胸片表现如何分期?

（1）壹期尘肺。有总体密集度一级的小阴影，分布范围至少达到两个肺区。

（2）贰期尘肺。有总体密集度二级的小阴影，分布范围超过四个肺区；或有总体密集度三级的小阴影，分布范围达到四个肺区。

（3）叁期尘肺。有下列三种表现之一者：

1）有大阴影出现，其长径不小于 20mm，短径不小于 10mm；

2）有总体密集度三级的小阴影，分布范围超过四个肺区并有小阴影聚集；

3）有总体密集度三级的小阴影，分布范围超过四个肺区并有大阴影。

205. 按《职工工伤与职业病致残程度鉴定》国家标准，将尘肺致残程度如何分级?

（1）一级

1）尘肺Ⅲ期伴肺功能重度损伤及或重度低氧血症〔po_2 <5. 3kPa（40mmHg）〕；

2）职业性肺癌伴肺功能重度损伤。

（2）二级

1）尘肺Ⅲ期伴肺功能中度损伤及或中度低氧血症；

2）尘肺Ⅱ期伴肺功能重度损伤及或重度低氧血症〔po_2 <5. 3kPa（40mmHg）〕；

3）尘肺Ⅲ期伴活动性肺结核；

4）职业性肺癌或胸膜间皮瘤。

（3）三级

1）尘肺Ⅲ期；

2）尘肺Ⅱ期伴肺功能中度损伤及中度低氧血症；

3）尘肺Ⅱ期合并活动性肺结核。

（4）四级

1）尘肺Ⅱ期；

2）尘肺Ⅰ期伴肺功能中度损伤及或中度低氧血症；

3）尘肺Ⅰ期合并活动性肺结核。

（5）六级尘肺Ⅰ期伴肺功能轻度损伤及或轻度低氧血症；

（60 七级尘肺Ⅰ期，肺功能正常。

第五章　矿井水灾安全

第一节　矿井水灾的基本概念

206. 什么是矿井水灾?

矿井在生产过程中被涌水，局部或全部淹没，影响、威胁矿井正常安全生产，并造成人员伤亡和经济损失的矿井涌水事故称为矿井水灾。

207. 造成矿井水灾的主要原因有哪些?

(1) 在矿井的基建或矿床的开采过程中，因采动影响引起上覆岩层的移动、破坏，产生与水源相通的裂缝;

(2) 在井巷掘进时穿透含水层、溶洞、积水老巷等;

(3) 井口位置选择在历年最高洪水位以下，使地表水、雨雪水通过井口涌入井下等原因。

208. 确定矿井水灾害危险程度的方法有哪些?

一是用突水系数来确定矿井水灾害的危险程度，突水系数是含水层中的静水压力 P (kPa) 与隔水层厚度 M(m)的比值，其物理意义是单位隔水层厚度所能承受的极限水压值。突水系数的应用是通过突水系数图来体现的。目前，有两种突水系数图，一种是矿区或井田的突水系数图，比例尺常为1:5000～1:10000；第二种是采区的突水系数图，比例尺一般是1:1000～1:2000，甚至更大些。

另一种方法是按水文地质的影响因素来确定矿井水害的危险程度。水文地质的影响因素是按水文地质的复杂程度将矿区的水害危险程度划分为5个等级，并对每个不利的水文地质因素按其危险等级不同，规定了几种危险数值，数值越大表示危险程度越严重。该指标的应用必须结合本地矿区的实际情况并不断进行总结，并考虑隔水层的特性进行修正，以便得出适合本地区的经验数值，作为判断采掘底板可能突水的指标。

209. 矿井发生涌水的水源有哪几种?

矿井水源分为地表水和地下水。

(1) 地面水引起的矿井水灾。矿井附近的江河、湖泊、沼泽、池塘、水库、沟渠、废弃的露天凹地等积水，以及季节性雨水、雪水。当水位上涨，超过矿井井口标高而涌入井下，或通过断层、裂缝等渗入井下造成水灾，这种水源称地表水。

大气降水使矿井涌水具有明显的季节性，并与开采深度采矿方法及矿床地质构造有关。

（2）地下水引起的矿井水灾。地下水包括矿井岩层中断层裂缝水、含水层积水、溶洞、暗河、老空区及废旧井巷积水等。

第二节　防水预防措施

210. 地表水的防治措施有哪些?

地表防排水是防止或减少大气降水和地表水大量流入矿井的重要措施，也是保证矿井安全的第一道防线。地面防排水措施主要包括填塞通道、排除积水、挖排洪沟、筑堤防洪坝、整铺河底及河流改道等，具体采取哪种措施要根据地形、水文和气象条件加以合理选择，有时还可将几种措施综合使用，以便达到更好的效果。特别是对于以大气降水和地表水为主要充水水源的矿井，地面防排水工作必须经常进行，尤其雨季到来之前，更要做好各项防排水工作。

地表防水工作必须根据各矿区的地形、地貌及气候条件，采取下列几种措施：

（1）确定合理井口位置。井口和工业广场内主要建筑物的标高，必须高出当地历年最高洪水位1m以上。在山区还必须避开泥石流、滑坡等地段。如果找不到较高井口位置或需要在山坡上建筑井筒时，则必须修筑坚固的井台，并在井台周围修筑堤坝、沟渠，疏通水路或采取其他排水的有效措施。

（2）整治河流。井田范围内的水库、河、湖、沟渠，采取河床加固，铺底，防止渗透等技术措施；或者河流改道，这种措施能彻底防止地表水通过裂缝透入井下，但工程量大、投资多；也可将井田范围内的河道改道、取直，以减少渗透概率和减少矿柱损失。

（3）填堵漏水通道与排除积水。地面的洼地、塌陷裂缝、基岩裂隙、溶洞、废弃钻孔、老井等，都可能成为地表水及降水直接或间接流入井下的通道。因此，必须采取相应的措施。采取措施的原则一般是先易后难，先简单后复杂的原则。对于面积不大的洼地、塌陷区且不能修筑沟渠排水时，应用黏土填平夯实，并使之高出地面；如果范围太大无法填平时，可以开凿疏水沟渠，修筑围堤，必要时可安设水泵设备，做到及时拦水、疏水与排水。使水不能积存下来，对废弃钻孔、洞穴、老井，应用泥沙、黏土等妥善封闭，防止积水渗入井下。具体措施为：

1）有渗漏但未发生坍塌的区域，用黏土或亚黏土铺盖夯实，厚度一般为0.5～1m，具体数值以不再渗漏为标准；

2）地表有较大的塌陷坑或裂隙较大时，其下部用石块充填，上部用黏土夯实，其高度高出地表约0.3m；

3）地表的塌陷坑或裂隙很大、很深时，在底部铺设支架（如废钢轨、废钢管、废混凝土轨枕等），然后用混凝土或钢筋混凝土将口封死，再在其上回填土石。回填至地表附近时，上覆0.8m黏土并夯实，使其高出地表0.3m左右；

4）对于不易添堵的区域，可考虑设置移动泵站。

（4）挖排洪沟。矿井存在山洪袭击的地段，必须在井田边缘垂直于来水方向，挖排洪沟拦住洪水，或开凿泄洪渠道将洪水引至井田以外，也可以修建水库，将洪水引入，减少对矿井威胁。

（5）选择合适位置存放堆积物。堆积物如支护材料、矸石、土方、炉灰、垃圾，必须避开山洪、河流的冲刷方向，以免冲至工业场地和建筑物附近，淤塞河道、沟渠以及排水涵洞。

（6）妥善处理井下水的排放。必须妥善处理排至地面的井下水，若开挖泄水沟，应避开断层、裂隙和透水岩层，避免排到地面的井下水再渗入井下。

（7）留隔离矿柱。矿井内的河流、水渠、水库等地表水如果不能进行疏导排出时，或矿体与含水层接触地段，可采用留隔离矿柱的方法，隔离透水通路。

（8）井下特殊地段开采要作专门设计。在开采井下特殊地段时要作专门设计，特殊地段包括：

1）开采有流砂、溶洞的矿床；

2）在河、海及湖下面进行采矿；

3）在雨季有洪水流过的干涸河床和渠下面进行开采。

以及露天和地下同时开采时，必须制定专门防水设计，并经上级主管部门批准。

（9）加强雨季的防汛工作。在雨季汛期之前，做好防汛准备工作。每次降雨后，必须派专人检查矿区及其附近的地面有无裂缝和老窑陷落和岩溶塌陷等现象，发现漏水情况必须及时处理。

211. 井下防治水的措施有哪些？

（1）查明水源。通过勘测掌握古井、采空区的积水以及主要含水层、充水断层和裂隙的分布，定出矿井的积水线、探水线与警戒线。

（2）探放水

1）探水

井下采掘过程中必须执行“有疑必探，先探后掘”的原则。凡遇到下面情况都必须停止掘进，进行探水：

掘进工作面接近溶洞、含水层（流砂层、冲积层、各种承压水的含水层、含水断层或与地面大量积水区相通的断层）；掘进工作面接近被淹井巷或有积水的小窑或采空区；在边探边掘区内掘进时，掘进长度达到允许掘进长度；采掘工作面发现出水征兆，如有雾、冒汗、滴水、淋水、水响等；当采掘工作面接近各类防水矿柱时；接近其他可能出水地区时。

探水前应注意如下问题：

① 加强支护。探水附近的工作面要加强支护，以预防高压水对支架及工作面的破坏；

② 检查排水设施。根据预计出水量确定是否加大排水能力，清理水沟、水仓使其畅通和起缓冲作用；

③ 安装防护设施。探水孔要设套管，以便安装水阀控制放水量，防止水压较大时对采场的破坏，特别危险的地区还要选择坚固地点，砌筑水闸墙；

④ 探水工作地点要安设通讯设备，以便能及时与调度室和中央泵房联系。

2）放水（疏干）

疏放老空水，有下列几种方法：

① 直接放水。当水压不大，且不超过矿井排水能力时，可利用探水钻孔直接放水；

② 先堵后放。当老空水与溶洞水或其他巨大水源有关系，一时排不完或不可能排完的情况下，应先堵住出水点，然后排放积水。

疏放含水层水。它包括地面疏放水、井下疏水巷道疏水等。前者适用于埋藏较浅、渗透性良好的含水层。后者适用于已摸清水源，并预算出涌出量的情况下。

放水时的注意事项：

① 放水前必须估计积水量，并要根据矿井排水能力和水仓容量控制放水数量及放水眼的流量；

② 要经常观测钻孔中水量变化情况，特别放老空积水时，当水量变小或无水时，应反复多次下钻至原孔深度或超过原孔深度，以防钻孔被堵塞，造成放干积水的假象，避免掘进时发生事故；

③ 放水过程中，应经常检查孔内有害气体的含量，以便采取措施。

（3）留设防水矿（岩）柱。留设防水矿（岩）柱的目的是为了截止井上、下各种水源的通道。确定矿柱尺寸，必须考虑到被隔水源的压力、流量、矿的赋存状况等各种因素。

防水隔离矿柱因作用不同，大致分为矿田隔离矿柱、断层防水矿柱、被淹井巷之间的矿柱及防止潜水及流砂等流入巷道而留设的矿柱。

（4）截水和堵水。1）截水。为了使井下局部地点的涌水不致波及其他地区，需要在涌水的巷道中设置水闸门或水闸墙。

2）堵水。注浆堵水是将专门制备的浆液通过管道压入地层裂隙或孔洞，经凝结、固化后达到隔绝水源的目的。在注浆堵水工程中，合理选择注浆材料十分重要。它关系到注浆工艺工期、成本及注浆效果。目前，国内外应用的注浆材料多种多样，可以简单地分为硅酸盐类和化学类浆液两大类。

212. 防水的措施有哪些？

为防止突然透水事故，结合井下采掘具体情况，应采取防水措施。可概括为查、探、隔、放四方面，即：

查明水源，调查老窑；

探水前进，超前钻孔；

隔绝水路，堵挡水源；

放水疏干，消除隐患。

某一区域如果涌水量较大，短期内找不到涌水水源且不能排放完毕时，则需要采用建造防水水闸门的办法堵挡水源，或者留安全矿柱，用以隔绝水源通路。

213. 什么是超前探水？

超前探水指在某些地区，不能确保没有水害威胁时，在采掘工作之前必须进行探水，探明水文情况，掌握水源的具体位置。

214. 什么情况下必须探水?

井下采掘工作遇到下列情况必须探水前进:

(1) 接近含水的断层、流砂层、砾石层、溶洞或陷落柱时;

(2) 接近与地表水体或与钻孔相通的地质破碎带时;

(3) 接近积水的老窿、旧巷和灌过泥浆的采空区时;

(4) 发现有出水征兆时;

(5) 掘开隔矿柱或岩柱放水时。

探水工作要根据探水地点的水文特点，制定具体措施，且必须有专人负责管理。

215. 探水时应注意哪些问题?

探水前必须做好下列准备工作和安全措施:

(1) 探水前应加固探水地点附近的巷道支架，背好帮顶，以免压力水冲垮巷道壁和支架;

(2) 清理好巷道，保证安全撤退路线畅通无阻。20°以上的倾斜巷道要设梯子和扶手;

(3) 预先挖掘好合适断面和坡度的排水沟，使水流畅通。同时应有相应容量的水仓和排水设备;

(4) 在打钻地点或其附近安设专用通讯设备，在与探水地点有关的区域，也要设置通讯系统，这样当迎头一旦发生透水而又无法控制时，可立即通知险区人员按规定路线迅速撤离;

(5) 打探水钻时，如发现矿、岩变松或钻孔中的水压、水量突然增大，以及有顶钻等异状时，必须停止钻进，进行检查，监视水情，并报告矿调度室。严禁移动或拔出钻杆。如果发现情况危急时，必须立即撤出所有受水威胁地区的人员，然后采取措施，进行处理;

(6) 钻进时，应注意钻孔情况，发现钻孔内有害或易燃气体涌出时，必须立即停止打钻，切断电源，撤出人员，并报告调度室采取措施及时处理;

(7) 在水压较大的地点打钻时，要安设套管，使钻杆通过套管进行打钻，套管上安有水压表和阀门，探到水源后，利用套管放水;

(8) 探水钻在给进手柄前、后活动范围内不得站人，以防高压水将钻杆顶出伤人，或者手柄翻转打人;

(9) 钻孔内水压过大时，应采用反压、防压和防喷装置的方法钻进，防止钻杆被高压水冲出;

(10) 探放水时，所有可能受水威胁的地点，特别是采掘中的下山区域，必须安排避灾路线。在开始探水前，工人必须熟悉避灾路线。

216. 探水的起点如何确定?

探水的起点应根据水文资料的可靠程度与积水区的水头压力、积水量大小、矿体厚度和岩体硬度以及抗拉强度等因素来决定。准确掌握积水点范围较难，探水的起点至可疑的水源必须留出适当的安全距离。有些矿山分别按照积水线、探水线、警戒线 3 条线来处理。

积水线是指调查核定的采空区预定边界。根据调查的结果将井下涌水与地质构造等情况收集起来，进行详细的文字记录和初步绘制草图。并在有关的地质图纸上圈出积水线。

探水线是一条沿积水线向外推移60～150m的一条线。这是根据资料的可靠程度和积水区的水头压力、积水量大小、矿层厚度及其抗拉强度等决定的。对于比较确定的积水区一般为60m，对于资料根据不充分、积水量大、水头压力高而矿质松软的积水区大多加大到100～150m。

警戒线是在探水线的外沿平行外推50～100m所圈定的一条线。掘进巷道进入这一条线后，必须警戒积水的威胁。

217. 钻孔深度与超前距离如何确定?

钻孔的超前距离一般不得小于30m，使工作面前方经常保持不小于20m的保护矿柱。在薄矿体内可适当缩短，但最小不得小于5m，岩层中的探水钻孔则需超前5～10m。钻孔的深度一般为40m左右。这样每打一次钻，就可以连续地掘进20～30m。一般采用边探边掘的办法，即钻孔钻进一定深度后，才掘进巷道，且钻孔深度对巷道掘进距离应保持一段超前距离，以确保掘进工作的安全。

218. 探水钻孔的直径与数目如何确定?

探水钻孔直径的大小可根据钻机的规格和钻的矿岩性质、水压及积水量大小确定，一般为46～76mm，最大不宜超过91mm。多采用75mm。探水钻探至积水区以后，一般情况下可利用探水钻孔排出积水。

探水钻孔数目一般应不少于三个，需在工作面前方的中心与上下左右都能起到探水作用。

219. 探水钻孔如何布置?

探水钻孔一般布置成扇形，钻孔方向应该保证在工作面前方的中心和上、下、左、右都能起到探水作用。为此，探水钻孔中至少要有一个中心孔，其他钻孔与中心孔成一定角度。

在钻孔过程中，为了防止孔口被水冲坏，应该用水泥和套管加固孔口，其长度不应小于1.5～2.0m。当水压较小（294～392kPa）时，可以随时用木楔封闭钻孔；如果水压很大（981～1962kPa)，可以加防喷装置和反压装置、防压控制装置。

220. 井下透水有哪些预兆?

井下采掘工作面发生透水事故之前，通常会出现以下一些透水预兆：

(1) 矿床发潮发暗。某些本来是干燥、光亮的矿体，由于水的渗入，就变得潮湿、暗淡，如果挖去一层，还是如此，说明附近有积水；

(2) 巷道壁或矿体壁结露，俗称“挂汗”。这是由于压力水渗透通过微小裂隙凝聚于巷道表面或矿体壁的结果。顶板“挂汗”多呈尖形水珠，有“承压欲滴”之势；

(3) 空气变冷，工作面温度下降，产生雾气等，使人感到阴凉；

（4）工作面顶板淋水加大，或出现压力水头，淋水现象严重，或底板鼓起并有渗水；

（5）出现压力水流，表明距离水源较近；或矿层有水挤出并产生“嘶嘶”声，有时尚能听到空洞泄水声，有时还可听到像低沉的雷声或开锅水声等，这是因为积水具有较大的水压，能够把水从岩层中挤出来，水与裂缝摩擦而发出“吱吱”水叫声，表示有涌水危险；

（6）出现压力水流。这是离水源很近的征兆。若出水清净，说明距水源还稍远，若出水混浊，表明已迫近水源；

（7）岩壁“挂红”。这是因为老空区一般积存时间较长，水量补给少，通常称为“死水”，所以酸度大。水内含有含铁的氧化物或硫化矿物。这是接近老空积水的征兆。

上述这些征兆，并不是每次透水前都会全部出现，有时可能出现一种或几种，极个别情况甚至全部出现。因此，必须高度警惕，密切监视，认真分析出现的现象及时地采取防灾措施，这对安全生产有着至关重要的意义。

221. 遇到透水时应采取哪些措施?

井下某地突然发生透水事故时，现场人员在向矿山领导汇报同时，应采取积极措施迅速组织抢救，尽可能就地取材，设法堵住出水点，加固工作面，以防事故继续扩大。如水势很猛，无法抢救，应组织人员迅速按避灾路线撤至上一水平或地面。万一来不及撤至安全地点而被堵在上山独头巷道内，工作人员应保持镇静，避免体力的过度消耗，等待救援。

在撤离时应注意以下事项：

（1）撤离前，应设法将撤退的行动路线和目的地告诉矿井领导人。

（2）在条件允许的情况下，应迅速撤往突水地点以上的水平，不得进入突水点附近及下方的独头巷道。

（3）撤离时，尽量避开压力水头和泄水主流，并注意防止被水中滚动的矿石和木料砸伤，应靠近巷道一侧，抓牢支架或其他固定物体。

（4）撤离时如因突水原因破坏了巷道中的照明和指路牌迷失了行进的方向时，遇险人员应迎着有风流通过的上山巷道方向撤退。

（5）在撤退沿途和所经过的巷道交叉口，应留设指示行进方向的明显标志，以提示救护人员的注意。

（6）撤退巷道如是竖井，人员需从梯子间上下时，应保持好次序，禁止慌乱和争抢。攀爬时，手要抓牢，脚要蹬稳，切实注意自己和他人的安全。

（7）撤退中，如因冒顶或积水造成巷道堵塞，可寻找其他安全通道撤出。在唯一的出口封堵无法撤退时，应组织好遇险人员避灾，等待救护人员的营救。严禁盲目潜水等冒险行为。

矿领导接到透水报告后，应立即通知矿山救护队，同时根据事故地点和可能波及的地区，通知有关人员撤出危险区，尽快关闭巷道防水闸门，待人员撤至井底车场后，再关闭井底车场的防水闸门，以保护水泵房，组织排水恢复工作。如果老空水突然涌出，往往带有大量的有害气体（硫化氢、甲烷等），威胁未被水淹的地区，因此要保证通风正常，迅速排除有害气体。积极组织抢救井下遇难人员，正确判断遇难人员所在位置，切不可只凭水位标高来分析井下被淹范围。

当矿井或矿井部分地区被淹后，发现有人被堵于井下，应首先制定营救人员的措施，判断人员所在地点，并根据涌水量和排水设备的能力，估计排除积水的时间。如需较长时间，可考虑向遇难地点打钻输送食物，但水位必须低于人员所在独头上山的最高标高。

222. 什么是排水疏干？

将可能威胁矿井安全生产的地下水全部或部分地排放至地面，疏干矿床，保证矿山安全生产以及减少对矿山生产的影响。疏干方法有3种：地表疏干、地下疏干和地表与地下联合疏干。

223. 什么是地表疏干？

地表疏干是在地面向含水层内打钻孔，用深井泵或潜水泵把水抽到地表，把工作面附近的水降至安全位置的方法。当采空区积水的水量不大，又没有补给水源时，也可以由地表打钻孔排放。此方法一般只在地下水位较浅时采用。

224. 老空区水如何疏干？

排放老空积水一般说来有下列几种处理方式：

（1）直接放水。在确定老空区没有水的补给来源后，且是涌水量不大，可以直接排放这个区域的积水，并且保证在不过分增加矿井的排水负担时。

（2）先堵后放。在确定老空区与其他水源有联系时，如果被联系的流动水储量很大，如不堵住水源，在短时间内不能将水排完按时，此时就应先堵住出水点，然后再排放积水。

（3）先放后堵。在确定老空区与其他水源有联系时，但涌水量又不大，或者有一定季节性，并且此时季节降雨量不大。对这种老空区水，应选择适当时机先行排水，然后再利用枯水时期及时兴建必要的建筑物或堵水工程。

在老空区位于不易泄水的山洞、河滩、洼地，雨季渗水量过大，或者积水水质很坏，易腐蚀排水设备的场合，应该将其暂时隔离，待到开采后期再处理积水。此外，若老空积水地区有重要建筑物或设施，则不宜放水，而应该留矿柱将其永久隔离。

225. 如何疏干含水层中的涌水？

如果遇到含水层的水对采掘工作产生了威胁，应尽可能预先将其疏干，即将含水层中的水位降到生产工作面标高以下。疏放方法有巷道疏干法与钻孔疏干法及联合疏干3种方法。

226. 什么是巷道疏干？

当水层位于矿层顶板时，提前掘出采区巷道，即疏干巷道，让水层的水能通过巷道周围的孔隙、裂缝流放出来，经过疏干巷道排出。在充分掌握了矿层顶底板含水层的水压和水量，估计涌水量不会超过矿井正常排水能力的情况下，为了提高流水效果也可以把疏干巷道直接布置在待疏干的含水层中。

227. 什么是钻孔疏干?

利用钻孔把含水层的水、老采空区的水或溶洞里的水安全地排出称为钻孔疏干。当含水层距矿层较远或含水层较厚时,要在疏干巷道中每隔一定距离向含水层打放水钻孔来排水疏干。如果矿层下部含水层的吸水能力大于上部含水层的泄水量,可以利用泄水和吸水孔导水下泄,疏干矿层和上部含水层。

228. 什么是联合疏干?

在水文地质条件复杂,用某一种疏干方法的效果不理想时,可以采取疏干钻孔与疏水巷道相结合的联合疏干法。

229. 疏干时应注意哪些事项?

(1)按照排水能力和水仓容积控制放水量。放水前应该估计积水量、水位标高、矿井的排水能力和水仓容量等。

(2)利用探水钻孔放水。探水钻孔探到水源后,如果水量不大,可以直接利用探水钻孔放水;如果水量很大,则需要另外打放水钻孔。

(3)放水前要做好准备工作。正式放水前应该进行水量、水压和矿层透水性试验。当发现管壁漏水或放水效果不好时,要及时处理。

(4)放水过程中要观察及采取相应措施。放水过程中要随时注意水量变化。水的清浊和杂质情况,有无特殊声响等。为了预防有毒有害气体逸出造成事故,必须事先采取通风安全措施,使用防爆灯具。

(5)做好应急准备工作。事先规定人员撤退路线,保证沿途畅通无阻;在放水巷道的一侧悬挂绳子(或利用管道)作扶手,并在岩石稳固的地点建筑有闸门的防水墙。

230. 如何防治地下暗河?

目前防治地下暗河的方法有堵塞、绕过、截流、断源等方法。防治地下暗河最好的方法是查明暗河的具体分布位置,从而设法使巷道避开它。在一个新区施工,首先进行水文地质调查,了解矿区附近有无地下暗河。暗河出口在哪里(暗河出口往往具有涌水量大、季节性变化大,洞口有大量河砂卵石等物),出口的标高、位置、水量大小,结合暗河的一般分布规律,推测暗河的分布方向,使施工人员做到心中有数。

231. 如何判断疏放水完毕?

(1)当看到排水口已完全不淌水,并且由排水口向里进风或向外出风;

(2)虽然水流始终不断,但没有压力;

(3)通捣时有小水流,不通捣时无水等。

232. 如何排放矿井中的酸性水?

含黄铁矿及有机硫的矿体,当这些硫化物在一定条件下受到氧化后,就形成硫酸,从而使地下水具有酸性,排除酸性水的基本措施如下:

（1）建立单独排水系统。矿井酸性水的涌出往往具有区域性，在涌出酸性水的区域，如果条件允许，为了减少酸性水的危害，可建立单独排水系统，使酸性水集中一次排出，并且排酸性水的泵房、水泵规格、备品配件规格力求一致，方便以后的维修和更换。

（2）分级排水，降低水泵扬程。排酸性水时，扬程越高，水压越大，水泵越易腐蚀磨损。这样降低了水泵的使用寿命，增加了排水成本。为了延长水泵的使用寿命，在条件允许的情况下，可以降低水泵扬程，把单级排水改为多级排水。

（3）冲淡酸性水。如果矿井中既有酸性水又有非酸性水，可以将酸性水和非酸性水按比例引入同一水仓中，混合后排到地面，这种办法可以在非酸性水涌水量大而酸性水涌水量小的矿井中采用。

（4）中和酸性水。在酸性水中掺入生石灰（CaO）可起中和作用，降低水的酸性。

（5）增加水泵、排水管的耐酸性。水泵采用特殊耐酸材料加工，可以减轻受损程度。在排水管内部镶敷水泥衬套或水管内外涂红丹、沥青等防酸材料，也可用铸铁管代替熟铁管办法延长排水管道使用期限。

（6）其他方法。从开拓布局上设法减少矿井排除酸性水的年限，防止地表水及降水渗入，提高回采率等，也是一些防治酸性水的积极措施。

233. 矿井截水采取哪些措施？

矿井截水包括构筑防水闸墙、防水闸门和留防水矿柱等方法。

234. 水闸墙的形状有哪些，各有什么特点？

水闸墙的形状有平面形、圆柱形、球形和鳄鱼嘴式四种。

平面形水闸墙的优点是施工容易，但抗压力较小；球面形的水闸墙虽然抗压力大，但施工复杂。目前矿山多采用圆柱形的水闸墙。圆柱形水闸墙利用圆柱形侧面的一部分，支撑于岩石中两个掏槽上，并且以凸面朝向涌水的空间。在水压特别大的情况下，水闸墙可以采用鳄鱼嘴式的形状，顾名思义，鳄鱼嘴式水闸墙就像鳄鱼嘴一样，鳄鱼嘴朝向涌水方向。这样即增加了强度又防止了渗流。

235. 水闸门应放置在哪些地方？

水闸门设置在发生涌水时需要堵截而平时仍需运输、行人的井下巷道内，水闸门平时是开着的，遇到涌水时应紧急关闭。防止水涌入其他巷道。例如在井底车场、井下水泵房和变电所的出入口以及有涌水影响的采区之间都应设置水闸门。水闸门是整个矿在设计与生产过程中不可忽视的重要防水工程。

236. 什么情况下需要留防水矿柱？

（1）矿层直接位于地表水体或含水层之下，且上部水源又无法疏干时；

（2）矿层通过断层、裂缝与地表水体或强含水层等有水力联系时；

（3）在被淹井巷上面或下面的矿层与岩层中进行采掘工作，被淹井巷中的积水不可能排除时；

（4）相邻矿井开采同一矿层，必须在矿井分界处留防水矿柱，如果矿井是以断层分界时，要在断层两侧留有隔离矿柱；

（5）采掘工作面接近水量较大的钻孔、含水的陷落柱等地点。

防水矿柱尺寸的确定是个非常复杂的问题，要考虑到含水层的水压、水量、所采矿床的机械强度、厚度等因素及有关的规定，并通过实践综合确定，做到既安全又经济合理。

237. 什么是堵水？

堵水就是将制成的浆液（水泥浆液、水泥—水玻璃浆或化学浆液）通过管道压入地层裂隙，经扩张凝结硬化后起到堵隔水源的作用。

238. 在什么情况下采用注浆堵水？

注浆堵水，一般应用在下列情况下：

（1）老空区或被淹井巷的水与涌水水源有密切联系，单纯采用排水的方法排除积水成为不可能或不经济时；

（2）井筒或巷道必须穿过一个或若干个含水丰富的含水层或充水断层，如果不堵住水源将给矿井建设带来很大的困难与危害，甚至不可能掘进时；

（3）井筒或工作面发生严重淋水，为了加固井壁，改善劳动条件，减少排水费用等，可采用注浆堵水措施；

（4）某些涌水量特大的矿井，为了减少矿井涌水量，降低常年排水费用，也可采用注浆的办法以堵住水源。

为了取得注浆隔水的预期效果，必须首先查明水源的分布及地质状况，以便制定切合实际的注浆隔水方案，包括确定隔水部位、钻孔位置，注浆材料的选择、配比和数量，注浆方法、注浆系统、施工方法和工艺，隔水效果的观测以及安全措施等。

239. 凿岩时发现工作面有突然冒（涌）水怎么办？

凿岩时发现工作面有突然冒（涌）水等异常险情时，应停止凿岩，采取措施，禁止边处理险情边凿岩石。

240. 矿山对排水设备有什么要求？

井下主要排水设备，至少应由同类型的3台泵组成。工作泵应能在20h内排出一昼夜的正常涌水量；除检修泵外，其他水泵在20h内排出一昼夜的最大涌水量。井筒内应装备2条相同的排水管，其中1条工作，1条备用。

第三节　控制水灾安全管理

241. 矿山对泵房设计的安全有什么要求？

井底主要泵房的出口应不少于两个，其中一个通往井底车场，其出口应装设防水门；另一个用斜巷与井筒连通，斜巷上口应高出泵房地面标高7m以上。泵房地面标高，应高出其入口处巷道底板标高0.5m（潜没式泵房除外）。

242. 矿山对水仓设计有什么安全要求？

水仓应由两个独立的巷道系统组成。涌水量大的矿井，每个水仓的容积，应能容纳2～4h井下正常涌水量。一般矿井主要水仓总容积，应能容纳6～8h的正常涌水量。水仓进水口应有箅子。采用水砂充填和水力采矿的矿井，水进入水仓之前，应先经过沉淀池。水沟、沉淀池和水仓中的淤泥，应定期清理。

243. 地表水泵启动前应做哪些准备工作？

（1）检查闸阀开关情况是否良好；

（2）用手转动联轴器是否灵活、有无摩擦、撞击声及卡阻现象，否则必须清除后方可开泵；

（3）检查开关柜及机旁箱各种仪表和安全装置是否处于良好状态。

244. 如何启动、关闭地表水泵？

启动顺序：

（1）打开进水闸阀，往泵内注水，打开排气嘴排出空气，直至气嘴出水为止；

（2）合上合闸开关，做水泵启动工作；

（3）电机达到正常转速，慢慢打开出水阀，出水在泵内时间不宜过长，否则烧坏机件。

停车顺序：

（1）关闭出水口闸阀；

（2）断开机旁箱上的分合开关，水泵停止作业。

245. 如何保障水泵的安全运转？

要保障水泵的安全运转，水泵工要做到：

“观察”、“听”、“摸”、“闻”、“看”。

（1）观察：看电机、水泵在运行中是否产生剧烈振动，各紧固件有无松动，盘根松紧以每分钟20～30滴漏为宜；

（2）听：听电机、水泵运转声音有无异常；

（3）摸：用手触摸电机、水泵及轴承发热情况：

1）轴承温度：不超过70℃；

2）电机温度：不超过60℃。

（4）闻：闻电器设备有无焦臭味、烟味，并检查导线、接头、触点有无松动、变色、冒烟起火花等现象；

（5）看：看电流表、电压表及水压表是否都在规定范围值内。

246. 井下水泵启动前应做哪些准备工作？

（1）确认电源进线柜；

（2）检查闸阀开关情况，微阻阀开启情况；

（3）用手转动联轴器是否灵活，有无摩擦、撞击声及卡阻现象，否则要先排除阻碍物才能开车；

（4）检查开关柜及机箱各种仪表及安全装置是否处于完好状态。

247. 如何启动、关闭井下水泵？

启动顺序：

（1）打开进水阀往泵内注水，打开排气嘴排出空气，直至气嘴出水为止；

（2）合上合闸开关，水泵启动工作；

（3）电机达到正常转速，慢慢打开出水阀（水在泵内时间不宜过长，会烧坏机件）。

关闭顺序：

（1）关闭出水口闸阀；

（2）断开机旁箱的分闸开关，水泵停止工作。

248. 水泵运转时遇见事故怎么办？

（1）突然停电状态下，先断开真空开关，再关闸门；

（2）如真空开关不能断开，采用紧急分闸；

（3）如事故停泵时，在（1）、（2）条都不能操作时，则断开电源进线油开关。

第六章　火灾及其防治

第一节　地下矿山防火管理

249. 火灾事故按照事故严重程度分为哪几类？

（1）特别重大火灾事故。造成 30 人以上死亡，或者 100 人以上重伤，或者 1 亿元以上直接财产损失的火灾；

（2）重大火灾事故。造成 10 人以上 30 人以下死亡，或者 50 人以上 100 人以下重伤，或者 5000 万元以上 1 亿元以下直接财产损失的火灾；

（3）较大火灾事故。造成 3 人以上 10 人以下死亡，或者 10 人以上 50 人以下重伤，或者 1000 万元以上 5000 万元以下直接财产损失的火灾；

（4）一般火灾事故。造成 3 人以下死亡，或者 10 人以下重伤，或者 1000 万元以下直接财产损失的火灾。

250. 什么是矿井火灾？

矿井火灾是指发生在矿井地面或井下，威胁矿井安全生产，造成人员伤亡、财产损失、环境破坏的燃烧事故。火灾是矿山企业中的主要灾害事故之一，具有很大的破坏作用，如果不加预防将造成人员伤亡并给企业造成很大的损失。

251. 矿山火灾分为哪几类？

根据发生的地点不同，矿井火灾分为地面火灾和井下火灾；按照其发生的诱导原因可分为外因火灾和内因火灾；按其在不同的通风路线分为进风流火灾和回风流火灾；根据引火性质不同分为原生火灾与次生（再生）火灾。

252. 什么是地面火灾、井下火灾？

发生在地面，如办公区、坑木场、服务区和其他生产区的，称为地面火灾；发生在井下井筒、巷道、硐室、采空区、工作面以及地面火灾的火焰蔓延到井下或产生的烟气随同风流进入井下，称为井下火灾。

253. 什么是内因火灾、外因火灾？

由于某些可燃物（如高硫矿石、含碳和磷的岩石、木材等）在一定条件下不需外界热源而由自热转为自燃的火灾称为内因火灾；由于外界热源引起燃烧而酿成的火灾称为外因火灾（如爆破作业、机械摩擦、电气设备运转不良、电源短路、吸烟、烧焊以及其他明火等引起的火灾）。

254. 什么是进风流火灾、回风流火灾？

发生在进风井、进风大巷、进风石门、进风平巷及工作面的火灾，称为进风流火灾；发生在回风平巷、回风石门、回风大巷和回风井的火灾，称为回风流火灾。

255. 什么是原生火灾与次生（再生）火灾？

原生火灾是指由原火源点引燃的火灾；次生火灾系指由原生火灾而引起的，在原生火灾的燃烧过程中，含有尚未燃尽可燃物，可燃物一旦与风流汇合，获得足够的氧气而发生的再次燃烧。

256. 矿山外因火灾的诱发因素及特点是什么？

外因火灾的诱发因素主要有爆破、明火作业、摩擦、机械设备运转不良、电流短路等。其特点是易被人们感觉到，或观测到。且具有突发性、来势凶猛等特点，如果不能及时采取有效措施，往往可能酿成重大的事故。

257. 矿山内因火灾的诱发因素及特点是什么？

内因火灾的诱发因素主要有硫化矿石、含碳和磷的岩石、木材等，在与空气接触过程中发生氧化而产生热，当热量不断聚积，使该物质的温度升高到它的着火温度，引起自燃。

其特点是内因火灾的火源比较隐蔽，不易发现。而且从热量的积聚到发火一般要经过一个漫长的过程，往往发生在人们难以或不能进入的采空区或矿柱内。但只要管理规范还是容易早期发现，同时也有预兆，但找到真正的火源确很困难。因此不能及时扑灭，以致有的内因火灾可以持续数月、数年、数十年而得不到有效控制。燃烧的范围逐渐蔓延扩大，还会烧毁大量矿藏资源，冻结大量可采储量。

258. 矿山可燃的物质分为哪几类？

矿山火灾可燃物质可分为三类：

（1）材料与设备的燃烧：燃料、润滑油、电气设备、炸药、木材及其他易燃物；

（2）矿石与围岩的燃烧：硫化矿石、含硫含碳围岩等；

（3）混合型燃料：物料、燃料、矿石和围岩的共同燃烧。

259. 矿山引起明火火灾的原因有哪些？

（1）电石灯、香烟、木材等明火引起的火灾。电石灯火焰与蜡纸、碎木材、油棉纱等可燃物接触，很容易将其引燃。如果扑灭不及时，便会酿成火灾。金属非金属矿山井下，矿工如果不遵守安全规程，烟头随意乱扔，遇到可燃物则可能引起火灾。据测定：香烟在燃烧时，表面温度达350～450℃，中心最高温度可达650～750℃。如果被引燃的可燃物是容易着火的，又有外在风流，很可能酿成火灾。冬季的北方矿山在井下点燃木材取暖，会使风流污染，有时造成局部火灾。

（2）爆破作业引起的火灾。在爆破时，引燃硫化矿尘；某些采矿方法（如崩落法）采场爆破产生的高温，引燃采空区的木材；大爆破时，高温引燃黄铁矿粉末、黄铁矿矿尘及木材等可燃物；爆破产生的碳氢化合物等可燃性气体积聚到一定浓度，遇摩擦、冲击或明火，便会发生燃烧甚至爆炸。

炸药燃烧不同于一般物质的燃烧，它本身含有足够的氧，无需空气助燃。燃烧时没有明显的火焰，而是产生大量有毒有害气体。燃烧初期，生成大量氮氧化物，表面呈棕色，中心呈白色。氮氧化物的毒性比 CO 更为剧烈，严重者可引起肺水肿造成死亡。

（3）焊接作业引起的火灾。在井下进行气焊、切割及电焊作业时，如果没有采取可靠的防火措施，由焊接、切割产生的火花及金属熔融体遇到木材、棉纱或其他可燃物，便可能造成火灾。特别是在比较干燥的木支架进风井筒进行提升设备的检修作业或其他动火作业；因切割、焊接产生火花及金属熔融体未能全部收集而落入井筒，又没有用水将其熄灭，便很容易引燃木支架或其他可燃物，若扑灭不及时，往往酿成重大火灾事故。

（4）电气原因引起的火灾。照明灯具、电气设备的短路、过负荷，容易引起火灾。电火花、电弧及高温赤热导体引燃电气设备、电缆等的绝缘材料极易着火。有的矿山用灯泡烘烤爆破材料或用电炉、大功率灯泡取暖、防潮，引燃了炸药或木材，往往造成严重的火灾、爆炸事故。

用电发生过负荷时，导体发热容易使绝缘材料烤干、烧焦，并失去其绝缘性能，使线路发生短路，遇有可燃物时，极易造成火灾。带电设备元件的切断、通电导体的断开及短路现象发生都会形成电火花及明火电弧，瞬间达到 1500～2000℃以上的高温，从而引燃其他物质。井下供电线路特别是临时线路接触不良，接触电阻过高造成局部过热从而引起火灾。

随着矿山机械化、自动化程度不断提高、电器设备、照明和电器线路更趋复杂。电器保护装置选择、使用、维护不当，电器线路敷设混乱往往是引起火灾的重要原因。白炽灯泡的表面温度：40W 以下的为 70～90℃，60～100W 的为 80～100℃，100W 以上的为 100～130℃。当白炽灯泡打破而灯丝未断时，钨丝最高温度可达 2500℃左右，这些都能构成引火源，引起火灾发生。

（5）摩擦冲击等引起的火灾。在通风不良时顶板冒落，岩石片帮等引起的摩擦和冲击，遇到二氧化硫等可燃性气体可引起火灾。另外，机械设备的摩擦生热和金属冲击火花也能引起火灾。

260. 预防外因火灾的措施有哪些？

（1）预防明火引起火灾的措施。为防止井口火灾的发生，禁止用明火或火炉直接加热井内空气，不准用明火烤井口冻结的管道。井下使用过的油毡、棉纱、废油、布头、蜡纸等易燃物应放入的铁桶内并盖严，及时运至地面集中处理。在大爆破作业过程中，要加强对电石灯、吸烟等明火的管制，防止明火与炸药及其包装材料接触引起燃烧、爆炸。不得在井下点燃蜡烛作照明，不准在井下用木材生火取暖。

（2）预防焊接作业引起火灾的措施。在井口建筑物内或井下从事焊接或切割作业时，须报总工程师批准，作业时要严格按照安全规程执行，并制定出相应的防火措施。在井口或井筒内进行焊接作业时，应停止井筒中的其他作业，必要时设置信号与井口联系以确保安全。在井筒内进行焊接作业时，须派专人监护防灭火工作，焊接完毕后，应严格检查和清理现场。在木材支护的井筒内进行焊接作业时，必须在作业部位的下面设置接收火星、铁渣的设施，并派专人喷水淋湿，及时扑灭火星。

（3）预防爆破作业引起的火灾。对于一般金属矿山，要按《爆破安全规程》要求，严格检查炸药库照明和防潮等设施，防止工作面照明线路短路和产生电火花而引燃炸药，造成火灾。有硫化矿尘燃烧、爆炸危险的矿山，应限制一次装药量，并填塞好炮泥，以防止矿石过分破碎和爆破时喷出明火，在爆破过程中和爆破后应采取喷雾洒水等降尘措施。井下爆破作业不得使用含黄铁矿的粉末作为填塞炮孔的材料。大爆破作业时，应认真检查运药路线，以防止电气短路、顶板冒落、明火等原因引燃炸药，造成火灾、爆炸事故。爆破后要进行有效的通风，防止可燃性气体局部积聚，达到燃烧或爆炸界限，引起烧伤或爆炸事故。

（4）预防电气方面引起的火灾。正确地选择、装配和使用电气设备及电缆，以防止发生短路和过负荷。井下禁止使用电热器和灯泡取暖、防潮和烤物，以防止热量积聚而引燃可燃物造成火灾；注意电路中接触不良，电阻增加发生热现象，正确进行线路连接。通过井下木质井框、井架和易燃材料的输电线路和直流回馈线路，必须采取有效的防止漏电或短路的措施。变压器、控制器等用油，在倒入前必须干燥，清除杂质，并按有关规程与标准采样，进行理化性质试验，以防引起电气火灾。严禁将易燃易爆器材存放在电缆接头、铁道接头、临时照明线灯头接头或接地极附近，以免因电火花引起火灾。

（5）预防摩擦冲击等引起的火灾。加强巷道维护，定期对机械设备进行检测，以预防火灾发生。

261. 内因火灾的影响因素有哪些？

（1）矿岩物理化学性质。具有自燃倾向的矿岩的物质组成和硫的存在形式、矿岩的脆性和破碎程度、矿岩的水分、pH 值以及不同的化学电位对矿岩的自燃有着重要作用。

矿岩的物质组成和硫的存在形式是决定矿岩自燃倾向的重要因素。含硫量的多少不能作为衡量自燃火灾能否发生的判断依据，它只是与火灾规模有关系，因为各种矿岩的放热能力是随着矿岩中含硫量的增加而增长的。

水分和 pH 值对矿岩的氧化性有显著的影响，一般说湿矿岩的氧化速度要比干矿岩快，pH 值低的矿岩更易氧化。

矿岩中常含有多种带有不同化学电位的物质。当矿岩在有水分参与反应的氧化过程中，各物质成分间因电位的不同将产生电流，因而加速了氧化作用。

（2）矿床赋存条件。硫化矿床自燃与矿体厚度、倾角等有关系。矿体的厚度越厚，倾角越大，则火灾的危险性也越大，因为急倾斜的矿体遗留在采空区内的木材和碎矿石易于集中，矿柱易受压破坏，且采空区较难严密隔离。有地质构造破坏的矿体矿石破碎、裂隙多、渗水好、地压大，自燃危险性也较大。

（3）开采技术条件。开拓、采矿、通风的方式直接影响矿石暴露时间、漏风情况、供氧条件等，这些都关系到矿石的氧化速度，选择不合理会加剧氧化而引起自燃。

（4）水的影响。水能促进黄铁矿的氧化，是一种供氧剂。但过量的水能带走热量，并且水汽化时要吸收大量的热，同时生成的 $Fe(OH)_3$，是一种胶状物，会使矿石产生胶结，故水又是一种抑制剂。

（5）同时参与反应的矿量的影响。参与反应的矿石和粉矿越多，自燃的危险性越大，反之则危险性减小。此外，温度对自燃的影响是一个很重要的因素，因为矿岩的氧化自热是随着温度的升高而加快的。

262. 如何识别矿山内因火灾?

内因火灾的发展过程要经历起始、自热、明火、燃烧和熄灭几个阶段。内因火灾的各个阶段会表现出各自的特征，主要取决于自燃物质的种类和所处的环境。硫化矿石自燃起始阶段的性质和特征，目前尚未揭露。现场观察常见矾类矿物以及空气中有极微量的 SO_2；在自热阶段，自热区温度逐渐升高，并高于外界气温；氧化时分泌出大量水分，使当地空气呈现过饱和状态，在巷道壁和支架上凝结成水珠，俗称“巷道出汗”。硫化矿自热产生 SO_2。木材氧化时，空气中 CO、CO_2的含量也逐渐增多，并且开始出现木材干馏的臭味。

识别初期内因火灾的方法归纳如下：

（1）利用人的直觉。在巷道内火区附近往往能看到雾气和巷道壁与支架上“出汗”；在冬季，还可能看到从地面的裂缝口、钻孔口上冒出蒸汽或者局部地点的冰雪融化现象；在硫化矿井中还可能看到由于硫化铁氧化形成硫酸盐（矾类矿物）而使沿脉巷道壁呈现灰白。

嗅到火灾的特殊臭味，硫化矿井嗅到二氧化硫的刺激性臭味。

人体对于火区附近不正常的大气条件会有不舒适的感觉，如头疼、闷热，裸露的皮肤有微痛、精神过分兴奋或疲乏等。

（2）化学分析法。分析可疑地区的空气成分。在可疑地区系统地采集气体试样进行分析，以观测空气成分的变化，从而确定自热的发展动态。

在硫化矿井中，当木材参与自热时，基本上也可利用空气中 CO、CO_2和 O_2含量的变化规律，即当 CO 含量稳定或逐渐增多，CO_2增多、O_2减少，作为火灾初期的征兆，但还应着重分析 SO_2的含量。当 CO 和 SO_2含量稳定或者逐渐增加时，一般说，可认为自热已经发生。

分析可疑地区的地下水。在硫化矿井中，由于硫化铁在水-空气介质中氧化生成硫酸铁和硫酸，以及 SO_2溶解于水中会使自热区内流出的地下水的性质改变。若发现地下水中游离硫酸的含量增多，地下水中铜、铁等金属（或离子）含量增多，地下水中有机物（木材分解产物）含量增多（根据有机物被过锰酸盐氧化的程度来确定），就可认为将有自燃的危险。为了分析地下水，必须在流动的水中采集水样。取水样时，还应测定水的流量和温度。

（3）物理检测法。

测定空气的温度和湿度：系统测定和记录矿内有关地区的空气温度和湿度，结合上述各种识别方法所得资料，就能及时发现嫌疑火区和掌握自热过程的发展动态。该处气温和水温稳定地上升超过25℃以上时，一般可视为是火灾初期的征兆。为了测定采空区和隔离区内的气温，可采用最高温度计或远程电阻温度计。

测定岩石的温度：测定巷道围岩的温度时，可将最高温度计放到预先钻好的4～5m深的钻孔底部，孔内灌水，堵塞孔口，或者将最高温度计的储液球置于盛水的套管中，再放入钻孔内。当发现岩温稳定上升到30℃以上时，一般可认为是火灾初期的象征。

263. 预防内因火灾的措施有哪些?

（1）开拓、开采技术方面的防火措施。

1）在开拓方式上要尽量采用脉外巷道的方式并少留矿柱，以便尽可能减少矿体暴露于空气中的时间和空间，易于迅速隔离任何采区。

2）合理地划分采区尺寸，并快速回采，以便使采区的回采时间短于自燃发火期，采完后立即将其封闭。

3）开采顺序上应该做到先采上层后采下层，自井田边界向井田中央回采。

4）合理地选择采矿方法。从防火角度比较各种采矿方法时，必须考虑下述因素：矿石的损失量及其集中程度、遗留在采空区中的木料量及其分布、回采强度、对采空区封闭的可能性及其严密性。

5）及时从采场清除粉矿，做好顶板的管理工作。

（2）建立合理的通风制度。

内因水灾的发生往往是发生在通风系统混乱、漏风严重的矿井，建立合理的通风制度应遵循以下原则：

1）应该采用机械通风。通风机风压的大小应保证风流方向稳定，不受自然风压的不利影响，但通风机风压又不能过大，风井应有反风装置，必须经常检查和试验反风装置的反风效果以及井下的风门对反风的适应性。

2）结合开拓方式和回采顺序，选择相应的且合理的通风系统，以减少漏风。各作业区采用独立风流并联通风，以降低总风压，减少漏风量，便于调节和控制风流。

3）加强通风状况和通风构筑物的检查和管理。注意降低有漏风地点的巷道风阻，提高各种密闭墙、风门的质量，严防向采空区的漏风。

4）为了调节通风状况而安设风窗、风门、风墙或辅扇时，应该安在地压较小、巷道周壁无裂缝的位置上。还应密切注意，有了这些通风设施以后，是否会使本来稳定且对防火有利的通风状况变为对防火不利。

（3）密闭采空区或局部充填隔离。密闭与充填是将可能自然发火的地区封闭，隔绝空气漏入，以防止氧化。对于矿柱的裂缝，一般用泥浆堵塞其入口和出口，而对采空区除堵塞裂缝外，还在通达采空区的巷道口上建立防火墙。井下防火墙按其作用分临时的和永久的两种。

临时防火墙的作用是暂时隔断风流，阻止自燃的发展，以及灭火工作和保护工人在安全条件下建造永久防火墙。对临时防火墙的构筑要求是结构简单，建造迅速。

永久性防火墙的作用是长期严密隔绝采空区，因而要求坚固和密实。同时，永久防火墙必须有足够的厚度，边缘嵌入巷道周壁应有0.5m以上的深度，墙上应安设2～3根钢管，以备测温、采集气样和放水。

（4）预防性灌浆。向可能发生和已经发生内因火灾的采空区注入泥浆，其中的泥土沉降下来，填充灌浆区内的空隙、钻入缝隙中并且包裹矿岩和木料碎块，水则过滤出来，这是一个行之有效的预防和消灭内因火灾的方法。这一方法的防火作用在于：隔离了矿岩、木料与空气的接触，防止氧化，加强了采空区密闭的严密性，减少漏风。如果矿岩已经自热或自燃，泥浆也起冷却作用，降低封闭区内的温度，阻止自燃过程的继续发展。

264. 预防性灌浆的技术要点有哪些?

（1）灌浆的工艺程序是先封闭后灌浆。一般是先从地下巷道建造防火墙封闭采空区，待注浆后，堵塞通达地面的裂缝。必要时在距防火墙的内侧5～10m的位置上，先建造过滤墙，以便滤水和阻挡泥土。

（2）泥浆固体材料应该满足下述要求：容易脱水；而且沉降后向孔隙的渗入性强，但收缩率小；不含可燃物；采、运和加工费用较少。

（3）泥浆的制造可以在地面设立泥浆站，采用搅拌机等设备制造；或者直接用水枪冲采表土制成泥浆，或者用其他简易方法。

（4）灌浆方式：将泥浆注入采空区的方式繁多，不同的地质及采矿技术条件应用不同的灌浆方式。金属矿山常采用的灌浆方式有：通过崩落区的陷坑和裂缝灌浆、通过钻孔灌浆、通过巷道中的管道灌浆、掘进专用消火巷道通达火区进行灌浆以及混合方式灌浆。

（5）灭火灌浆与预防性灌浆的区别在于钻孔布置上的不同，灭火灌浆应适当加密钻孔并包围火源，灌浆顺序是先灌火区周围，逐渐向火源中心灌注。

（6）使用阻化剂。利用阻化剂可以抑制、延缓具有自燃倾向矿岩的氧化反应，达到预防火灾的目的。阻化剂多为无机盐类化合物，这些化合物附着在矿岩表面上时能吸收空气中的水分，形成含水液膜，从而起到隔氧阻化作用。同时，水分蒸发时还能起到吸热降温作用。

阻化剂可用喷洒或压注的方法进入矿体。主要用在缺土少水、人口稠密的地区，顶板为灰质页岩和泥质页岩等不宜用黄泥灌浆的矿山。

第二节　地下矿山灭火管理

265. 矿井灭火有哪些要求?

（1）矿井每年应编制防火计划，该计划的内容包括防火措施、撤出人员和抢救遇难人员的路线、扑灭火灾的措施、调度风流的措施、各级人员的职责等。防火计划要根据采掘计划、通风系统和安全出口的变动及时修改。

（2）矿山应规定专门的火灾信号，当井下发生火灾时，能够迅速通知各工作地点的所有人员及时撤出灾险区。安装在井口及井下地点的信号装置，应声光兼备。

（3）当井下发生火灾时对风流的调度，主要有通风机继续运转或反风，应采取哪种措施要根据防火计划和具体情况，做出正确判断，由安全部门和总工程师决定。

（4）离城市15km以上的大、中型矿山，应成立专职消防队，小型矿山应有兼职消防队，自然发火矿山应成立专职矿山救护队。救护队必须配备一定数量的救护设备和器材，并定期进行训练和演习。对工人也应定期进行自救培训和自救互救训练。

(5) 矿内一旦发生火灾时，应立即根据矿山编制的“救灾计划”采取下述紧急措施：

保护井下工人安全，撤出灾区及危险区的人员；迅速控制火灾及其火烟；侦察火区，确定火源和制定切实有效的灭火方法。

266. 如何控制火灾时风流？

控制火灾的发展和蔓延以及避免工人遭受火烟的有毒气体的毒害，首要的办法是控制通风风流。能够按需要合理地控制风流和火烟，则有助于扑灭火灾和保护工人的安全；反之，如果风流不能为人们所控制或者控制不合理，则反而会带来更为严重的后果，这是因为发生火灾时可能引起风流的逆转等紊乱现象。

矿内发生火灾时，火源地的空气成分发生改变，特别是其温度升高，若火源处于非水平巷道中，则由于气温升高、空气容重减小，也就是说，由于发火处空气获得了热能，就会产生局部的“热风压”，或称“火风压”，火风压的出现，就像在该处安了一台辅助通风机工作，可能造成矿内局部的或全矿的风流状况（风向和分风量）发生变化，改变了原来正常的通风系统，火烟随着风流扩散传播，引起井下工人中毒，同时给灭火工作增加困难。还须注意，随着火灾的发展和火烟的传播，在高温火烟流过的非水平巷道中，又可能会相继产生“火风压”；矿内出现“火风压”的地点越多，扰乱正常通风系统的程度及其危害也就越严重。所以，及早地将火烟控制和局限在一定的风流路线中排出，极为重要。因此，人们必须掌握火风压及其作用的原理。

由于矿内发生火灾的地点和性质不同，“火风压”出现的情况也不同，还因为此时通风系统往往难以掌控，造成风流的逆转情况及火烟的传播也相当复杂。因此，控制风流和火烟就必须根据具体情况采用不同方法。目前，采用的控制（调度）风流的方法有如下几种：

(1) 正常通风或降低一些风量。一般在金属非金属矿井当回风道发生火灾时，可以考虑采用这一方法。

(2) 人工反风。一般在矿井距离入井口比较近的总进风道及井底车场发生火灾时，可以考虑采用。

(3) 停风。全矿停风很少被采用，一般都是按火灾发生地点局部停风。

(4) 风流短路和用防火门隔断风流。一般都是按火灾发生地点用于局部地区。

267. 矿井灭火法有哪些？

火灾发生的主要因素是热源、可燃物、空气的供给三者同时存在，缺一不可。灭火就是要除掉其中的一两个或全部因素。

灭火的方法大体可以对应地分为：消除可燃物、降低燃烧温度、断绝空气的供给三个方面。在实际应用中，采用哪一种灭火方法，要根据矿井自身条件和火灾情况而定。

(1) 直接灭火法。

1) 挖除可燃物。就是将已经发热或燃烧的矿物、岩石以及其他可燃物挖出、清除、运出井外，这是扑灭矿井火灾最彻底的方法，但是这种方法有它的局限性，主要适用于：

火灾处于初起阶段，涉及范围不大；无爆炸危险；火源位于人员可直接到达的地点。这种灭火方法具有一定的危险性（如中毒、窒息等），要制定严格的安全保障措施，同时加强安全组织管理工作。

2）用水、化学灭火器、惰性气体、泡沫剂、胶体材料、砂子、泥浆和岩粉等材料灭火，应在最短时间内，火灾初期迅速地扑灭火灾。

（2）封闭火区灭火法。封闭灭火法是以阻止空气进入火源地，使火区因缺氧而熄灭的一种方法，在通往火区的所有巷道内建筑防火墙、填平地面塌陷区裂隙，此方法一般在当不能用直接灭火法或用其他方法灭火无效时采用。

对火区的封闭，重点应考虑的是，如何将火区迅速而严密地控制和封闭起来，以及封闭过程中能否引起爆炸的可能性。因此，对于密闭墙的类型和强度、建造地点和施工快慢、封闭过程中的通风、最后封闭的程序等，都必须慎重作出决定。

火区封闭后，应设法加速火灾熄灭。首要的措施是减少火区的漏风。由于现今任何密闭墙都不能完全杜绝漏风，所以必须采取补充措施——平衡风压，即尽量减小火区进风与回风两侧的风压差。

利用平衡风压法的原理，针对各种不同情况，采取不同的具体措施。如设置消火巷道、建立平衡压差的硐室等。在采用抽出式通风系统的矿井中，为了要减少从地面渗漏到崩落区的漏风，可在崩落区下面的主通风风流（其风压对地面说为负压）中设置辅扇(在该采区的入风侧)，并在其回风侧设置调节风窗，以便提高该采区通风风流的风压，或者说，保持该采区的进风风量等于或略大于它的回风量，从而阻挡地面的风漏入灭火区。

（3）联合灭火法。当矿内火灾不能用直接灭火法消灭时，应立即采用本法。目前常用的是向封闭火区注入泥浆或惰性气体。

1）灌浆灭火。灌浆灭火的技术要求大体上与预防性灌浆的相同。但是，灌浆方式和灌浆参数必须根据消灭火灾这一具体目的和火区的具体条件来确定。一般的原则是首先确定火源中心及其发展动向，然后采取先外围后中心的原则用泥浆包围火源和附近的蔓延区，实行全面灌浆，或在火灾蔓延的前方用泥浆筑一道“篱笆”，阻止火灾蔓延。如果采用钻孔注浆，布置钻孔时要避开地表塌陷区，也不要将钻孔打入采空区内的矿柱中。若采用消火巷道通达火源来注浆，则应保证掘进消火巷道的安全性。

2）灌注惰性气体灭火。往封闭火区注入惰性气体（CO_2、N_2和水蒸气等）可以排挤出火区的空气，增加密闭区内的气压，达到降低空气中的含氧量、冷却火源的目的；同时惰性气体易于渗入矿、岩的空隙而包围燃烧体，阻止其氧化。但是，用这种方法需要一定的设备，气体消耗量大，成本较高，且封闭的质量要求较高，以防这类气体渗出。

268. 如何管理火区？

矿井火区被封闭之后，表明火区已被控制，但是火源并未彻底熄灭，对矿井仍是个潜在的威胁。因此，加强火区管理，早日消灭火源是摆在通风防灭火工作者面前的一项主要任务。

为了判断火区内火灾是否熄灭和能否打开火区，应该经常观测火区。观测火区的方法是定期采集火区内的空气试样进行气体成分的分析，测量火区内的温度和流出水的温度。

在邻近进风井或进风大巷的火区受到高负压的作用时极易发生火源复燃事故。因此，有时在火区回风侧密闭的取样分析氧浓度虽然为零，但也不能作为判定火区已经熄灭的根据。在注氮灭火的过程中，火区气体指标也无法反映熄灭程度。

如果通过防火墙上管子所收集的上述资料（分析和测定结果），还不足以判断火情时，则可打专用钻孔，进行检查。

269. 如何判断火区内的火已经熄灭？

（1）火区内的空气和矿、岩的温度已稳定地降至30℃以下；

（2）火区内没有 CO 和 SO_2，或者含量始终保持恒量；

（3）火区内流出的水的温度降至25℃以下，其酸性逐渐减弱。

270. 什么情况下可以启封火区？

只有当确定火灾已经熄灭，才考虑重开火区，恢复火区的生产。为此，应该编制工程计划，经主管局（公司）审批后，由矿山救护队执行，启开防火墙和恢复火区的通风。

启封火区时，在火区附近必须设立救护基地，准备消火器材；选定火区的回风道，回风道内的人员应事先撤出；对回风道内的空气成分必须经常测定，若发现有 CO 和 SO_2时，须立即停止火区的通风，并将火区重新封闭。

启封火区的方法有两种：当火区范围不大，确认火源已经熄灭时采用通风启封火区法；当火区范围较大，火源是否已经完全熄灭难以确认时采用锁风启封火区法。

火区打开后，应该在有救护队值班和经常检查空气成分的条件下，进行试生产 10 天，情况良好，才将其投入正常生产。

第三节　地下矿山防灭火安全检查的要点

271. 地面防灭火的措施有哪些？

（1）工业广场内的易燃、易爆场所（如木材场、防护用品仓库、炸药库、氢和乙炔瓶库、石油液化气站及油库等场所）要定期检查，并要建立防火制度，备足消防器材，编制应对发生火灾时的应急救援预案。

（2）禁止在工业广场内的易燃、易爆场所内及附近明火作业，定期对这些场所的用电及线路进行检查。

地面要建立比较完善的防火系统（如水管、蓄水池等），蓄水池容积和管道规格应满足消防和生活供水的需要。

（3）各厂房和建筑物之间建立消防通道，消防通道上禁止堆放物料。

272. 井下防灭火的措施有哪些？

（1）结合湿式作业供水管道建立井下消防水管系统，井下消防供水水池容积应不小于200m^3，管道规格应考虑生产用水和消防用水的需要。

（2）用木材支护的竖井、斜井及其井架和井口房、主要运输巷道、井底车场硐室，应设置消防水管。用生产供水管作消防水管时，每隔 50～100m 设支管供水接头。

（3）井巷和硐室防火要求。主要进风巷道、进风井筒及其井架和井口建筑物，主要扇风机房和压入式辅助扇风机房，风硐及暖风道，井下电机室、机修室、变压器室、变电所、电机车库、炸药库和油库等，均应用非可燃性材料建筑，室内应有醒目的防火标志和防火注意事项，并配备相应的灭火器材。

油类和易燃易爆物品的存放管理应符合下列要求：

1）井下各种油类应单独存放于安全地点；

2）井下柴油设备或油压设备出现漏油及时处理。每台柴油设备均应配备灭火装置；

3）废弃的油、棉纱、布头、纸和油毡等易燃品放在有盖的铁桶内；

4）易燃易爆器材，严禁放在电缆接头、轨道接头或接地板附近。

（4）在井下或井口建筑物内进行焊接，应制定经主管矿长批准的防火措施。

（5）矿井防火灾计划应每年编制，报主管部门批准，并根据采掘计划、通风系统和安全出口的变动情况及时修改。

273. 自然发火防治方法包括哪些？

（1）自然发火监测。

1）有自然发火危险的矿井，应每月对井下空气成分、温度、湿度和水的pH值测定一次。

2）火区内的空气成分、温度、湿度和水的pH值必须定期或不定期测定。

（2）开采有自然发火危险的矿床应制定综合防灭火措施。

（3）火区资料管理。

1）已封闭的火区应建立火区检查记录簿、火区管理卡片和绘制火区位置图；

2）永久性防火墙有编号，并标记在火区位置关系图和通风系统图上。

（4）封闭火区的启封和恢复开采必须制定安全措施，并报主管部门批准，方可进行。

（5）在活动性火区附近进行回采时，必须留设防火矿柱。其设计和安全措施，应经主管矿长批准。

274.《火灾事故调查规定》包括哪些内容？

《火灾事故调查规定》中关于对火灾事故调查和原因分析有如下论述：

第十二条　火灾事故调查人员接到调查任务后，应当立即赶赴火灾现场，开展火灾事故调查工作。

第十三条　公安消防机构有权根据需要封闭火灾现场，有关单位、个人应当积极配合和协助保护火灾现场。

第十四条　重、特大火灾事故调查，应当成立火灾事故调查组，并根据火灾事故调查的需要，邀请有关部门和技术专家参加。

火灾事故调查组的职责是：

（一）查明事故发生的原因、人员伤亡及财产损失情况；

（二）查明事故的性质和责任；

（三）提出对事故责任者的处理意见；

（四）提出事故处理及防止类似事故再次发生所应采取措施的建议。

275. 写事故调查报告要求有哪些?

第十五条　火灾事故调查人员应当及时开展调查询问工作，起火单位和个人应当主动、如实地提供火灾事实的情况。

第十六条　调查询问人员不得少于两人，询问笔录应当由被询问人核实后签名或者盖章；调查询问人员也应当签名或者盖章。

第十七条　公安消防机构根据需要，可以传唤有关责任人员，传唤时应当使用传唤证。对于当场发现的责任人员，可以口头传唤。对不接受传唤或者逃避传唤的，可以强制传唤。

第十八条　火灾事故调查人员应当对火灾现场进行录像、照相，并及时勘察现场。现场勘察按照环境勘察、初步勘察、细项勘察和专项勘察的步骤进行。

第十九条　现场勘察中发现的有关痕迹物证，提取前、后应当采用录像、照相等多种形式记录，并妥善保管。

提取物证时须有两名以上火灾事故调查人员，并在提取记录上签名。物证封装后要加盖公安消防机构的印章。

第二十条　因抢救人员、防止事故扩大以及疏散交通等原因，需要移动现场物件的，应当作出标志、绘制现场简图并写出书面记录，妥善保存现场重要痕迹、物证。

第二十一条　火灾现场提取的痕迹物证如果需要进行技术鉴定的，应当送交公安消防机构技术鉴定部门或者其委托的专业技术部门进行。对在火灾事故中死亡的人员，应当经法医进行鉴定。

第二十二条　根据火灾事故调查的需要，公安消防机构对复杂疑难的火灾事故可以进行模拟实验。

第二十三条　现场勘察结束后，火灾事故调查人员应当及时制作现场勘察笔录、现场图、现场照片等客观反映火灾现场情况的记录。

第七章　矿山电气安全

第一节　矿山电气事故

276. 电气事故具有哪些特点？

（1）电气事故危害大。电气事故的发生伴随着危害和损失，严重的电气事故不仅带来重大的经济损失，甚至会导致人员伤亡。发生事故时，电能直接作用于人体，会造成电击；电能转换为热能作用于人体，会造成烧伤或烫伤；电能脱离正常的通道，会形成漏电、接地或短路，构成火灾或爆炸。

（2）电气事故危险直观识别难。由于电既看不见、听不见，又嗅不着，其本身不具备为人们直观识别的特征。基于电所引起的危险不易被人们察觉、识别和理解。因此，电气事故往往来得猝不及防。

（3）电气事故涉及领域广。首先，电气事故并不仅仅局限在用电领域的触电、设备和线路的故障等，在一些非用电场所，因电能的释放也会造成灾害和伤害。如雷电、静电和电磁场危害等，都属于电气事故的范畴。在地下矿山生产中，往往会存在一些可燃性气体和粉尘，也为矿山电气事故孕育了一定的环境。

277. 电气事故的原因及预防措施是什么？

矿山在供电、用电过程中，往往会发生触电、火灾、爆炸和设备损坏等事故，其原因除了矿山环境条件十分恶劣、电气设备线路容易损坏等客观因素外，从电气工作角度，主要有以下几方面的原因：

（1）作业人员缺乏安全用电知识，违反电气安全操作规程。

（2）电源电压、电气设备等方面的选用与所处的环境条件不相符。

（3）使用了安全性能不合格的设备、器材，缺乏必要的安全保护装置。

（4）设备使用不当，超载运行或强行启动。

（5）设备和线路安装不合格，检查、维修不善，带病运行等等。

根据电气事故的原因和电气安全技术的特点，从技术上、组织上采取的综合措施主要有以下几方面内容：

（1）加强电气安全的组织管理工作，搞好电气作业人员的安全技术培训，严格执行电气安全操作规程。

（2）电气设备要有良好的安全性能，满足保证电气安全基本要素的要求。

（3）根据作业场所的工作条件，采用相应等级的电压和安装适合场所要求的电气设备。

（4）采用合理的中性点连接方式，并选择与之相适应的电气保护形式。

（5）采用各种电气保护装置，使用合格的电气安全用具。

（6）搞好设备和线路的检测与维修，使其保持良好的状态。

278. 电气事故如何分类？

根据能量转移论的观点，电气事故是由于电能非正常地作用于人体或系统所造成的。根据电能的不同作用形式，可将电气事故分为触电事故、静电事故、雷电灾害事故、电磁场危害和电气系统故障危害事故。

279. 触电事故包括哪些？

（1）电击。电击是指电流通过人体，刺激机体组织，使肌肉非自主地发生痉挛收缩而造成的伤害，严重时会破坏人的心脏、肺部、神经系统的正常工作，形成危及生命的伤害。

按照人体触及带电体的方式，电击可以分为以下几种情况：

1）单相触电。这是指人体接触到地面或其他接地导体的同时，人体另一部位触及某一相带电体所引起的电击。发生电击时，所触及的带电体为正常运行的带电体时，称为直接接触电击。而当电气设备发生事故（如绝缘损坏，造成设备外壳意外带电的情况下），人体触及意外带电体所发生的电击称为间接接触电击。

2）两相触电。这是指人体的两个部位同时触及两相带电体所引起的电击。在此情况下，人体所承受的电压为三相系统中的线电压，因电压相对较大，其危险性也较大。

3）跨步电压触电。这是指站立或行走的人体，受到出现于人体两脚之间的电压，即跨步电压作用所引起的电击。跨步电压是当带电体接地，电流自接地的带电体流入地下时，在接地点周围的土壤中产生的电压降形成的。

（2）电伤。这是电流的热效应、化学效应、机械效应等对人体所造成的伤害。此伤害多见于机体的外部，往往在机体的表面留下伤痕。能够形成电伤的电流通常较大。电伤属于局部伤害，其危险程度决定于受伤面积、受伤深度、受伤部位等。电伤包括电烧伤、电烙印、皮肤金属化、机械损伤、电光眼等多种伤害。

280. 矿山井下常见的触电事故有哪些？

（1）人身触及已经破皮漏电的导线或由于漏电而带电的设备金属外壳，造成触电伤亡。

（2）停电检修时，由于停错电或维修完毕后送错电而造成维修人员触电伤亡。

（3）误送电造成触电伤亡。

（4）违反规定，进行带电作业，造成触电伤亡。

（5）在停车场乘坐罐车或违章爬乘矿车时触及带电的架空线而触电伤亡。

（6）在设有电车架空线的巷道中行走，肩扛金属长钎子或撬棍并高高翘起碰到架空线而触电。

（7）高压电缆在停电以后，由于电缆的电容量较大，必定储有大量电能，如果没有放电就有人去触摸带电的火线，容易造成触电伤亡。

281. 触电事故的原因及预防措施有哪些？

（1）在变配电装置上触电和架空线路上触电。预防措施：应严格执行安全操作规程，作业时落实安全组织措施和安全技术措施。

（2）在架空线路下触电。预防措施：必须做好防护措施，严禁在架空线路附近树立金属杆或潮湿杆件，恶劣天气时应避开架空线路。

（3）井下电缆、开关元件、手持电动工具触电。预防措施：加强巡检，定期进行检修，非电气人员不得安装电气设备，系统应安装漏电保护装置。

（4）电动起重机械触电及临时用电触电。预防措施：严格执行安全操作规程，做好巡检，维修保养及周期检查工作。临时用电必须按照国家临时用电规程执行，严格管理，严禁乱接乱拉。

（5）电气设备金属外壳带电触电。预防措施：系统必须接地良好，加强接地系统和线路的巡视检查及测试，及时维修；加强系统电气设备的巡视检查和维修保养。

282. 静电危害事故主要包括哪几方面？

（1）在有爆炸和火灾危险的场所，静电放电火花会成为可燃性物质的点火源，造成爆炸和火灾事故。

（2）人体因受到静电电击的刺激，可能引发二次事故，如坠落、跌伤等。

（3）某些生产过程中，静电的物理现象会对生产产生妨碍，导致产品质量不良，电子设备损坏，造成生产故障，乃至停工。

283. 雷电灾害事故的破坏作用主要有哪些方面？

（1）直击雷放电、二次放电、雷电流的热量会引起火灾和爆炸。

（2）雷电的直接击中、金属导体的二次放电、跨步电压的作用及火灾与爆炸的间接作用，均会造成人员伤亡。

（3）强大的雷电流、高电压可导致电气设备击穿或烧毁。发电机、变压器、电力线路等遭受雷击，可导致大规模停电事故。雷击可直接毁坏建筑物、构筑物。

284. 什么是电磁伤害事故？

电磁伤害事故是指由于高频电磁场对人体的作用，使人吸收辐射能量，引起中枢神经功能系统紊乱失调以及对心血管系统的伤害，同时对人情绪的影响以及害怕电磁辐射而引起的慌乱、心绪杂乱而造成的操作伤害事故。

285. 电气系统故障危害主要体现在哪几方面？

（1）引起火灾和爆炸。线路、开关、熔断器、插座、照明器具、电动机等均可能引起火灾和爆炸；电力变压器、多油断路器等电气设备不仅有较大的火灾危险，还有爆炸的危险。

（2）异常带电。电气系统中，原本不带电的部分因电路故障而异常带电，可导致触电事故的发生。

（3）异常停电。异常停电极有可能会造成设备损坏和人身伤亡。

286. 什么是安全电流？

我国将交流（50～60Hz）30mA 和直流 50mA 确定为人体安全电流值。但是，如果电流长时间通过人体，再加上其他不利因素，即使比上述数值还小的电流，对人体也可能是不安全的。

287. 井下常见的漏电故障有哪些？

井下常见的漏电故障有：

（1）运行中的电气设备绝缘部分受潮或进水，电缆长期浸泡在水中，使与地之间的绝缘电阻下降到危险值以下，造成一相接地漏电。

（2）铠装电缆受机械或其他外力的挤压、砍砸、过度弯曲等而产生裂口或缝隙，长期受潮气或水分侵蚀，使绝缘损坏而漏电。

（3）电缆与电气设备连接时，由于火线接头压接不牢，封堵不严、接线嘴压板不紧，移动时接头脱落，造成一根火线与外壳搭接，或接头发热烧坏而漏电。

（4）电气设备内部的连接头脱落，由于长期过负荷运行使绝缘损坏造成一相火线接外壳而漏电。

（5）电气设备内部任意增设其他部件，使带电部分与外壳之间的电气距离小于规定值，造成火线对外壳漏电接地。

（6）电缆与电气设备连接时，由于接错线，使一相火线接外壳而漏电。

288. 矿山电气火灾事故发生的原因有哪些？

由于使用、维护不当，矿山电气设备、照明设备、电动工具等会发生火灾事故。其原因通常有：设备选用不当；线路年久失修，绝缘老化造成短路；超负荷运行；维修不善导致接头松动；电气设备积尘、受潮，热源接近电器，接近易燃易爆物；通风散热不良；电焊火星引燃易燃物等。

289. 矿山电气火灾的预防措施有哪些？

（1）应选用合格的矿用不易燃橡套电缆。电缆的悬挂应符合矿山安全规程的要求。

（2）避免外力打击电缆，开关在跳闸后，不查明原因不得反复强行送电。

（3）电缆不准成堆堆放或压埋，电缆接线盒附近不得存放易燃物。

（4）要正确使用电缆的连接方法，不能用捆接法和压接法。

（5）矿用变压器使用的绝缘油应定期化验，不合格的应及时更换。

（6）井下不准用灯泡、电炉取暖。

（7）机电硐室应采取不燃物支护，不得存放易燃物料，并设防火门。

（8）进行电焊作业应办理动火证，并采取相应的防火措施。

290. 电气火灾消防技术有哪些？

（1）电气火灾发生后，电气设备可能是带电的，这对消防人员是非常危险的，可能会发生触电伤亡事故。因此，电气火灾发生后，无论带电与否，都必须首先切断电气设备的电源。

（2）电气设备本身有的是充油设备，如电力变压器、油断路器、电动机启动补偿器等。当火灾发生后，可能会发生喷油或爆炸，造成火焰蔓延，扩大火灾事故范围。因此，充油电气设备发生火灾时，如不能立即扑灭，应将油放进事故储油池内。

（3）当电气设备火灾发生后，应及时关闭有关的门窗、通道，以免火灾事故的蔓延。

（4）电气火灾发生后，现场电气人员一方面尽快切断电源，并组织人力用现场的灭火器材或其他可灭火的器材，按照火源的不同情况尽快灭火；另一方面尽快疏散在场的人员，并组织人力抢救有关财物，尽量减少损失。

（5）电气火灾发生后，如果火势较大，现有灭火器材及人力难以扑灭时，应立即拨通火警电话"119"，说明地点、火情、联系方法或电话号码。

（6）电气火灾发生后，如面积较大，必须做好警戒，封锁所有通道、路口，非消防人员禁止进入现场。

（7）消防人员进入现场后，火场的扑救工作由消防人员统一组织指挥，现场的电气工作人员及其他人员应听从指挥，主要是疏散物资，维持秩序，救护伤员等。千万不要乱拉消防水带、水枪或者持灭火器、消防桶冲入火场，以减少不必要的损失。

（8）如果火场上的房屋有倒塌的危险，或者交配电装置及电气设备或线路周围的储罐、受压容器及扩散开来的可燃气体有爆炸危险的时候，警戒的范围要扩大，留在现场灭火的人员不宜太多，除消防人员外均应退到安全的区域。

（9）电气火灾被扑灭后，电气工作人员应及时清理现场、扑灭余火、恢复供电。恢复供电前必须进行一系列测试和试验，达不到标准要求时，严禁合闸送电。

291. 什么是继电保护装置，其作用是什么？

电力系统发生故障或出现异常现象时，为了将故障部分切除，或者防止故障范围扩大，减少故障损失，保证系统安全运行，需要利用一些电气自动装置来保护，自动装置的主要器件是继电器，装有继电器的保护装置称为继电保护装置。

其作用包括：

（1）当电力系统发生足以损坏设备或危及安全运行的故障时，使被保护设备快速脱离系统。

（2）当电力系统或某些设备出现非正常情况时，及时发出报警信号，以使工作人员迅速进行处理，使之恢复正常工作状态。

（3）在电力系统的自动化，以及工业生产的自动控制（如自动重合闸，备用电源自动投入，遥控、遥测、遥讯等）中，作为重要的控制元素。

292. 什么是漏电保护？

当电路或电气装置绝缘不良，使带电部分与地接触，引起人身伤害、损害设备以及发生火灾危险时，可将电源切断的保护称为漏电保护。漏电保护装置主要有电压型与电流型两种。

293. 漏电保护的使用范围包括哪些?

(1) 防触电、防火要求较高的场所和新、改、扩建工程使用各类低压用电设备、插座。

(2) 手持式电动工具(除Ⅲ类外)、其他移动式机电设备,以及触电危险性大的用电设备。

(3) 潮湿、高温、金属占有系数大的场所及其他导电良好的场所,必须安装漏电保护器。

(4) 应采用安全电压的场所,不得用漏电保护器代替。如使用安全电压确有困难,须经企业安全管理部门批准,方可用漏电保护器作为补充保护。

(5) 额定漏电电流不超过30mA的漏电保护器,在其他保护措施失效时,可作为直接接触的补充保护,但不能作为唯一的直接接触保护。

(6) 选用漏电保护器,应根据保护范围、人身设备安全和环境要求确定。一般应选用电流型漏电保护器。

(7) 当漏电保护器做分级保护时,应满足上、下级开关动作的选择性。一般上一级漏电保护器的额定漏电电流不小于下一级漏电保护器的额定漏电电流或是所保护线路设备正常漏电电流的2倍。

(8) 在不影响线路、设备正常运行(即不误操作)的条件下,应选用漏电电流和动作时间较小的漏电保护器。

(9) 在需要考虑过载保护或有防火要求时,应选用具有过电流保护功能的漏电保护器。

(10) 在爆炸危险场所,应选用防爆型漏电保护器;在潮湿、水汽较大场所,应选用密闭型漏电保护器;在粉尘浓度较高场所,应选用防尘型或密闭型漏电保护器。

294. 什么是过电流,过电流保护装置包括哪些?

过电流是指电气设备或线路的电流超过规定值,有短路和过载两种情况。

短路或过载都将使电气设备或线路发热超过允许限度,从而引起绝缘损坏、设备或线路烧毁,甚至引起火灾事故。为了保障安全可靠供电,电网或用电设备应装设过电流保护装置,当电网发生短路或过载故障时,过电流保护装置动作,迅速可靠地切除故障,避免造成严重后果。常用的过电流保护装置有熔断器、热继电器、电磁式过电流继电器。

第二节 矿山电气安全管理

295. 矿山电力负荷如何分级?

由于矿山生产环境的特殊性,尤其是井下,要求供电可靠,对于矿山企业的重要负荷,如主要排水、通风与提升设备,一旦中断供电,可能发生矿井淹没、有毒有害气体聚集或停灌等事故。采掘、运输、压气及照明等中断供电,也会造成不同程度的经济损失或人身事故。根据对供电可靠性要求的不同，矿山电力负荷分为以下三级：

（1）一级负荷。凡因突然中断供电会危及人员生命安全，重要设备损坏报废，造成重大经济损失的均属一级负荷，如因事故停电有淹没危险的矿井的主排水泵；有火灾、爆炸危险或含有对人有生命危害的气体的地下矿的主扇风机；无平硐或其他安全出口的竖井载人提升机。一级负荷应采用两个独立的线路供电，其中任何一条线路发生故障，其余线路的供电能力应能担负全部负荷。

（2）二级负荷。凡因突然停电会严重减产，造成较大经济损失的为二级负荷，如地下矿山生产系统的主要设备，以及高寒地区采暖锅炉房的用电设备等。二级负荷的供配电线路一般应设一回路专用线路；有条件的，可采用两回线路。

（3）三级负荷。凡不属于一级和二级负荷的为三级负荷，如小型矿山的用电设备（属于一级负荷的除外），以及矿山的机修、仓库、车库等辅助设施的供电等。三级负荷一般采用单回路专线供电。

296. 矿山供配电电压和各种电气设备的额定电压有何要求？

高压网络的配电电压，不超过10kV。一般露天矿场和地下矿山的地面低压配电采用380V和380V/220V。井下低压网络采用380V或660V。

照明电压、运输巷道、井下车场，应不超过220V；采掘工作面、出矿巷道、天井和天井至回采工作面之间，应不超过36V；行灯或移动电灯的电压应不超过36V。

携带或电动工具的电压，应不大于127V。电机车供电电压，采用交流电源应不超过400V；采用直流电源应不超过600V。

在金属容器和潮湿地点作业，安全电压不得超过12V。

297. 选用矿山井下电气设备有何标准？

井下电气设备必须采用矿用电气设备，它分为矿用一般型和矿用防爆型两类。其中矿用防爆型又分为1、2类，1类是煤矿用电气设备，2类是除煤矿外的其他爆炸性气体环境用电气设备。在选用时，一定要注意矿用防爆型电气设备的防爆标志“EX”和代号，如隔爆系代号为“D”等。

矿用型电气设备的选用，应符合规定要求。否则，必须制定安全措施。

298. 井下电气设备的类型包括哪些？

（1）矿用一般型电气设备。这种电气设备的特点是：导电部分都由封闭的外壳加以隔离，外壳的机械强度较高，能防止水滴入或溅入，有专用的接线匣，绝缘部分有防潮特性。这种电气设备可在瓦斯矿井中的井底车场、总进风道和主要进风道中使用。

（2）隔爆型电气设备。这种电气设备除了有矿用一般型电气设备的特点以外，其外壳还具有隔爆性能。既能承受其内部爆炸性气体混合物引爆产生的爆炸压力，又能防止爆炸产物穿出隔爆间隙点燃外壳周围的爆炸性混合物。

（3）增安型电气设备。这种电气设备是在正常运行条件下不会产生电弧、火花或可能点燃爆炸性混合物的高温的设备结构上，再采取措施提高安全程度，以避免在正常或认可的过载条件下出现这些现象的电气设备。

（4）本质安全型电气设备。这种电气设备全部电路均为本质安全电路。所谓本质安全电路，是指在规定的试验条件下，正常工作或规定的故障状态下产生的电火花和热效应均不能点燃规定的爆炸性混合物的电路。

299. 矿用电气设备防爆基本措施有哪些？

（1）采用间隙隔爆技术。

（2）采用本质安全技术。

（3）采用增加安全程度的措施。

（4）采用快速断电技术。

300. 矿用电气设备防爆标志如何？

矿用电气设备的防爆标志如表 7-1 所示。

表 7-1 矿用电气设备防爆标志

型式名称	标志符号	型式名称	标志符号
矿用增安型	el	矿用充砂型	ql
矿用防爆型	dl	矿用无火花型	nl
矿用本质安全型	il	矿用浇封型	ml
矿用正压型	pl	矿用气密型	hl
矿用冲油型	ol	矿用特殊型	sl

301. 电气安全的主要保护方式有哪些？

（1）中性点接地方式。一种是中性点通过金属接地体与大地相连，称中性点直接接地方式；另一种是中性点与大地绝缘，称中性点不接地方式。这两种方式各有长短，适用于不同的场所，并要有相应的电气保护装置才能保证电网的安全运行。

（2）接地和接零。运行中的设备可能由于绝缘损坏等原因，而使它的金属外壳以及与电气设备相接触的其他金属物上出现危险的对地电压。人体接触后，就有可能发生触电危险。为了避免触电事故的发生，最常用的保护措施是接地和接零。

（3）继电保护。电力系统发生故障或出现异常现象时，为了将故障部分切除，或者防止故障范围扩大，减少故障损失，保证系统安全运行，需要利用一些电气自动装置来保护，自动装置的主要器件就是继电器。随着科技的进步，现在大量的使用微机智能继电保护装置。

（4）漏电保护。当电路或电气装置绝缘不良，使带电部分与地接触，引起人身伤害、损失设备以及发生火灾危险时，可将电源切断的保护称漏电保护。井下低压电网的漏电保护装置，一般是在电源端装设一台漏电继电器，对电网绝缘进行监视。当电网绝缘下降（漏电）到一定数值或接地时，漏电继电器就动作，并在极短的时间内将电源总开关自动切断。当人体触电时，漏电继电器也将动作。

（5）过电流保护。过电流是指电气设备或线路的电流超过规定值，有短路和过载两种情况。

（6）防雷电保护。雷是一种大气中的放电现象。具有强大的破坏力，可在瞬间击毙人畜，毁坏电气设备的绝缘，造成大面积、长时间的停电事故，甚至造成火灾和爆炸事故，危害十分严重。防雷电包括电力系统的防雷和建筑系统的防雷，主要措施是采用避雷针和避雷器。

（7）采用安全用电和安全标志。安全电压是防止触电事故的安全技术措施之一，我国规定的安全电压为42V、36V、24V、12V、6V五个等级，在矿山配电电压等级中的矿井采掘工作面和天井照明的电压、远距离控制线路的电压及金属容器和潮湿地点作业电压都必须采用安全电压。应注意的是36V照明线路也应有良好的绝缘，矿山曾经发生过36V的照明线路触电致死的事故。电气安全标志有警告牌或警告提示，来区别各种性质和用途。所以必须在电气设备旁或电气作业时使用安全标志。

302. 矿山电气安全基本措施有哪些？

（1）直接触电防护措施。主要包括绝缘、屏护、安全距离、设置障碍、安全电压、限制触电电流、电气连锁、漏电保护器等防护措施。

（2）间接触电防护措施。指防止人体各个部位触及正常情况下不带电，而在故障情况下才变为带电的电器金属部分的技术措施。

（3）电气作业安全措施。人们在各类电气作业时保证安全的技术措施。

（4）电气安全装置。

（5）电气安全操作规程。

（6）电气安全用具。

（7）电气火灾消防技术。

（8）做好触电事故急救工作，及时处理电气事故，做好电气安全档案管理。

303. 电气工作安全措施有哪些？

在电气设备及线路检修及停送电等工作中为了确保作业人员的安全，应采取必要的安全组织措施和安全技术措施。

组织措施有三项具体措施：一是工作票制度；二是工作监护制度；三是恢复送电制度。技术措施主要有：停电、验电、放电、装设临时接地线、悬挂警告牌和装设遮拦等。

304. 矿山供电线路有何要求？

（1）采矿场的供电线路不宜少于两回路，两班生产的采场或小型采矿场可采用一回路；有淹没危险的采矿场主排水泵的供电线路不应少于两回路。

（2）移动式电气设备使用矿用橡胶电缆。

（3）从变电所到采矿边界以及采场内爆破安全地带的供电应使用固定线路。

（4）导线至地面或水面的距离，在最大计算弧垂情况下，应不小于规程规定值。

305. 矿山变电所有哪些安全要求？

（1）变电所要有独立的避雷系统。

（2）有防火、防潮及防止小动物窜入带电部位的措施。

（3）过流和欠压保护装置符合实际要求，并动作灵敏可靠。

（4）设备和电缆标志牌齐全。

306. 矿山生产送电前须查明的问题有哪些？

（1）开关线路、变压器是否处于良好的状态，是否有人工作。

（2）检修是否结束，检修负责人是否亲自联系，或记录本上有签字。本线路或设备是否有其他人员在作业。

（3）双回路并列运行时，是否定过相序，定相后的线路是否检修更换过。

307. 保证矿山供电安全的基本要求有哪些？

（1）绝缘和屏护。为了避免带电体之间或带电体与人体及其他导电体的接触而发生短路、触电等事故，必须将带电体绝缘。电气设备的绝缘性能主要是以绝缘电阻、耐压强度等指标衡量。

为防止人体接近或触及带电体，用遮拦、护罩、护盖等将带电体隔离开来，就是屏护。用金属材料制成的屏护装置要与带电体良好绝缘并接地或接零。

（2）安全距离。为了防止意外的人和车辆等接近带电体及防止电气的短路和放电，规定带电体与别的设备和设施之间，带电体相互之间均需保持一定的安全距离，简称间距。

（3）载流量。载流量是指导线或设备的导电部分通过电流的数量，假若通过的电流数量超过了安全载流量，就会导致严重发热，以致损坏绝缘、损伤设备（电线），甚至可能引起火灾。因此在选用和装设线路和设备时必须使正常工作时的最大电流不超过安全载流量。

（4）安全标志。电气安全标志有警告用的，有区别各种不同性质或用途用的。警告用的一般是警告牌，如“有人工作、禁止送电”等。表示不同性质或用途的一般是用不同颜色来表示。

308. 采掘、运输等设备从架空电力线路下方通过时，其顶端与架空电力线路的距离，应符合哪些规定？

（1）3kV 以下，应不小于 1.5m；

（2）3 ~10kV，应不小于 2.0m；

（3）高于 10kV，应不小于 3.0m。

309. 矿山电气安全检查包括哪些事项？

矿山电气安全检查包括：检查矿用一般电气设备和矿用防爆电气设备的绝缘有无损坏、绝缘电阻是否合格、设备裸露带电部分是否有防护、井下电缆是否符合安全要求、保护接零或保护接地是否正确、可靠、保护装置是否符合要求、手提灯和局部照明灯电压是否是安全电压或是否采取了其他安全措施、安全用具和电气灭火器材是否齐全、电气设备安装是否合格、安装位置是否合理、制度是否健全等内容。

310. 检查电气设备、电力线路应遵守哪些规定？

（1）拉下电闸刀，悬挂“有人作业，禁止合闸”警示牌，并派人看守，非检修人员禁止合闸；

(2) 使用合格的符合电压等级的验电工具验电，确认无电后再放电，挂短接线；

(3) 有同工种二人，操作时有人监护；

(4) 检查、处理高压线路、高压设备，操作必须遵守高压电断后再放电，挂短接线。

311. 矿用电缆如何分类？

按用处分为三类：

(1) 电力矿用电缆——电力系统采用的矿用电缆产品主要有架空裸电线、电力矿用电缆、电力设备用电气装备矿用电缆等。

(2) 通讯矿用电缆——用于信息传输系统的矿用电缆主要有市话矿用电缆、电视矿用电缆、电子线缆、射频矿用电缆、光纤缆、数据矿用电缆或其他复合矿用电缆等。

(3) 电磁线——用于实现电磁能转换的线缆，漆包线、丝包线。

按类别分为五类：

(1) 裸电线——纯的导体金属，无绝缘及护套层，如钢芯铝绞线、电力机车线等、接地软线。

(2) 电力矿用电缆——有绝缘、铠装、护层（五芯以下，结构复杂），产品主要用在发、配、输、变、供电线路中的强电电能传输，通过的电流大（几十安至几千安）、电压高（220V 至 500kV 及以上）。

(3) 电器装备矿用电缆——品种规格繁多，应用范围广泛，使用电压在 1kV 及以下较多，耐油/耐寒/耐温/耐磨线缆、医用/农用/矿用线缆、薄壁电线等。

(4) 通讯矿用电缆——两芯的电话线到几千对的话缆、同轴 sb513&r 缆、光缆、数据矿用电缆，甚至组合通讯缆等。该类产品结构尺寸通常较小而均匀，制造精度要求高。

(5) 电磁线——主要用于各种电机、仪器仪表等。

312. 井下敷设电缆，必须遵守哪些规定？

(1) 在水平巷道或 45°以下的井巷内，电缆悬挂高度和位置，应保持其不被矿车碰撞压坏；电缆悬挂点间距不大于 3m，上下净间距不得小于 50mm；不准将电缆悬挂在风水管上；电缆与风水管平行敷设时，应敷设在管子的上方，距管子不得小于 0.3m。

(2) 橡套电缆应有专供接地用的芯线，接地芯线不得兼作其他用途；

(3) 高低压电缆之间的距离不得小于 0.2m。

(4) 挂设电缆时，必须使用胶质线悬挂。

313. 井下各级配电标称电压，应遵守哪些规定？

(1) 高压网络的配电电压，应不超过 10kV；

(2) 低压网络的配电电压，应不超过 1140V；

(3) 照明电压，运输巷道、井底车场应不超过 220V；采掘工作面、出矿巷道、天井和天井至回采工作面之间，应不超过 36V；行灯电压应不超过 36V；

(4) 手持式电气设备电压，应不超过 127V；

(5) 电机车牵引网络电压，采用交流电源时应不超过 380V；采用直流电源时，应不超过 550V。

314. 井下电气设备是否可以接零?

井下电气设备不应接零。井下应采用矿用变压器，若用普通变压器，其中性点不应直接接地，变压器二次侧的中性点不应引出载流中性线（N 线）。地面中性点直接接地的变压器或发电机，不应用于向井下供电。

架线式电机车整流装置的专用变压器，视其作业要求而定。

315. 接地与接零的要求有哪些?

（1）在同一低压电网中，不允许将一部分电气设备采用保护接地，而另一部分采用保护接零。

（2）接地（接零）装置一定要牢固可靠；接地线的截面不能过小，要有足够的机械强度；接地导线的连接必须良好，应采用螺栓紧固和焊接。

（3）保护接地和工作接地（变压器的中性点接地）的接地电阻不超过 4Ω；容量为 100kVA 及以下变压器的接地电阻不超过 10Ω；零线的重复接地电阻不超过 10Ω，容量 100kVA 及以下者不超过 30Ω。

（4）接地装置要经常检查，及时维护，接地电阻每年应测定一次。

316. 矿井内部保护接地措施有哪些?

（1）矿井内所有电气设备的金属外壳及电缆的配件、金属外皮等都要接地。巷道中接地电缆线路的金属构筑物等也要接地。

（2）在井下，应设置局部接地极的地点有：1）装有固定电气设备的硐室和单独的高压配电装置。2）采区变电所和工作面配电点。3）铠装电缆每隔 100m 左右应就地接地一次，遇到接线盒时应接地。

（3）矿井电气设备保护接地系统的一般规定：1）所有需要接地的设备和局部接地极，都应与接地干线连接。接地干线应与主接地极连接，形成接地网。2）移动和携带式电气设备，应采用橡套电缆的接地芯线接地，并与接地干线连接。3）所有应接地的设备，要有单独的接地连接线，禁止将几台设备的接地连接线串联连接。4）所有电缆的金属外皮（不论使用电压高低），都应有可靠的电气连接，以构成接地干线。无电缆金属外皮可利用时，应另敷设接地干线。

（4）敷设在钻孔中的电缆，如不能与矿井接地干线连接，应将主接地极设在地面。钻孔套管可以用作接地极。

（5）主接地极应设在矿井水仓或积水坑中，且不应少于两组。局部接地极可设于积水坑、排水沟或其他适当地点。

317.《金属非金属矿山安全规程》对保护接地有什么要求?

（1）电气设备和装置的金属框架或外壳、电缆和金属包皮、互感器的二次绕组，应按有关规定进行保护接地。

（2）接地线应采用并联方式，不应将各电气设备的接地线串联接地。

（3）接地电阻应每年测定一次，测定工作宜在该地区地下水位最低、最干燥的季节进行。

（4）1kV 以下的中性线接地电网，应采用接零系统。架空线的终端，宜重复接地，无分支的线路，每隔 1～2km 接地一次。

（5）直流线路零线的重复接地，应用人工接地体，不应与地下管网有金属联系。

318. 针对井下开采，哪些地点应设置局部接地极？

（1）装有固定电气设备的硐室和单独的高压配电装置；

（2）采区变电所和工作面配电点；

（3）铠装电缆每隔 100m 左右应接地一次，接线盒的金属外壳也应接地。

319. 矿井电气设备保护接地系统如何形成接地网？

（1）所有需要接地的设备和局部接地极，均应与接地干线连接；接地干线应与主接地极连接；

（2）移动式和携带式电气设备，应采用橡套电缆的接地芯线接地，并与接地干线连接；

（3）所有应接地的设备，应有单独的接地连接线，不应将其接地连接线串联连接；

（4）所有电缆的金属外皮，均应有可靠的电气连接和接地。无电缆金属外皮可利用时，应另敷设接地干线和接地极。

320. 接地极应符合哪些要求？

（1）主接地极设置在水仓或水坑内时，应采用面积不小于 0.75m^2、厚度不小于 5mm 的钢板；

（2）局部接地极设置在排水沟中时，应采用面积不小于 0.6m^2、厚度不小于 3.5mm 的钢板，或具有同样面积而厚度不小于 3.5mm 的钢管，并应平放于水沟深处；

（3）局部接地极设置在其他地点时，应采用直径不小于 35mm、长度不小于 1.5m、壁厚不小于 3.5mm 的钢管，钢管上至少应有 20 个直径不小于 5mm 的孔，并竖直埋入地下。

321. 接地装置应符合哪些规定？

（1）架空接地线应采用截面积不小于 35mm^2 的钢绞线或钢芯铝绞线，并应架设在配电线路最下层导线的下方，与导线任一点的垂直距离应不小于 0.5m；

（2）移动式电力设备，应采用矿用橡套软电缆的专用接地芯线接地或接零。

322. 装设临时接地线应遵守哪些规定？

（1）临时接地线是保护工作人员，防止突然来电的基本的、唯一的、最可靠的安全措施，同时设备上的剩余电荷和感应电压亦因接地而放尽。

（2）临时接地线的截面不得小于 25mm^2，应用多股铜线，导线接头良好，夹头可靠灵便，接地的地方应接触良好。

（3）接地线原则上应装在工作人员能够亲眼见到的地方，装设牢固可靠，除防止感应电压的接地线可用缠绕方法外，其他接地线一律不准用缠绕方法。所装接地线与带电部分应保持足够的安全距离。

（4）当验明施工设备上确实无电后，立即把一端已接地的接地线的另一端分别接在施工设备的每相导电部分上。

323. 哪些设备不用装设接地线？

（1）高压电动机盘的母线侧隔离开关下端头及进线电缆头上。

（2）电压互感器盘的隔离开关下端。

（3）已有了接地刀闸的车间变压器盘母线侧隔离开关下端头。

324. 工作地点必须停电的设备有哪些？

（1）检修的设备。

（2）与工作人员在进行工作中正常活动范围的距离小于下列距离的导电部分：

10kV 以下	0.35m
20～35kV	0.6m
60～110kV	1.5m

（3）在44kV以下的设备上工作，上述安全距离虽然能够保证，但小于下列距离，同时又无安全遮拦措施的设备。

10kV 以下	0.7m
20～35kV	1m
60～110kV	1.5m

（4）带电部分在工作人员后面或两侧，无可靠安全措施的设备。

325. 验电的基本步骤是什么？

（1）验电笔应该是良好合格的，而且定期试验过，在验电前先在带电设备上校验确定其指示正确后，才能进行使用。验电笔不准装设接地线。

（2）验电工作应在开关把手已经锁住，悬挂好标示牌，接地线的一端已经接地后才开始进行。使用高压验电笔时，手应把在规定的位置上，室外验电时，应穿戴好绝缘用具，验电时应把设备的各侧各相导电部分全部进行验电。

（3）配电盘的电压表、指示灯或开关位置指示只能作为参考，不能由此作为无电的依据，但若这些装置有电时，禁止在设备上工作。

326. 不停电工作必须遵守的规定有哪些？

（1）带电部分只能在工作人员的前面或一侧，在工作人员的身体完全伸直以后，身体与带电部分的距离不小于下列安全距离：

6kV 以下	0.7m
35kV	1m
110kV	1.5m

如果小于以上距离应按规定停电或装设临时遮栏。

（2）不准在地上或不坚固的架上、台上进行，若使用梯子，必须有专人扶梯，并不应有工作人员和梯子倒下时与带电部分的距离小于上述的安全距离的可能。

（3）在外壳上工作，应检查保护接地是否完好，禁止在中性点未接地而有系统接地现象的设备上工作。

（4）禁止用手触摸带电部分的绝缘部分。

（5）在更换高压保险时，应站在可靠的绝缘台（垫）上，而且也要穿戴好绝缘用具，其身体的任何部分与带电部分的距离不小于上面的安全距离。

（6）禁止带负荷电流搭接电源线。

327. 线路和用户检修的安全措施有哪些?

（1）线路停电检修，应根据调度命令进行停电，按照规定绑住摔柄悬挂标示牌等安全措施后，报矿调度，由矿调度通知工作人员，线路停电后，是否合接地刀闸，按调度命令执行。线路不停电检修，应按调度通知，解除重合闸装置，线路跳闸后，不得试送。

（2）线路停电检修后，送电必须得到调度命令，才可拆除安全措施送电。

（3）运行中的架空馈电线路，因系统故障，停止送电在短时间内（两小时）系统恢复正常后，可以不经请示调度就送电，但事后必须及时向调度报告。线路和设备停电后，未经调度许可，任何人不得进行检修工作，否则后果自负。

328. 矿井电气工作人员，应遵守哪些规定?

（1）对重要线路和重要工作场所的停电和送电，以及对700V以上的电气设备的检修，应持有主管电气工程技术人员签发的工作票，方准进行作业；

（2）不应带电检修或搬动任何带电设备（包括电缆和电线）；检修或搬动时，应先切断电源，并将导体完全放电和接地；

（3）停电检修时，所有已切断的开关把手均应加锁，应验电、放电和将线路接地，并且悬挂“有人作业，禁止送电”的警示牌。只有执行这项工作的人员，才有权取下警示牌并送电；

（4）不应单人作业。

329. 井下电工安全操作规程有哪些规定?

（1）作业前必须穿戴好符合标准的劳动保护用品，带好电工用具并检查绝缘工具是否安全可靠。

（2）照明、通讯等线路，必须正规铺设，正规巷道须设固定挂钩，线路不得相混或与风水管绞在一起。所有接头必须按电压不同包扎合格，禁止有裸头；闸刀开关、铁壳开关、启动装置和电缆接头必须设置在干燥的地方，并有完好的保护盖、罩，不得裸露。

（3）电气设备和线路，必须使用单一开关，禁止一闸刀多用。

（4）井下照明电压符合安全规定，严禁使用无灯座的灯泡。

（5）所有设备电气和线路必须绝缘良好，外壳接地。避雷、继电器保护装置安全可靠，符合技术规定。

（6）井下电气设备禁止接零。使用非矿用变压器，禁止中性点直接接地。

（7）带电作业，若遇特殊情况需带电作业时，必须采取安全可靠的防范措施及监护人。

（8）操作高压电气设备，必须有绝缘垫，合格的绝缘手套，绝缘鞋，手、脚不得受潮和有油污，应有两人，一人操作，一人监护，禁止用湿毛巾擦高压电气设备。

（9）停电时必须将电气设备的电源开关或总闸切断，不准在无任何安全措施的情况下，触动电气设备或进入高压配电柜内检查或工作。

（10）较长时间停用的电气设备，恢复使用前必须检查绝缘，符合技术要求方可使用。短期停用的电气设备，应采取措施防止受潮。

（11）发现三相电机两相运行必须立即停机，电线规格，电机功率，电气热元件和保护装置必须与负荷相匹配。禁止使用无防护罩的电机。

（12）井下无人值班的变电所，应设栅栏、门上锁，悬挂“有电危险、禁止入内”牌。

第八章　矿山爆破安全

第一节　矿山爆破及其事故的基本知识

330. 什么是爆炸？

爆炸是一种发生极迅速的物理或化学变化。在变化过程中，瞬间放出能量，并借助其内部原有气体或爆炸生成气体的膨胀，对周围介质做功，使得周围介质的压力和温度急剧增高，最终产生巨大的机械破坏效应。

331. 什么是炸药？

炸药是指以氧化剂与可燃剂为主体，在氧平衡原理的前提下，构成的具有爆炸性质的混合物。在一定条件下可以发生快速的化学反应，放出大量能量和气体物质，表现出爆炸效应。从炸药的化学元素来看，炸药的构成元素主要包括碳、氢、氧、氮4种。

332. 正确选用炸药的基本原则是什么？

在矿山爆破中，爆破效果的好坏直接影响到采矿的成本和效益，而选择炸药的正确与否直接关系到爆破的成败。正确选用炸药的基本原则有：

（1）坚持技术上不断革新，经济上尽可能节约、合理的原则；

（2）分析研究爆破对象的力学特征与可爆性质，坚持炸药与介质的矛盾统一原则，考虑两者之间的最优匹配；

（3）选用炸药要充分的考虑作业环境，满足矿山施工的要求，坚持安全可靠为先的原则；

（4）坚持对选用炸药的主要性能指标进行监测工作及各种模拟爆破试验工作。

333. 选择炸药的方法是什么？

（1）根据矿山爆破工程的基本条件和要求，选择相应的炸药类型。如在有瓦斯爆炸危险的矿山施工，则选用煤矿安全炸药；有涌水或压力水的条件下施工，则选用各种抗水性炸药；无特殊要求的大中型爆破，由于炸药需求量较大，则选用价格较为低廉，生产工艺较为简单的硝铵类炸药或自制铵油类炸药等；

（2）要了解爆破对象的主要力学性质，如变形性质，抗压、抗拉强度和波阻抗，一般而言，弹脆性波阻抗值大的工作介质体中爆破应采用高爆速、高猛度类炸药较为合理；

（3）尽量不用冲击感度高的炸药，尽可能使用安全系数高的炸药，如硝化甘油类炸药。若选用钝感类炸药，则要通过模拟试验，先做最低中继起爆药试验，再做炸药与相近介质的匹配性试验，观察综合爆破效果，考虑经济等因素而定。

334. 常用的矿用炸药有哪些？

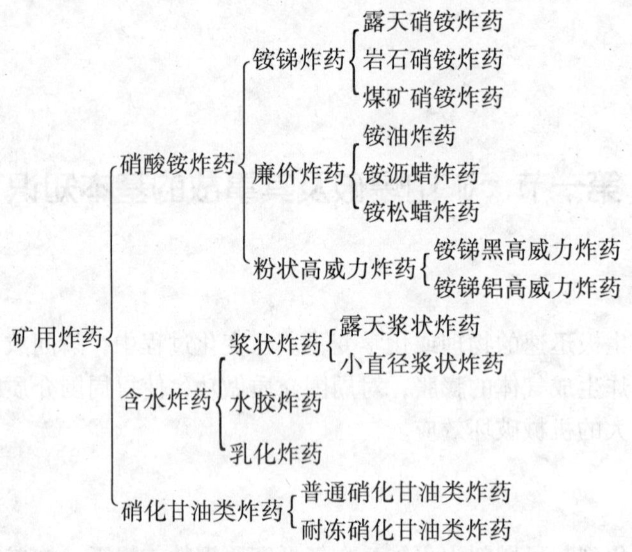

335. 什么是盲炮，发生盲炮的原因是什么？

盲炮是指在爆破过程中，完全未发生爆破的装药炮眼，其中常有未爆的电雷管。

发生盲炮的主要原因有：电雷管质量不好或受潮；炸药变质，起爆感度急剧下降；电爆网路的敷设不合理，使得电流的分配不当，从而达不到电雷管的最小准爆电流值；装药、封泥时将电雷管脚线绝缘层破裂或脚线断裂；规格不同的母线或脚线混用；连线错联或漏联等。

336. 处理盲炮必须遵守哪些规定？

（1）处理盲炮时，无关人员不准在场；应在危险区边界设立警戒，危险区内禁止进行其他作业；禁止拉出或掏出起爆药包；电力起爆发生盲炮时，须立即切除电源，将爆破网路短路。

（2）处理裸露爆破的盲炮，允许用手小心地去掉部分封泥，在起爆药包上重新安置新的起爆药包，加上封泥起爆。

（3）处理浅眼爆破的盲炮，可采用的方法有：确认炮孔的起爆线路完好时，重新起爆；可采用打平行眼装药爆破，平行眼距盲炮孔口不得小于30cm，为确保平行炮眼的方向，允许从盲炮孔口起，取出长度不超过20cm的填塞物；可用木制、竹制或其他不产生火星的材料制成的工具，轻轻地将炮眼内大部分填塞物掏出，用药包诱爆。

337. 处理盲炮的方法有哪些？

处理浅眼爆破的盲炮可采用下列方法：

（1）经检查确认炮孔的起爆线路完好时可重新起爆，若抵抗线变小，必须加强警戒或覆盖两倍以上的碎渣；

（2）打平行眼装药爆破，平行眼距盲孔不得小于0.3m，对于浅眼药壶法，平行眼距盲炮药壶边缘不得小于0.5m，为确定平行眼的方向，允许从盲孔口起，取出长度不超过20cm的填塞物；

（3）用木、竹制或其他不发生火星的材料制成的工具，轻轻地将炮眼内大部分填塞物掏出，用聚能药包诱爆；

（4）在安全距离外用远距离操纵的风水喷管吹出盲炮填塞物及炸药，但必须采取措施，回收雷管；

（5）采用硝铵类炸药时，如孔壁完好且药柱高度较小，填塞高度也较小，可将填塞物掏出，再向孔内注水，使其失效，取出雷管（如二次爆破、处理根底等）；

（6）盲炮应在当班处理，当班不能处理或未处理完毕的，应将盲炮情况（盲炮数目、炮眼方向、装药数量等）在现场交接清楚，由下一班继续处理。

处理深孔盲炮可采用下列方法：

（1）爆破网络未受破坏，且最小抵抗线无变化者，可重新连线起爆；最小抵抗线有变化者，应验算安全距离，并加大警戒范围后再连线起爆；

（2）在距盲炮口不小于10倍炮孔直径处另打平行孔装药起爆，爆破参数由爆破工程技术人员或爆破工作领导人确定；

（3）所用炸药为非抗水硝铵类炸药，且孔壁完好者，可取出部分填塞物，向孔内灌水，使之失效，然后作进一步处理。

处理硐室爆破的盲炮可采用下列方法：

（1）如能找出起爆网络的电线、导爆索或导爆管，经检查正常，仍能起爆的话，可重新测量最小抵抗线，重划警戒范围，连线起爆；

（2）沿小井或平峒清除填塞物，重新铺设网路，连线起爆或取出炸药和起爆体。

338. 什么是早爆，引起早爆的原因是什么？

早爆是指炸药在预定的起爆时间之前发生爆炸的现象。引起早爆的原因有：爆破器材不合格，如导火索速燃、雷管速爆等；在外界机械能（冲击、摩擦等）的作用下，使得感度高的炸药或起爆器材早爆；炸药自燃导致的自爆；外来电流，如雷电、静电、杂散电流和感应电流引起的早爆。

339. 什么是放空炮，预防措施有哪些？

放空炮是指在爆破时未能对周围介质产生破坏作用，而是沿炮眼口方向崩出的现象。其主要原因是充填炮眼的炮泥质量不好、充填长度不够或炮眼间距过大，炮眼方向与最小抵抗线方向重合。

预防措施包括如下：

（1）充填炮眼的炮泥质量要符合《金属非金属矿山安全规程》的规定，水炮泥水量充足，黏土炮泥软硬适度；

（2）保证炮泥的充填长度与炮眼封填质量符合《金属非金属矿山安全规程》的规定。

340. 打残眼引起爆破事故的预防措施有哪些?

(1) 要避免炮孔中炸药传爆不完全，就要把握住爆破器材检查和操作质量。器材性能应符合要求，药包直径应大于其临界直径，超过贮存期及变质的炸药不能使用，不抗水的炸药不能用于潮湿环境的爆破。

(2) 要防止人为失误。开钻前一定要仔细检查前次爆破后形成的新工作面是否有残眼，特别要注意残眼中是否有残药，切不可掉以轻心，更不能存在侥幸心理，忽视检查或只图开孔快而打残眼。

341. 控制空气冲击波的方法主要有哪些?

(1) 保证堵塞质量，特别是第一排炮孔，如果掌子面出现较大后冲，必须保证足够的堵塞长度。对水孔要防止上部药包在泥浆中浮起。

(2) 考虑地质异常，采取措施。例如断层、张开裂隙处要间隔堵塞，溶洞及大裂隙处要避免过量装药。

(3) 在地下矿山巷道，可利用障碍、阻波墙、扩大室等结构来减轻巷道空气冲击波。

342. 什么是最小抵抗线，作用是什么?

在工程爆破中，最小抵抗线是指药包中心到最近自由面的最短距离，常用 W 表示。最小抵抗线是爆破时岩石阻力最小的方向，在这个方向上岩石运动速度最高，爆破作用也最集中。因而最小抵抗线是爆破作用的主导方向。

343. 什么是雷管?

雷管是一种用来起爆炸药的起爆器材。雷管是爆破工程的主要起爆材料，它的作用是产生起爆能来引爆各种炸药、导爆索及传爆管，根据点燃的方法不同，分为火雷管（普通雷管）和电雷管两种；按照是否延时可以分为瞬发雷管与延期雷管；按雷管里的装药的多少分为 10 个号，号数越大，起爆能力越强，矿山常用的是 6 号和 8 号雷管。

电雷管分为瞬发电雷管和延期电雷管。而延期电雷管又分为秒延期电雷管和毫秒延期电雷管。

344. 电雷管有什么特性?

电雷管是依靠电能来引爆的，其作用原理是电流经脚线输送，通过雷管内部的桥丝，由电阻产生热能点燃引火药头或起爆药而发生爆炸。由于电雷管内部的电阻丝电阻小，对电能的感应十分敏感，所以在日常工作中采用电爆网路时，应对周围环境的高压电、射频电进行调查，对杂散电进行测试。发现存在危险，应立即采取预防或排除措施。

345. 什么是导爆索、继爆管和导爆管?

(1) 导爆索。导爆索又叫传爆线，是以副爆药为索心，以棉、麻、纤维等为被覆材料，能够传递爆轰波的索状起爆材料。导爆索可用来传递爆轰波并直接引爆炸药或与之相连的另一根导爆索。

（2）继爆管。继爆管是专门与导爆索配合使用的延期起爆器材，借助于继爆管的微差延期继爆作用与导爆索一起实现微差爆破。

（3）导爆管。导爆管是一种非电起爆器材，不能直接起爆炸药，只能传递爆轰波起爆雷管。由雷管引爆炸药。导爆管也不能用于有瓦斯或矿尘爆炸危险的作业场所。

346. 什么是残爆、缓爆和爆燃？

残爆是指炮眼的装药由于某种原因，爆轰中断而残留下来的一部分炸药未爆。

缓爆是指在非延期起爆的爆破过程中，网络虽已通电，但炸药并未立即起爆而是推迟爆炸的现象。

爆燃是炮眼里的药卷未能正常起爆，没有形成爆轰而发生了快速燃烧，或形成爆轰后又衰减为快速燃烧的现象。

347. 什么是含水炸药？

含水炸药是浆状炸药、水胶炸药和乳化炸药的统称。

（1）浆状炸药是指由可燃剂和敏化剂（用以提高混合炸药起爆感度的物质）分散在氧化剂的饱和水溶液中，经稠化或再经交联制成的一种水包油型悬浮体或胶状炸药。

（2）水胶炸药是指以硝酸甲胺为主要敏化剂，加入氧化剂、密度调节剂等材料，经溶解、混合后，悬浮于胶凝剂的水溶液中，再经过化学交联而成的一种凝胶状的工业炸药。

（3）乳化炸药是指通过乳化剂的作用，使氧化剂水溶液的微滴均匀地分散在含有空气泡或空气微球等多孔性物质的油相连续介质中而形成的一种油包水型乳胶状炸药。

348. 含水炸药的优点如何？

含水炸药的优点包括：抗水性强、密度高、体积威力大、爆轰感度较好、可塑性好、传爆距离长、使用安全等。

349. 瞎炮及瞎炮的处理方法是什么？

瞎炮是指在通电放炮后，雷管和药卷都不爆炸或雷管爆炸而药卷不爆炸的炮眼称为瞎炮。关于瞎炮的处理方法，《金属非金属矿山安全规程》规定：

（1）由于连线不良造成的瞎炮，可以重新连线放炮。

（2）在距离瞎炮至少0.3m处另打同瞎炮炮眼平行的新炮眼，重新装药放炮。

（3）严禁用镐刨或炮眼中取出源放置的引药或从引药中拉出雷管，严禁将炮眼残底（无论有无残余炸药）继续加深，严禁用打眼的方法往外掏药，严禁用压风吹这些炮眼。

（4）处理瞎炮的炮眼爆炸后，放炮员必须详细检查炸落后的矿（岩）石，收集未爆的电雷管。

350. 残爆、缓爆和爆燃有哪些危害？

残爆和爆燃对有瓦斯、矿尘爆炸危险的矿井是一种潜在的危险因素，因为燃烧的炸药炽热微粒会由于压力的增大而发生二次爆炸，从炮眼中喷出或在空气中燃烧而引起瓦斯、矿尘爆炸。

缓爆往往会造成伤害事故，因为爆炸时间推迟，工作人员违章进行检查工作往往会造成严重的伤害事故。

351. 炮孔填充的作用是什么?

炮孔填充是为了充分利用爆能，使矿岩得以良好地爆破。填塞过短或不填塞易造成岩石块飞散，甚至出现根底。填塞过长则使得填塞部位的矿岩得不到良好的破碎，易出现大块。一般情况下填塞长度不应小于最小抵抗线长度。矿山填塞物一般采用黏土与砂的混合物（称炮泥）或细砂或凿岩产生的岩粉。

352. 什么是炸药的感度，包括哪些?

炸药的感度是指炸药在外界能量的作用下发生爆炸的难易程度。炸药感度的高低是衡量炸药稳定性大小的一个重要指标，通常他是用起爆能的大小来衡量的，并与起爆能成反比关系。即炸药起爆时所需起爆能小，表明炸药的感度高；反之所需起爆能越高，炸药的感度越低。一般说来包括热感度、机械感度等。

炸药热感度是指炸药在热能的作用下发生爆炸的难易程度。热感度通常用炸药的爆发点来表示，炸药的爆发点指的是使炸药开始爆炸所需加热到的介质的最低温度。特别值得注意的是：这一温度并不是炸药爆炸时炸药本身的温度，也不是炸药开始分解时本身的温度，而是指炸药分解自行加速开始时的环境温度。

炸药机械感度是指炸药在机械撞击下发生爆炸的难易程度。

353. 什么是炸药的爆轰?

炸药的爆轰指的是炸药以每秒数千米稳定不变的速度进行反应的过程。爆轰过程与燃烧过程相类似，化学反应也只在局部区域内进行，并在炸药内传播。爆轰与燃烧的区别在于燃烧靠热传导来传递能量和激起化学反应，而爆轰则靠冲击波的作用来传递能量和激起化学反应；燃烧环境条件影响较大，而爆轰则基本上不受影响。爆轰反应比燃烧反应更为激烈，产生的压力更高。

354. 爆炸产物及有毒气体有哪些?

炸药的爆炸过程实质上就是炸药中所含 C、H、O、N 等元素在爆炸瞬间发生高速化学反应的过程，反应的结果是生成较为稳定的化合物，即爆炸产物。爆炸产物主要有二氧化碳、水、一氧化碳、二氧化氮、一氧化氮等。在爆炸产物中，有毒气体主要是一氧化碳和氮的氧化物（二氧化氮、一氧化氮），这些气体不仅对人体有害，而且试验证明，对井下瓦斯、矿尘的爆炸反应还有催化作用。

355. 炮烟中毒事故的预防措施有哪些?

（1）加强炸药的质量管理，定期检验炸药的质量。

（2）不要使用过期变质的炸药。

（3）加强炸药的防水和防潮，保证堵塞质量，避免炸药产生不完全的爆炸反应。

（4）爆破后要加强通风，一切人员必须等到有毒气体稀释至爆破安全规程中允许的浓度以下时，才准返回工作面。

356. 矿山的爆破工程如何分级？

根据爆破安全规程的要求，各类爆破工程的分级列于表8-1。A、B、C、D级的爆破工程，应按相应规定进行设计、施工、审批。

表8-1　爆破工程分级

爆破工程类别	爆破工程按药量 Q（t）与环境分级			
	A	B	C	D
硐室爆破	$1000 \leqslant Q < 3000$	$300 \leqslant Q < 1000$	$50 \leqslant Q < 300$	$0.2 \leqslant Q < 50$
露天深孔爆破	—	$Q \geqslant 200$	$100 \leqslant Q < 200$	$50 \leqslant Q < 100$
地下深孔爆破	—	$Q \geqslant 100$	$50 \leqslant Q < 100$	$20 \leqslant Q < 50$
复杂环境深孔爆破	$Q \geqslant 50$	$15 \leqslant Q < 50$	$5 \leqslant Q < 15$	$1 \leqslant Q < 5$

注：爆破作业环境包括三种情况：环境十分复杂指爆破可能危及国家一、二级文物，极重要设施、极精密贵重仪器及重要建（构）筑物等保护对象的安全；环境复杂指爆破可能危及国家三级文物、省级文物、居民楼、办公楼、厂房等保护对象的安全；环境不复杂指爆破只可能危及个别房屋、设施等保护对象的安全。

357. 什么是浅眼爆破、中深孔爆破、深孔爆破、硐室爆破？

浅眼爆破又称浅孔爆破或者露天浅孔爆破，是直径小于50mm、深度小于5m的爆破作业。它是工程爆破中的主要方法之一，应用范围广泛。

中深孔爆破方法是介于浅孔爆破与深孔爆破之间的以专用钻凿设备钻孔作为炸药包埋藏空间的一种爆破方法，其直孔径一般为50~350mm，孔深为5~20m。

深孔爆破是指钻孔直径大于75mm、孔深大于5m的炮孔爆破技术。深孔爆破具有单位钻孔量小和炸药单位耗量低、生产效率高和便于采用综合机械化施工进行爆破、挖装、运输作业等优点，广泛应用于露天和地下开挖工程。深孔爆破可与预裂爆破、光面爆破和毫秒爆破等技术相结合，以获得开挖面平整、围岩稳定、提高工程施工质量的效果。

硐室爆破是指将炸药集中装填于爆破区内预先挖好的导洞和药室中进行的爆破技术。

358. 炮眼的深度和炮眼的封泥长度有何要求？

（1）炮眼深度小于0.6m时，不得装药、爆破；在特殊的情况下，如挖底、刷帮、挑顶确需浅眼爆破时，必须制定安全措施，炮眼深度可以小于0.6m，但必须封满炮泥；

（2）炮眼深度为0.6~1m时，封泥长度不得小于炮眼深度的1/2；

（3）炮眼深度超过1m时，封泥长度不得小于0.5m；

（4）炮眼深度超过2.5m时，封泥长度不得小于1m；

（5）光面爆破时，周边光爆破眼应用炮泥封实，且封泥长度不得小于0.3m；

（6）工作面有两个或两个以上自由面时，在煤层中最小抵抗线不得小于0.5m，在岩层中最小抵抗线不得小于0.3m。浅眼装药爆破大岩块时，最小抵抗线和封泥长度都不得小于0.3m。

359. 爆破工程的作业程序可以分为哪三个阶段?

（1）爆破设计及工程准备阶段。包括工程资料的收集、爆破方案的确定、爆破技术设计、工程爆破项目及设计的审查与报批，同时着手工程的施工准备和施工组织设计。

（2）施工阶段。施工阶段指按施工组织设计制定的施工方法、施工顺序和施工进度以及安全保障体系、质量检查体系、设计反馈体系施工的阶段。

（3）爆破实施阶段，即施爆阶段。包括施爆指挥系统的组成，装药和填塞，爆破网络连接，防护、警戒，起爆和爆后的检查、事故处理以及爆破总结等。

第二节　爆破器材安全管理

360. 起爆器材有哪些?

起爆器材包括进行爆破作业引爆工业炸药的一切点火和起爆工具，可分为起爆材料和传爆材料两大类。雷管是爆破工程的主要起爆材料，导火线、导爆管属于传爆材料，继爆管、导爆线既可起起爆作用，又可起传爆作用。

361. 在矿山爆破作业实施前的检查内容主要有哪些?

（1）对所使用的爆破器材进行外观检查。雷管管体不应压扁、破损、锈蚀，加强帽不应歪斜；导火索和导爆索表面要均匀且无折伤、压痕、变形、霉斑、油污；导爆管管内无断药、无异物或堵塞，无折伤、油污、穿孔，端头封口；电线无锈痕，绝缘层无划伤、开绽；粉状硝铵类炸药不应吸湿结块，乳化和水胶炸药不应稀化或变硬等。

（2）对电雷管进行电阻值测定。

（3）对使用的仪表、电线、电源进行必要的性能检验。包括起爆器的充电电压、外壳绝缘性能；采用交流电起爆时，应测定交流电压，并检查开关、电源及输电线路是否符合要求；各种连接线、区域线、主线的材质、规格、电阻值和绝缘性能；爆破专用电桥、欧姆表和导通器的输出电流及绝缘性能。

362. 起爆器材的加工有哪些要求?

（1）加工起爆管和信号管应在爆破器材库区的专用房间进行，严禁在爆破器材库房、住宅和爆破作业地点进行。

（2）加工时应轻拿轻放，防止掉落、脚踩，禁止烟火。应当边加工，边放入带盖的木箱内。加工点存放的雷管不得超过100发。

（3）应使用快刀切取导火索或导爆管。每盘导火索或每卷导爆管的两端应先切除5cm。切导火索或导爆管时，工作面严禁堆放雷管。切割前应认真检查其外观，凡有过粗过细、破皮或其他缺陷部分的均应切除。

（4）装配起爆管、信号管前，必须逐个检查雷管质量，凡管体压扁、破损、锈蚀、加强帽歪斜，或雷管内有杂物者，严禁使用。

（5）应将导火索和导爆管有垂直面的一端轻轻插入雷管，不得旋转摩擦。金属壳雷管应采用安全紧口钳紧口，红壳雷管应采用胶布捆扎紧口或附加金属箍圈后紧口。

（6）加工起爆药包应在爆破作业面附近安全地点进行，加工数量不应超过当班爆破作业需用量。加工时，应用木质或竹质锥子，在炸药卷中心扎一个雷管大小的孔，孔深应能将雷管全部插入，不得露药卷。雷管插入药卷后，应用细绳或电雷管的脚线将雷管固紧。

（7）具有以下情形之一的，禁止采用电雷管起爆：爆破区的杂散电流大于30mA；爆破区离高压电网近；爆破区受射频电的影响大。

363. 爆破器材储存的基本规定有哪些？

（1）爆破器材必须储存在专用库房内；

（2）炸药与雷管应分开贮存，两库房的安全距离不得小于有关规定；

（3）库区内严禁吸烟和用火，严禁将火种及易燃易爆物品带入库区；

（4）库房的位置、安全距离、库区布置、库房结构及交通、照明、防电、防雷、消防、通信、报警等系统，必须符合安全堆积的要求；建库前要向当地县、市公安局申请；建成后经检查验收合格，并发给《爆炸物品储存许可证》后，才准使用；

（5）要设专人看守、专人管理。管理人员必须严格执行《中华人民共和国民用爆炸物品管理条例》，做好爆破材料的验收、发放、统计制度；

（6）严守工作岗位，严格出入库、领发、退库、销毁等手续，做到出入有账，账目清楚，账物相符，做到日清月结，不得隐瞒、虚报，不做假账；

（7）爆破器材堆放整齐，稳当，不得倾斜，不超量；

（8）对用剩过期、失效或不用的爆炸物品及时上报领导、主管部门和公安机关，交由公安机关统一处理；

（9）发现爆破器材丢失、短少、被盗或错发要及时报告公安机关；

（10）爆破器材包装箱下，应垫有大于0.1m高度的垫木；爆破器材的码放，宜有0.6m以上宽度的安全通道。爆破器材包装箱与墙距离宜大于0.4m；爆破器材的码放高度，不宜超过1.6m；存放硝化甘油类炸药、各种雷管箱和继爆管的箱（袋），应放置在木质货架上，货架高度不宜超过1.6m，架上的硝化甘油类炸药和各种雷管箱不应叠放。

364. 炸药贮存保管不当引起炸药爆炸事故的预防措施有哪些？

（1）库内必须整洁、防潮和通风良好，要杜绝鼠害。

（2）库区内严禁烟火和明火照明，严禁用灯泡烘烤爆破器材。

（3）库区必须昼夜设警卫，加强巡逻，严禁无关人员进入库区。

（4）严禁穿铁钉鞋和易产生静电的化纤衣服进入库房和发放间。

（5）开箱应使用不产生火花的工具并在专设的发放间内进行。

（6）必须经常测定库房的温度和湿度。

365. 爆破器材临时露天堆放有哪些规定？

在特殊情况下，经单位保卫部门和当地县（市）公安机关批准的爆破器材可以临时堆放在露天场地，但必须遵守下列规定：

（1）堆放场应选择安全地方，严加看管，昼夜有人巡逻警卫，周围100m范围内严禁烟火，场地不得堆放任何杂物。

（2）爆破器材应堆放在垫木上。禁止直接堆放在地上，上部应覆盖帆布或搭简易帐篷。

（3）严禁雷管与炸药混放。炸药堆与雷管的距离不得小于25m。

366.《爆破安全规程》针对地下矿山的井下爆破器材库及发放站的规定有哪些?

（1）井下只准建分库，库容量不应超过：炸药三昼夜的生产用量；起爆器材十昼夜的生产用量；

（2）井下爆破器材库的布置，应遵守下列规定：

1）井下爆破器材库不应设在含水层或岩体破碎带内；

2）炸药库距井筒、井底车场和主要巷道的距离：硐室式库不小于100m，壁槽式库不小于60m；

3）炸药库距行人巷道的距离：硐室式库不小于25m，壁槽式库不小于20m；

4）炸药库距地面或上下巷道的距离：硐室式库不小于30m，壁槽式库不小于15m；

5）井下炸药库应设防爆门，防爆门在发生意外爆炸事故时应可自动关闭，且能限制大量爆炸气体外溢；

6）井下爆破器材库除设专门储存爆破器材的硐室和壁槽外，还应设联通硐室或壁槽的巷道和若干辅助硐室；

7）储存雷管和硝化甘油类炸药的硐室或壁槽，应设金属丝网门；

8）储存爆破器材的各硐室、壁槽的间距应大于殉爆安全距离。

（3）井下爆破器材库和距库房15m以内的联通巷道，需要支护时应用不燃材料支护。库内应备有足够数量的消防器材。

（4）有瓦斯煤尘爆炸危险的井下爆破器材库附近，应设置岩粉棚，并应定期更换岩粉。

（5）井下爆破器材库单个硐室储存的炸药，不应超过2t；单个壁槽不应超过0.4t。

（6）在多水平开采的矿井，爆破器材库距工作面超过2.5km或井下不设爆破器材库时，允许在各水平设置发放站。

（7）井下爆破器材发放站应符合下列规定：

1）发放站存放的炸药不应超过0.5t；雷管不应超过1000发；

2）炸药与雷管应分开存放，并用砖或混凝土墙隔开，墙的厚度不小于0.25m。

（8）井下爆破器材库区，不应设爆破器材检验与销毁场。爆破器材的爆炸性能检验与销毁，应在地面指定的地点进行。

（9）不应在井下爆破器材库房对应的地表修筑永久性建筑物，也不应在距库房30m范围内掘进巷道。

（10）井下爆破器材库应安装热线电话并装备报警器。

（11）井下爆破器材库的电气照明，应遵守下列规定：

1）应采用防爆型或矿用密闭型电气设备，电线应采用铜芯铠装电缆；

2）井下库区的电压应为36V；

3）储存爆破器材的硐室或壁槽，不应安装灯具；

4）电源开关或熔断器，应设在铁制的配电箱内，该箱应设在辅助硐室里；

5）有可燃性气体和粉尘爆炸危险的井下库区，应使用防爆型移动灯具和防爆手电筒；其他井下库区应使用蓄电池、灯、防爆手电筒或汽油安全灯作为移动式照明。

367. 爆破器材的检验包括哪些？

从事爆破工作的人员，可用下面简单易行的方法对爆破器材进行检验：

（1）对爆破器材进行外观检验，检查器材的生产厂名、产品名、批号、生产日期等标志以及外观有无损坏或不正常现象；

（2）抽测导火索的燃烧速度，常用导火索的速度为每分钟燃烧0.5m。速燃、缓燃者均不符合要求；

（3）用雷管起爆合格导爆索和2号岩石炸药（硝铵炸药），如果留有残余的导爆索或残药，说明雷管的起爆能力不符合要求；

（4）使用秒或毫秒延期雷管的单位，应购买必要的检测仪表（205线路电桥、雷管参数测定仪），以检测雷管的质量。

368. 爆破器材保管员的职责是什么？

（1）负责验收、保管、发放和统计爆破器材，并保持完备的记录；

（2）对无爆破员安全作业证和领取手续不完备的人员，不得发放爆破器材；

（3）及时统计、报告质量有问题及过期变质失效的爆破器材；

（4）参加过期、失效、变质爆破器材的销毁工作。

369. 爆破器材押运员的职责是什么？

（1）负责核对所押运的爆破器材的品种和数量；

（2）监督运输工具及按规定的时间、路线、速度行驶；

（3）确认运输工具及其所装运爆破器材符合标准和环境要求，包括几何尺寸、质量、温度、防震等；

（4）负责看管爆破器材，防止爆破器材途中丢失、被盗或发生其他事故。

370. 爆破器材库的消防设施要求有哪些？

（1）应根据库容量，在库区修建高位消防水池：库容量小于100t者，储水池容量为50m^3（小型库为15m^3）；库容量100～500t者，储水池容量为100m^3；库容量超过500t者，设消防水管；

（2）消防水池距库房不大于100m；消防管路距库房不大于50m；

（3）草原和森林地区的库区周围，应修筑防火沟渠，沟渠边缘距库区围墙小于10m，沟宽1～3m，深1m。

371. 装卸爆破器材时有哪些安全要求？

（1）认真检查运输工具的完好状况，清除运输工具内一切杂物；

（2）有专人在场监督，并设置警卫，无关人员不允许在场；

（3）爆破器材和其他货物不应混装，雷管等起爆器材不应与炸药在同时同地进行装卸；

（4）遇暴风雨或雷雨时，不应装卸爆破器材；

（5）装卸爆破器材的地点，应远离人口稠密区，并设明显的标志，白天应悬挂红旗和警标，夜晚应有足够的照明并悬挂红灯；

（6）装卸搬运应轻拿轻放，装好、码平、卡牢、捆紧，不得摩擦、撞击、抛掷、翻滚、侧置及倒置器材；

（7）装载爆破器材应做到不超高、不超宽、不超载；

（8）用起重机装卸爆破器材时，一次起吊质量不应超过设备能力的50%。

372. 在矿山工作场地进行爆破器材运输时其安全要求有哪些？

（1）在竖井、斜井运输爆破器材，应遵守下列规定：事先通知卷扬司机和信号工；在上下班或人员集中的时间内，不应运输爆破器材；除爆破人员和信号工人，其他人员不应与爆破器材同罐乘坐；用罐笼运输硝铵类炸药，装载高度不应超过车厢厢高；运输硝化甘油类炸药或雷管，不应超过两层，层间应铺软垫；用罐笼运输硝化甘油类炸药或雷管时，升降速度不应超过2m/s；用吊桶或斜坡卷扬运输爆破器材时，速度不应超过lm/s；运输电雷管时应采取绝缘措施；爆破器材不应在井口房或井底车场停留。

（2）用矿用机车运输爆破器材时，应遵守下列规定：列车前后设“危险”标志；采用封闭型的专用车厢，车内应铺软垫，运行速度不超过2m/s；在装爆破器材的车厢与机车之间，以及装炸药的车厢与装起爆器材的车厢之间，应用空车厢隔开；运输电雷管时，应采取可靠的绝缘措施；用架线式电力机车运输，在装卸爆破器材时，机车应断电。

（3）在斜坡道上用汽车运输爆破器材时，应遵守下列规定：行驶速度不超过10km/h；不应在上、下班或人员集中运输；车头、车尾应分别安装特制的蓄电池红灯作为危险标志；应在道路中间行驶，会车让车时应靠边停车。

373. 采用人工搬运爆破器材的安全数量是多少？

（1）采用人工搬运爆破器材时，一人一次运送的爆破器材数量不超过：雷管，5000发；拆箱（袋）运搬炸药，20kg；背运原包装炸药，一箱（袋）；挑运原包装炸药，二箱（袋）。

（2）用手推车运输爆破器材时，载重量不应超过300kg，运输过程中应采取防滑、防摩擦和防止产生火花等安全措施。

374. 爆破器材的销毁有哪些要求？

（1）经检验确认失效或不符合技术要求的爆破器材，都应销毁。销毁工作应在安全场地进行，禁止在夜间或天气恶劣时销毁。

（2）爆破器材的销毁可用爆炸法、焚烧法和溶解法。

（3）销毁各种雷管和导爆索只能用爆炸法。

（4）销毁导火索可用焚烧法或溶解法，最好用焚烧法。

（5）销毁硝铵类炸药可用溶解法、焚烧法和爆炸法。用爆炸法销毁炸药时，一次销毁量不得超过9kg。用焚烧法销毁火（炸）药时，应散放成条状，其厚度不得大于10cm，条间距不得小于5m，各条宽度不得大于30cm。点燃端应自长条状火（炸）药的下风向开始。

（6）禁止把爆破器材装在容器内焚烧。

（7）导火索烧毁时，要放在高1m，壁厚5cm的铁筒内均匀燃烧，每次投入数量不超过200g。

（8）炸毁雷管时，每次不得超过1000发。销毁前，把电雷管脚线剪下，将雷管放在土坑中爆炸。

（9）如果销毁带有坚固外壳的爆破弹、爆破筒和射孔弹等，必须在2m以下深坑或废旧巷道中进行，销毁人员必须在安全距离之外的掩蔽部内起爆。

（10）用溶解法销毁硝酸铵、黑火药和硝铵类炸药时，溶解应在桶或其他容器内进行，不得丢在江河、湖泊中，污染水质。每次销毁15kg，所需水量不少于400～500kg。

（11）用炸毁法销毁炸药时，一般一次销毁量为10～15kg，如果一次销毁量大于20kg，则应考虑和计算空气冲击波对人和建筑物的危害。销毁时，一般用电力起爆法起爆。

第三节　爆破安全技术

375. 常用的起爆方法有几种？

引爆矿用炸药有两种方法：一种是通过雷管的爆炸起爆工业炸药，一种是用导爆索爆炸产生的能量去引爆工业炸药，而导爆索本身需要先用雷管将其引爆。根据雷管的点燃方法不同，常用的起爆方法可以分为：电力起爆法、非电起爆法以及无线起爆法。其中非电起爆方式包括火雷管起爆法、导爆索起爆法以及导爆管起爆法；无线起爆法包括电磁波起爆法和水下声波起爆法。火雷管起爆法由导火索点燃火雷管，也称导火索起爆法（目前我国针对矿山爆破已经淘汰了火雷管导火索起爆方法）。导爆管雷管起爆法利用导爆管传递冲击波点燃雷管，也称导爆管起爆法。用导爆索起爆炸药的称作导爆索起爆法。

目前，在爆破工程中还通常采用混合网络（包括电—塑料导爆管、电—导爆索—塑料导爆管网络等）来实现群药包（室）的起爆。一般在连接药包（室）的支线网络中采用导爆索和塑料导爆管连域，网络主线采用电力起爆，混合网络使用上更具灵活性和安全性。

376. 独头巷道掘进工作面爆破时，应注意哪些问题？

独头巷道掘进工作面爆破时，应保持工作面与新鲜风流巷道之间的畅通；爆破后作业人员进入工作面之前，应进行充分的通风，并用水喷洒爆堆。

377. 《爆破安全规程》对露天爆破的一般规定有哪些？

（1）露天爆破作业时，应建立避炮掩体，避炮掩体应设在冲击波危险范围之外，结构应坚固紧密；掩体位置和方向应能防止飞石和有害气体的危害；通达避炮掩体的道路不应有任何障碍。

（2）起爆站应设在避炮掩体内或设在警戒区外的安全地点。

（3）露天爆破时，起爆前应将机械设备撤至安全地点或采用就地保护措施。

（4）雷雨季节和多雷地区进行露天爆破时不应采用普通雷管起爆网络。

（5）松软岩土或砂矿床爆破后，应在爆区设置明显标志，并对空穴、陷坑等进行安全检查，确认无危险后，方准许恢复作业。

（6）在有水或潮湿条件下实施爆破，应采用抗水爆破器材或采取防水防潮措施。在寒冷地区的冬季实施爆破，应采用抗冻爆破器材。

（7）硐室爆破爆堆开挖作业，应对药室中心线及标高进行标示，以确定是否有硐室盲炮。

（8）当怀疑有盲炮时，应对爆后挖运作业进行监督和指挥，防止挖掘机盲目作业引发爆炸事故。

（9）露天爆破严禁采用裸露药包。

378. 使用导爆索起爆网络有哪些优缺点，注意事项有哪些？

导爆索起爆法主要存在安全性好、传爆可靠、操作简单、使用方便、可以使成组装药的炮孔或药室同时起爆，也可以与继爆管或微差雷管组成微差爆破；同时具备抗杂散电流和强电磁场的干扰等优点。其缺点主要是成本高，不能使用仪表检查网络质量，微差分段不能太多，在地面当导爆索网络过长时产生的空气冲击波和噪声较强。

在使用导爆索起爆网络时应注意：

（1）导爆索只准用快刀切割，不应用剪刀剪断导爆索；

（2）导爆索起爆网络应采用搭接、水手结等方法连接，搭接时两根导爆索搭接长度不应小于15cm，中间不得夹有异物和炸药卷，捆扎应牢固，支线与主线传爆方向的夹角应小于90°；

（3）连接导爆索中间禁止出现打结或打圈；交错敷设时，应在两根交叉导爆索之间设置厚度不小于10cm的木质垫块；

（4）起爆导爆索的雷管与导爆索捆扎端端头的距离应不小于15cm，雷管的聚能穴应朝向导爆索的传爆方向。

379. 导爆管起爆网络优缺点及其安全注意事项如何？

导爆管起爆法的优点：

（1）从根本上减少了由于各种外来电的干扰造成早爆的事故；

（2）在露天爆破，采用孔内、孔外延期，可实现多段起爆，不受雷管段数的限制，还可实现高精度、等间隔、不串段起爆，克服了电毫秒爆破段数少、延时精度差、易产生串联的缺点；

（3）节省原材料，成本低，生产易实现自动化；

（4）生产设备简单、效率高、安全、污染少。产品质量易保证，且质量稳定；

（5）导爆管网络连接简单，不需复杂的电阻平衡及网络计算，节省爆破时间，提高工效；

（6）传爆无噪声，无破坏作用；

（7）起爆方法灵活，形式多样。

导爆管起爆法的缺点：

（1）起爆网络的质量不能用仪表检查；

（2）普通高压聚乙烯导爆管强度有限，在露天深孔使用时，易被拉细；在高温地区或高温季节强度更低；在高寒地区易硬化，起爆、传爆感度较差；

（3）由于爆速较低，在露天大区爆破段数较多时，若没有用导爆索作传爆装置，后爆网络易遭到先爆炮孔地震波的破坏。在井下大区爆破，要考虑冲击波和地震波对网络的破坏。

在导爆管起爆网络注意安全事项如下：

（1）导爆管网络设计应严格按照要求进行连接，导爆管网络中不应有死结，炮孔内不应有接头，孔外相邻传爆雷管之间应留有足够的距离；

（2）用雷管起爆导管网络时，起爆导爆管的雷管与导爆管捆扎端端头的距离应不小于15cm，应有防止雷管聚能穴炸断导爆管和延时雷管的气孔，烧坏导爆管的措施，导爆管应均匀地敷设在雷管周围并用胶布等捆扎牢固，一发雷管最多起爆30根导爆管；

（3）用导爆索起爆导爆管时，宜采用垂直连接；

（4）同一工作面的导爆管必须是同厂同批号的产品。

380. 什么是混合起爆网络，混合起爆网络有几种形式？

混合起爆网络是指有两种以上起爆材料混合使用，即将两种以上不同起爆方法组合使用的起爆网络。

混合网络常见的有三种形式：电—导爆管混合网络；导爆索—导爆管混合网络；电—导爆索混合网络。有时电雷管、导爆管雷管和导爆索也可以同时使用。

381. 如何对起爆网络进行检查？

起爆网络的检查是爆破安全工作的重要内容，起爆网络检查，检查组应由有经验的爆破工组成，且不得少于两人。检查的主要内容如下。

（1）电力起爆网络，应进行下述检查后，方准与主线连接。电源开关是否接触良好，开关及导线的电流通过能力是否能满足设计要求；网络电阻是否稳定，与设计值是否相符；网络是否有接头接地或区锈蚀，是否有短路或开路；采用起爆器起爆时，是否检验其起爆能力。

（2）导爆索或导爆管起爆网络应检查：有无破损、漏接或中断；有无打结或打圈的现象，支路拐角是否符合规定；线路连接方式是否正确、雷管段数是否与设计相符；雷管捆扎是否符合要求；网络保护措施是否可靠。

382. 爆破工程的施工准备主要包括哪些工作？

从承接一项爆破工程起，在进行爆破技术设计的同时，就应开始着手进行爆破施工的准备工作。施工准备包括施工组织机构的建立，施工人员的政审、培训、考核，有关证件的申领，施工现场操作规定及相应制度的建立，机械设备的调配和施工材料的准备，施工场地的准备和临时建筑的修建，水、电、施工道路的准备，以及临时爆破器材库的设置等。

383. 防止爆破引起可燃气体、矿尘燃烧和爆炸的措施有哪些？

（1）加强矿井通风管理，确保供给井下足够的空气，及时稀释、排除可燃气体和矿尘，为安全爆破创造条件。

（2）重视局部通风，严禁掘进工作面发生循环风等隐患。

（3）贯穿巷道爆破，当被贯穿巷道相距15m时，必须停止一个工作面的掘进，停止掘进的巷道必须保证正常通风，在即将贯通之前，还必须再次检查可燃气体及矿尘。

（4）严格执行爆破安全制度。

384. 堵塞工作必须遵守哪些规定？

装药后必须保证填塞质量，在堵塞工作中必须遵循以下安全规定。

（1）硐室、深孔、浅孔、药壶或蛇穴爆破装药后都应进行填塞，不应使用无填塞爆破（扩壶爆破除外）；

（2）禁止使用石块和易燃材料填塞炮孔，水下炮孔可用碎石渣填塞；

（3）用水袋填塞时，孔口应用不小于0.15m炮泥将炮孔填满堵严；

（4）水平孔和上向孔填塞时，不应在起爆药包或起爆药柱至孔口段直接填入木楔；

（5）在填塞过程中，严禁摆弄直接接触药包的填塞材料或用填塞材料冲击起爆药包；

（6）分段装药的炮孔，其间隔填塞长度应按设计要求执行；

（7）发现有填塞物卡孔应及时进行处理；

（8）填塞过程不得破坏起爆网络；

（9）禁止在深孔装入起爆药包后直接用木楔或石块填塞。对于深孔爆破使用机械填塞的要注意：填塞作业应避免夹扁、挤压和拉扯导爆管、导爆索，并应保护雷管引出线；当填塞物潮湿、黏性较大或表面冻结时，应采取措施防止将大块装入孔内；填塞水孔时，应放慢填塞速度，让水排出孔外，避免产生悬料。

385. 《爆破安全规程》对爆破警戒有哪些规定？

装药警戒范围由设计确定，装药时应在警戒区边界设置明显的标志并派出岗哨。执行警戒任务的人员，应按指令到达指定地点并坚守工作岗位。爆破指挥部与爆破施工现场、起爆站、警戒哨之间应建立并保持通讯联络；通讯联络一般使用便携式对讲机。移动通讯设备进入爆区应事先关闭。

386. 爆破安全信号有哪些？

为了保证爆破的安全作业，避免爆破产生的危害，在爆破过程中需要发出各种爆破安全信号，各类信号均应使爆破警戒区域及附近人员能清楚地听到或看到。

（1）预警信号：该信号发出后爆破警戒范围内开始清场工作。

（2）起爆信号：起爆信号应在确认人员、设备等全部撤离爆破警戒区，所有警戒人员到位，具备安全起爆条件时发出。起爆信号发出后，准许负责起爆的人员起爆。

（3）解除信号：安全等待时间过后，检查人员进入爆破警戒范围内检查、确认安全后，方可发出解除爆破警戒信号。在此之前，岗哨不得撤离，不允许非检查人员进入爆破警戒范围。

387. 在矿山爆破中，针对具有硫尘或硫化物粉尘爆炸危险的矿井爆破时，应遵守的安全规定有哪些？

（1）定期测定采场中的硫尘或硫化物粉尘的粉尘浓度；

（2）孔外传爆应用电雷管或非电导爆管雷管，禁止用明火起爆或导爆索等传爆；

（3）应采用孔深大于0.65m的炮孔爆破法；

（4）不应采用裸露爆破和无填塞的炮孔爆破，炮孔填塞长度应大于炮孔全长的三分之一，并应大于0.3m；

（5）装药前，工作面应洒水；浅孔爆破时，离工作面10m范围内的空间和表面都应洒水。深孔爆破时，离工作面30m范围内的空间和表面都应洒水；

（6）爆破作业人员应随身携带自救器，在照明环节应使用防爆蓄电池灯照明，不得使用其他照明；

（7）每次爆破后，必须经专业救护队检查，确认安全后，方准人员进入工作面。

388. 井筒工作面的安全起爆要求有哪些？

除按照掘进工作面起爆要求外，根据井筒爆破的特殊性，还应遵守下列要求：

（1）在开凿或延深立井井筒时，必须在地面或在生产水平巷道内进行爆破。对于井筒爆破，即使吊盘提升到安全高度，爆破时对人的安全仍有很大威胁。井底爆破所产生的空气冲击波和爆破产生的飞石，都可能对爆破工造成很大伤害。同时，爆破后所产生的高浓度炮烟中，一氧化碳、氮的氧化物会使人中毒。所以，开凿或延深立井井筒时，必须在地面或在生产水平巷道内进行爆破。

（2）在爆破母线与电力起爆接线盒引线接通之前，井筒内所有电气设备必须断电。

（3）只有在爆破人员完成装药和连线工作，将所有井盖门打开，井筒、井口房内的人员全部撤出，设备、工具提升到安全高度以后，方可爆破。

389. 在超过60℃的高温矿井爆破时，应遵守的规定有哪些？

（1）应选用和加工耐高温的防自爆药包，不应使用有损伤或变形的药包；

（2）装药前应测定工作面与孔内温度，孔温不应高于药包使用安全温度；

（3）爆前、爆后应加强通风，并采取喷雾洒水、清洗炮孔等降温措施；

（4）用导爆索起爆时，将导爆索捆在起爆药包外，不得直接插入药包内；

（5）装药时，应按从低温孔到高温孔，从易装孔到难装孔的顺序装药；

（6）待全部炮孔装药完毕后，以最短的时间填塞炮孔，并应用不含硫化矿的矿岩粉作炮泥；

（7）装药时，应安排专人监视，发现炮孔逸出棕色浓烟等异常现象时，应立即报告爆破指挥人员，迅速组织撤离；

（8）高温爆破作业面附近的非爆破作业人员，应在装药前全部撤离；

（9）孔内温度为 60 ~ 80℃，应用沥青牛皮纸将炸药包装完好，并不应与孔壁接触，从向孔内装药至起爆的相隔时间不应超过 1h；

（10）孔内温度为 80 ~ 140℃，应用石棉织物或其他绝热材料严密包装炸药，孔内不准装雷管，可采用防热处理的黑索今导爆索起爆，装药至起爆的相隔时间应经过模拟试验来确定；

（11）孔内温度超过 140℃时，应采用耐高温爆破器材。

390. 爆破后应检查的内容包括什么？

（1）确认有无盲炮；

（2）露天爆破爆堆是否稳定，有无危坡、危石、危墙、危房及未炸倒建（构）筑物；

（3）地下爆破有无地下水突出、有无冒顶、危岩，支撑是否破坏，有害气体是否排除；

（4）在爆破警戒区内公用设施及重点保护建（构）筑物安全情况。

391. 针对爆破后检查出现的问题进行处置的标准是什么？

（1）检查人员发现盲炮或怀疑盲炮，应向爆破负责人报告后组织进一步检查和处理；发现其他不安全因素应及时排查处理；在上述情况下，不应发出解除警戒信号；

（2）发现残余爆破器材应收集上缴，集中销毁；

（3）发现爆破作业对周边建（构）筑物、公用设施造成安全威胁时，应及时组织抢险、治理，排除安全隐患；

（4）对影响范围不大的险情，可以进行局部封锁处理，解除爆破警戒。

392. 矿山爆破工作中，炮孔填塞长度要求是多少？

（1）炮孔深度小于 0.6m 时，不应装药、爆破；在特殊条件下，如挖底、刷帮、挑顶确需浅眼爆破时，应制定安全措施，炮孔深度可以小于 0.6m，但应封满炮泥；

（2）炮孔深度为 0.6 ~ 1m 时，封泥长度不应小于炮孔长度的二分之一；

（3）炮孔深度超过 1m 时，封泥长度不应小于 0.6m；

（4）炮孔深度超过 2.5m 时，封泥长度不应小于 1m；

（5）光面爆破时，周边光爆炮孔应用炮泥封实，且封泥长度不得小于 0.3m；

（6）工作面有两个或两个以上自由面时，在岩层中最小抵抗线不应小于 0.3m。浅眼装药爆破大岩块时，最小抵抗线和封泥长度都不应小于 0.3m；

（7）炮孔用水炮泥封堵时，水炮泥外剩余的炮孔部分应用黏土炮泥封实，其长度不小于 0.3m；

（8）无封泥，封泥不足或不实的炮孔严禁爆破。

393. 深孔爆破装药过程中出现堵孔的原因有哪些，如何处理？

深孔爆破装药过程中出现堵孔的原因有：

（1）用炮棍测孔时，碰动了岩壁的破碎岩块，造成该处突出而卡住药包；

（2）装药时将孔口的岩渣碎块碰入孔内或将孔壁破碎岩块松动造成堵孔；

（3）炸药卷的直径大小不均，过大的部分被岩壁卡住下不去；

（4）在有水孔中，炸药卷的密度小或受到水的浮力而使药包下降速度减慢造成堵孔；

（5）有的堵孔往往是起爆药包被卡住，这是因为起爆药包外面有脚线或黑胶布，容易被岩壁卡住而引起的。

预防和处理堵孔的方法包括：

（1）装药前将孔口的岩渣碎块和杂物都清理干净，装药时防止将其碰入孔内；

（2）造起爆药包时，要把药包直径做得比其他药包小，并把脚线贴紧药包，不要鼓出或突起；

（3）装药前把药包理顺，不得有鼓肚或压扁等现象；

（4）装药前用炮棍把炮孔顺一遍，遇到突出地方把它处理掉；

（5）在有水孔装药时，放慢装药速度，使抗水炸药包沉到底；

（6）如果在起爆药包放入前出现堵孔，可以使用非金属的长炮棍将药包捅破，疏通炮孔后重新装药；如果已经放入起爆药包，不可以用任何工具直接捣压起爆药包，可以用高压风或高压水将药包吹出，把炸药粉末吹出，然后把雷管取出，再用炮棍疏通炮孔后重新装药。

394. 爆破作业必须遵循哪些基本原则？

（1）爆破作业必须经过考试，合格之后取得爆破作业资格证才能够进行爆破作业和有关爆破材料的加工；

（2）爆破材料装运到工作面后，必须放在专用的火药库或火药车里加锁并妥善管理；

（3）工作面炮眼个数在5个以上且同时爆破时，必须采用一次点火，不准单个点火；

（4）如因工作面水大导致一次点火失效时，应采用电力起爆，以防止造成盲炮或瞎炮以及人身事故；

（5）使用电力起爆时，在装药连线之前，必须撤除安全规定范围内的一切电源，防止产生杂散电流；

（6）放炮前必须发出警戒信号，放炮后立即通风一段时间，然后才能够发出撤除警戒信号和进行其他工作。

395. 爆破母线和连接线，必须符合的要求有哪些？

（1）井下爆破应采用符合标准的爆破母线；

（2）电雷管脚线和连接线、脚线和脚线之间的接头，都必须悬空，不得同任何物体相接触；

（3）多头巷道掘进时，爆破母线随用随挂，以免发生误接爆破母线。严禁使用固定爆破母线；

（4）爆破母线、连接线和电雷管脚线必须相互扭紧并悬挂，不得同轨道、金属管、金属网、钢丝绳、刮板输送机等导电体相接触。爆破母线同电缆、电线、信号线应分别挂在巷道的两侧。如果必须挂在同一侧，爆破母线必须挂在电缆的下方，并应保持0.3m以上的悬挂距离；

（5）只准采用绝缘母线单回路爆破，严禁用轨道、金属管、金属网、水或大地等当作回路；

（6）爆破前，爆破母线必须扭结成短路。

396.《爆破安全规程》中常用爆破方法的爆破个别飞散物对人员安全距离有何规定？

裸露药包爆破不小于400m；浅孔爆破不小于200m，在复杂地址条件下不小于300m；深孔爆破按设计确定，但不小于200m；深孔药壶爆破按设计规定确定，但不小于300m；硐室爆破（抛掷爆破除外）按设计确定，并报单位总工程师批准。沿山坡爆破时，下坡方向的飞石安全允许距离应增大50%。

397. 在哪些条件下应该禁止爆破作业？

（1）地下采矿时，爆破作业位置存在冒顶危险；
（2）巷道或采场的支护规格与支护说明书的规定有较大出入或工作面支护损坏；
（3）爆破安全、联络通道阻塞或不安全；
（4）施工质量或爆破参数不符合设计要求；
（5）爆破的工作面有涌水危险或炮眼温度异常；
（6）在实施爆破后将危及设备或构筑物的安全，并且无有效的防护措施；
（7）爆破危险区边界上未设警戒；
（8）光线不足或无照明。

第九章　尾矿库事故及预防

第一节　基本概念

398. 什么是尾矿，尾矿分哪几类？

尾矿是以浆体形态产生和处置的破碎、磨细的岩石颗粒，通常视为矿物加工的最终产物，即选矿或有用矿物提取之后剩余的排弃物。把尾矿定义为排弃物，而不定义为固体废料，意在承认它可能作为资源再利用的价值。不仅各种矿石的尾矿有很大变化，就是同一种矿石也因矿体赋存性质和选矿方法不同而有很大差异，很难系统归纳。现仅据尾矿的基本物理特性将其分为四类。

（1）软岩尾矿。主要由页岩型矿石产生的，包括细煤废渣、天然碱不溶物等。这些尾矿尽管包含一定数量的砂质颗粒，但尾矿泥的黏土性质显著地从总体上影响尾矿的物理性质和状态。

（2）硬岩尾矿。主要包括铅、锌、铜、金、银、钼、镍、钴、锡、钨、铬、钛等类型矿石。尾矿以砂质颗粒为主，虽然尾矿泥占很大比例，但因源于破碎的母岩而非黏土，故在总体上不能对尾矿性态起到控制性的影响。

（3）细尾矿。其含很少或不含砂质颗粒，包括磷酸盐黏土、铝土矿红泥、铁细尾矿、沥青砂尾矿中的矿泥。这些矿泥的特性对这些尾矿的性态起着支配作用，它们需要非常长的时间沉淀和固结，极为软弱，可能需要很大的库容。

（4）粗尾矿。从总体上讲，这些尾矿的特性受相应粗砂颗粒所决定，就石膏尾矿而论，则受无塑性粉砂所决定。这种类型尾矿包括沥青砂的粗粒尾矿、铀矿、石膏、粗铁尾矿和磷酸盐砂尾矿。

因为同一类尾矿具有大体相近的物理特性，因此，也可能具有大体相同的排放问题。这样，在对所要处理的一种尾矿缺少实际资料的情况下，尾矿的类别也可能提供有益的参考。此外，对于特定的选厂，磨矿工艺的变化可能产生大量的细粒尾矿，从而改变尾矿的各类属性，并引起新的排放问题。然而，必须承认，上述分类只反映各种尾矿的总物理特性和工程行为，而在某些场合，化学特性和环境因素可能远比物理特性重要。

399. 什么是尾矿库，尾矿库分哪几类？

尾矿库是指筑坝拦截谷口或围地构成的、用以贮存金属非金属矿山选矿后排出的尾矿或其他工业废渣的场所。尾矿库主要分为以下几类：

（1）山谷型尾矿库。是在山谷谷口处筑坝形成的尾矿库，如图 9-1 所示。它的特点是初期坝相对较短，坝体工程量较小；后期尾矿堆坝相对较易管理和维护，当堆坝较高时，可获得较大的库容；库区纵深较长，澄清距离及干滩长度易于满足设计要求；汇水面积较大，排水设施工程量大。我国大中型尾矿库大多属于这类尾矿库。

（2）傍山型尾矿库。是在山坡脚下依山筑坝所围成的尾矿库，如图 9-2 所示。它的特点是初期坝相对较长，初期坝和后期尾矿堆坝工程量较大；由于库区纵深较短，澄清距离及干滩长度受到限制，后期堆坝高度一般不太高，库容较小；汇水面积虽小，但调洪能力较小，排洪设施的进水构筑物较大；由于尾矿水的澄清条件和防洪控制条件较差，管理、维护相对比较复杂。国内低山丘陵地区的尾矿库大多属于这种类型。

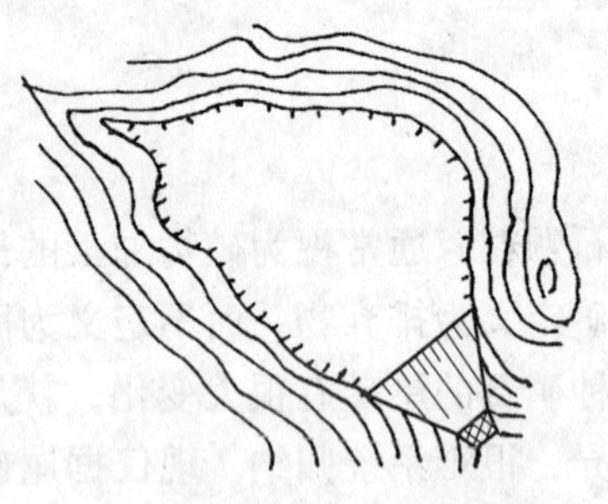

图 9-1　山谷型尾矿库

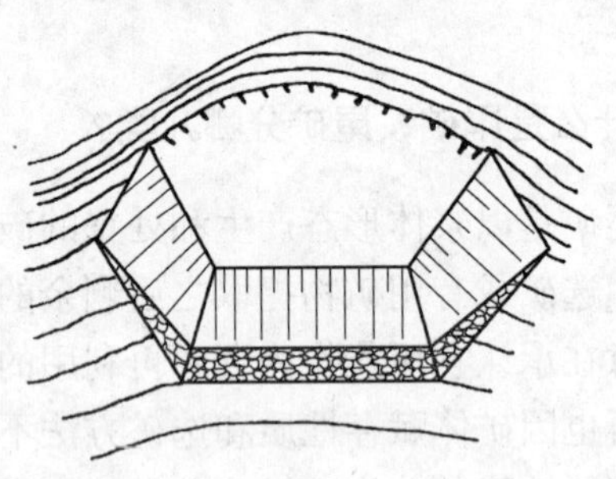

图 9-2　傍山型尾矿库

（3）平地型尾矿库。是在平地四面筑坝围成的尾矿库，如图 9-3 所示。其特点是初期坝和后期尾矿堆坝工程量最大，维护管理比较麻烦；由于周边堆坝，库区面积越来越小，尾矿沉积滩坡度越来越缓，因而澄清距离、干滩长度以及调洪能力都随之减少；堆坝高度受到限制，一般不高；汇水面积小，排水构筑物工程量相对较小。国内平原或沙漠地区多采用这类尾矿库。

（4）截河型尾矿库。是截取一段河床，在其上、下游两端分别筑坝形成的尾矿库，如图 9-4 所示。有的在宽浅式河床上留出一定的流水宽度，三面筑坝围成尾矿库。其特点是不占农田；库区汇水面积不太大，但库外上游的汇水面积通常很大，库内和库上游都要设置排水系统，配置较复杂，规模庞大。这种类型的尾矿库维护管理比较复杂。国内采用者不多。

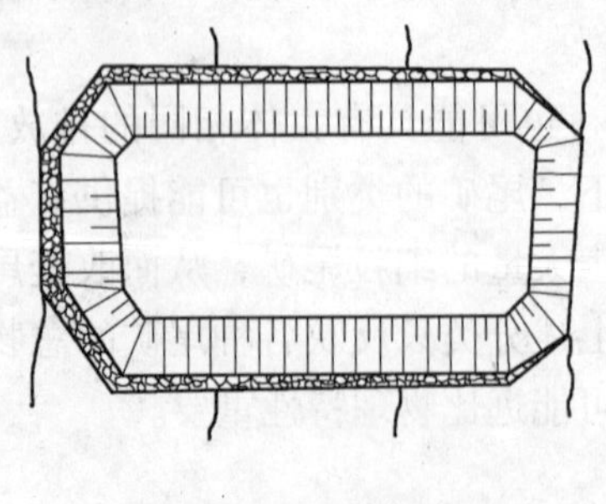

图 9-3　平地型尾矿库

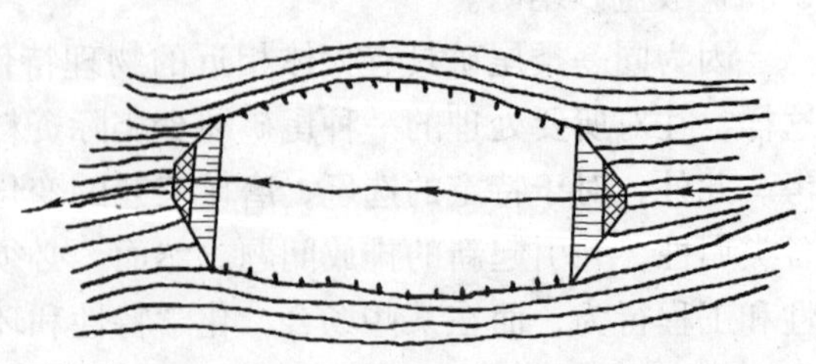

图 9-4　截河型尾矿库

400. 什么是尾矿设施，尾矿设施包括哪些部分？

尾矿设施是指为尾矿处理所建造的构筑物系统。尾矿设施通常包括以下四类：

（1）尾矿水力输送系统。包括尾矿浓缩池、尾矿输送管槽、输送泵站和尾矿分散管槽等，用以将选矿厂排出的尾矿浆送往尾矿库堆存。

（2）尾矿堆存系统。一般常简称为尾矿库，包括库区、尾矿坝、排洪构筑物和坝的观测设施等，用以储存选矿厂排出的尾矿。

（3）尾矿回水系统。包括回水泵站、回水管道和回水池等，用以回收尾矿库或浓缩池的澄清水，送回选矿厂供选矿生产重复利用。

（4）尾矿水处理系统。包括水处理站和截渗、回收设施等，用以处理不符合重复利用或排放标准要求的尾矿水，使之达到标准。

401. 什么是尾矿坝?

尾矿坝是指挡尾矿和水的尾矿库外围构筑物，常泛指尾矿库初期坝和堆积坝的总体。

402. 什么是初期坝，初期坝有哪些坝型?

初期坝是指基建中用作支撑后期尾矿堆存体的坝。

尾矿坝包括初期坝和堆积坝，初期坝是用非尾矿材料筑成，其主要作用是为以后的尾矿堆积坝打基础，又称基础坝。根据所用筑坝材料和施工方法，初期坝类型有土石坝（包括土坝、土石混合坝、堆石坝）、砌石坝（包括重力坝、拱坝）和砼坝（包括重力坝、拱坝）三大类型，见表 9-1。初期坝按是否透水可分为两种基本类型。

表 9-1　初期坝类型

<table>
<tr><th colspan="2">坝　型</th><th>材　料</th><th>施工方法</th></tr>
<tr><td rowspan="12">土石坝</td><td rowspan="2">土　坝</td><td rowspan="2">土及砂砾为主</td><td>碾　压</td></tr>
<tr><td>水力冲填</td></tr>
<tr><td rowspan="2">土石混合坝</td><td rowspan="2">土及砂砾占 50% 以上</td><td>碾　压</td></tr>
<tr><td>水力冲填</td></tr>
<tr><td rowspan="8">堆石坝</td><td rowspan="4">石渣、卵石、爆破石料占 50% 以上</td><td>碾　压</td></tr>
<tr><td>抛　填</td></tr>
<tr><td>进　占</td></tr>
<tr><td>定向爆破</td></tr>
<tr><td rowspan="4">石渣、卵石、爆破石料</td><td>碾　压</td></tr>
<tr><td>抛　填</td></tr>
<tr><td>进　占</td></tr>
<tr><td>定向爆破</td></tr>
<tr><td rowspan="2">砌石坝</td><td>重力坝</td><td rowspan="2">块石料</td><td>干　砌</td></tr>
<tr><td>拱　坝</td><td>浆　砌</td></tr>
<tr><td rowspan="2">砼　坝</td><td>重力坝</td><td rowspan="2">水泥及骨料</td><td rowspan="2">浇　筑</td></tr>
<tr><td>拱　坝</td></tr>
</table>

（1）不透水坝。这是一种以防止渗漏为目的的坝型。它的主要坝型有均质土坝，由黏土、钢筋混凝土、土工薄膜、沥青等材料作防渗体的堆石坝，以及浆砌石及混凝土坝等。这种坝型适用于不用尾矿堆坝或用尾矿堆坝不经济以及尾矿水渗漏不符合排放标准而又难于进行水质处理或处理不经济的条件。

（2）透水坝。这是一种在坝体内进行有组织的排水，允许有计划渗水的坝型。透水坝的排水系统是将通过坝体的渗水有计划地排出，其主要作用是控制堆积坝内浸润线位置。透水坝的主要坝型是各种堆石坝的上游坡内加设反滤体，使其能降低尾矿堆积体的浸润线。透水坝是初期坝中最基本的坝型。透水坝的形式可分为两类，一类是在堆石坝前设反滤层形成滤水结构，这是基本的形式；另一类是在各种不透水的坝上设置排水设施形成透水坝。

403. 什么是堆积坝？

堆积坝是指生产过程中在初期坝坝顶以上用尾矿充填堆筑而成的坝。

404. 什么是尾矿库挡水坝？

尾矿库挡水坝是指长期或较长期挡水的尾矿坝，包括不用尾矿堆坝的主坝及尾矿库侧部、后部的副坝。

405. 什么是尾矿工？

尾矿工是指从事尾矿库放矿、筑坝、排洪和排渗设施操作的专职作业人员。

406. 什么是上游式、中线式和下游式尾矿筑坝法？

上游式尾矿筑坝法是指在初期坝上游方向充填堆积尾矿的筑坝方式，见图 9-5。中线式尾矿筑坝法是指在初期坝轴线处用旋流分级粗尾砂冲积尾矿的筑坝方式，见图 9-6。下游式尾矿筑坝法是指在初期坝下游方向用旋流分级粗尾砂冲积尾矿的筑坝方式，见图 9-7。

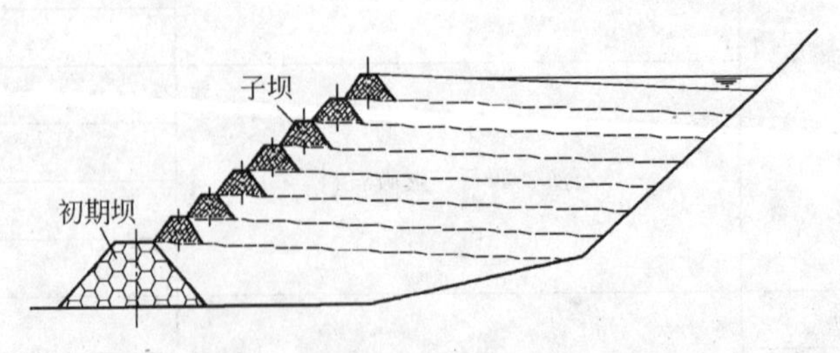

图 9-5 上游式尾矿坝

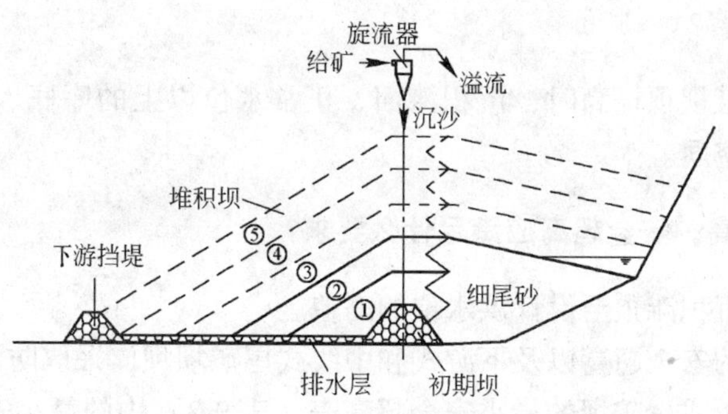

图 9-6　中线式尾矿坝

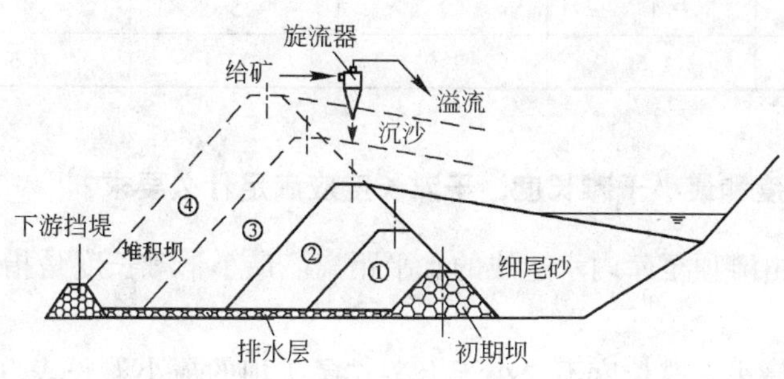

图 9-7　下游式尾矿坝

407. 什么是坝高？

对初期坝和中线式、下游式筑坝，坝高为坝顶与坝轴线处坝底的高差；对上游式筑坝，坝高则为堆积坝坝顶与初期坝坝轴线处坝底的高差。

408. 什么是沉积滩？

沉积滩是水力冲积尾矿形成的沉积体表层，常指露出水面的部分。

409. 什么是滩顶？

滩顶是指沉积滩面与堆积坝外坡的交线，为沉积滩的最高点。

410. 什么是全库容？

全库容是指尾矿坝某标高顶面、下游坡面及库底面所围空间的容积，包括有效库容、死水库容、蓄水库容、调洪库容和安全库容 5 部分。

411. 什么是有效库容？

有效库容是指某坝顶标高时，初期坝内坡面、堆积坝外坡面以里（对下游式尾矿筑坝则为坝内坡面以里）、沉积滩面以下、库底以上的空间，即容纳尾矿的库容。

412. 什么是调洪库容？

调洪库容是指某坝顶标高时，沉积滩面、正常水位以上的库底、正常水位三者以上，最高洪水位以下的空间。

413. 什么是安全超高，安全超高应满足什么要求？

安全超高是指沉积滩顶至设计洪水位的高差。

上游式尾矿坝的安全超高以及下游式和中线式尾矿坝坝体采取防渗斜（心）墙时的安全超高不得小于上游式尾矿坝的最小安全超高表（表9-2）中的最小安全超高值。

表9-2 上游式尾矿坝的最小安全超高

坝的级别	1	2	3	4	5
最小安全超高/m	1.5	1.0	0.7	0.5	0.4

414. 什么是干滩长度和最小干滩长度，干滩长度应满足什么要求？

干滩长度是指由滩顶至库内水边线的水平距离。最小干滩长度是指设计洪水位时的干滩长度。

上游式尾矿坝最小干滩长度不得小于上游式尾矿坝的最小滩长表（表9-3）中的最小滩长值。下游式和中线式尾矿坝最小干滩长度不宜小于下游式及中线式尾矿坝的最小滩长表（表9-4）中的最小滩长值。

表9-3 上游式尾矿坝的最小滩长

坝的级别	1	2	3	4	5
最小滩长/m	150	100	70	50	40

表9-4 下游式及中线式尾矿坝的最小滩长

坝的级别	1	2	3	4	5
最小滩长/m	100	70	50	35	25

415. 什么是尾矿库安全设施？

尾矿库安全设施是指直接影响尾矿库安全的设施，包括初期坝、堆积坝、副坝、排渗设施、尾矿库排水设施、尾矿库观测设施及其他影响尾矿库安全的设施。

416. 尾矿库排水、排洪构筑物由哪些部分组成？

尾矿库内排水、排洪构筑物通常由进水构筑物和输水构筑物两部分组成。

（1）进水构筑物基本形式有排水井、排水斜槽、溢洪道以及山坡截洪沟等。排水井是最常用的进水构筑物，有窗口式、框架式、叠圈式和砌块式等形式。

（2）输水构筑物基本形式有排水管、隧洞、斜槽以及山坡截洪沟等。排水管是最常用的输水构筑物，一般埋设在库内最底部。坝坡排水沟有两类：一类是沿山坡与坝坡结合部设置块石截水沟，以防止山坡暴雨汇流冲刷坝肩。另一类是在坝体下游坡面设置纵横排水沟，将坝面的雨水导流排出坝外，以免雨水滞留在坝面造成坝面拉沟，影响坝体安全。

417. 尾矿废水分哪几类?

从综合工程意义上讲，尾矿库设计不是由固体物性质决定的，而是由废水性质决定的，因此，不能单独地考虑尾矿的物理性质，还需全面了解尾矿废水的化学性质，这样能系统地阐明尾矿库工程的风险水平。

浮选和溶浸都可能使矿石化学变性。在浮选过程中添加各种有机化学药品，如脂肪酸、油和聚合物，因为它们一般浓度较低，毒性较低，污染意义不大。然而，浮选中 pH 值调节可能对选矿废水和无机成分产生重大影响，如果实行酸性或碱性溶浸，则加重这种影响。矿石中现有的矿物化学成分，是决定选矿废水化学性质的最重要因素，选矿中 pH 值调节可能从母岩中解离出许多组分，因此，pH 值往往是选矿废水成分的有效指示器。现依据 pH 值将尾矿废水分作以下三类。

（1）中性的。简单的洗选和重选作业可以造成这种条件，其 pH 值没有显著变化，废水中的化学成分主要限于母岩中以中性 pH 值可溶解的那些，而可能使硫酸盐、氯化物、钠和钙的浓度略有提高。

（2）碱性的。废水 pH 值提高也可能导致硫酸盐、氯化物、钠和钙的浓度提高。虽然存在某些金属污染物，但常常不出现很高浓度的阳离子重金属的广泛活动。

（3）酸性的。降低 pH 值提高了许多金属污染物的平衡水平，酸性溶浸的废水可能显示出像铁、锰、镉、硒、铜、铅、锌和汞这样阳离子成分的高含量。酸性废水也显示出像硫酸盐和氯化物这些阴离子浓度的提高。

418. 尾矿库各使用期的设计等别如何确定?

尾矿库各使用期的设计等别应根据该期的全库容和坝高分别按尾矿库等别表（表 9-5）确定。当两者的等差为一等时，以高者为准，当等差大于一等时，按高者降低一等。尾矿库失事将使下游重要城镇、工矿企业或铁路干线遭受严重灾害时，其设计等别可提高一等。

表 9-5　尾矿库等别表

等　别	全库容 V/km^3	坝高 H/m
一	二等库具备提高等别条件者	
二	$V \geqslant 100000$	$H \geqslant 100$
三	$10000 \leqslant V < 100000$	$50 \leqslant H < 100$
四	$1000 \leqslant V < 10000$	$30 \leqslant H < 60$
五	$V < 1000$	$H < 30$

419. 尾矿库构筑物的级别如何确定?

尾矿库构筑物的级别应根据尾矿库等别及其重要性，按尾矿库构筑物的级别表（表 9-6）确定。

表 9-6　尾矿库构筑物的级别表

等　别	构筑物的级别		
	主要构筑物	次要构筑物	临时构筑物
一	1	3	4
二	2	3	4
三	3	5	5
四	4	5	5
五	5	5	5

注：主要构筑物指尾矿坝、库内排水构筑物等失事后难以修复的构筑物；次要构筑物指失事后不致造成下游灾害或对尾矿库安全影响不大并易于修复的构筑物；临时构筑物指尾矿库施工期临时使用的构筑物。

420. 尾矿库如何依据其安全度进行分级?

尾矿库安全度主要根据尾矿库防洪能力和尾矿坝坝体稳定性确定，分为危库、险库、病库、正常库四级。

（1）危库指安全没有保障，随时可能发生垮坝事故的尾矿库。危库必须停止生产并采取应急措施。尾矿库有下列工况之一的为危库：

1）尾矿库调洪库容严重不足，在设计洪水位时，安全超高和最小干滩长度都不满足设计要求，将可能出现洪水漫顶；2）排洪系统严重堵塞或坍塌，不能排水或排水能力急剧降低；3）排水井显著倾斜，有坍塌的迹象；4）坝体出现贯穿性横向裂缝，且出现较大范围管涌、流土变形，坝体出现深层滑动迹象；5）经验算，坝体抗滑稳定最小安全系数小于坝坡抗滑稳定最小安全系数表规定的 0.95；6）其他严重危及尾矿库安全运行的情况。

（2）险库指安全设施存在严重隐患，若不及时处理将会导致垮坝事故的尾矿库。险库必须立即停产，排除险情。尾矿库有下列工况之一的为险库：

1）尾矿库调洪库容不足，在设计洪水位时安全超高和最小干滩长度均不能满足设计要求；2）排洪系统部分堵塞或坍塌，排水能力有所降低，达不到设计要求；3）排水井有所倾斜；4）坝体出现浅层滑动迹象；5）经验算，坝体抗滑稳定最小安全系数小于坝坡抗滑稳定最小安全系数表规定值的 0.98；6）坝体出现大面积纵向裂缝，且出现较大范围渗透水高位出溢，出现大面积沼泽化；7）其他危及尾矿库安全运行的情况。

（3）病库指安全设施不完全符合设计规定，但符合基本安全生产条件的尾矿库。病库应限期整改。尾矿库有下列工况之一的为病库：

1）尾矿库调洪库容不足，在设计洪水位时不能同时满足设计规定的安全超高和最小干滩长度的要求；2）排洪设施出现不影响安全使用的裂缝、腐蚀或磨损；3）经验算，坝体抗滑稳定最小安全系数满足坝坡抗滑稳定最小安全系数表规定值，但部分高程上堆积边坡过陡，可能出现局部失稳（具体数值见表9-7）；4）浸润线位置局部较高，有渗透水出溢，坝面局部出现沼泽化；5）坝面局部出现纵向或横向裂缝；6）坝面未按设计设置排水沟，冲蚀严重，形成较多或较大的冲沟；7）坝端无截水沟，上坡雨水冲刷坝肩；8）堆积坝外坡未按设计覆土、植被；9）其他不影响尾矿库基本安全生产条件的非正常情况。

（4）尾矿库同时满足下列工况的为正常库：

1）尾矿库在设计洪水位时能同时满足设计规定的安全超高和最小干滩长度的要求；2）排水系统各构筑物符合设计要求，工况正常；3）尾矿坝的轮廓尺寸符合设计要求，稳定安全系数满足设计要求；4）坝体渗流控制满足要求，运行工况正常。

表9-7　坝坡抗滑稳定最小安全系数表

运用情况	坝的级别			
	1	2	3	4
正常运行	1.30	1.25	1.20	1.15
洪水运行	1.20	1.15	1.10	1.05
特殊运行	1.10	1.05	1.05	1.00

421. 什么是尾矿库的防洪标准，防洪标准应满足什么要求？

尾矿库的洪水标准是指它所能防御的洪水的大小。洪水每年大小不同，由多年的记载中可以看出，一般性洪水出现的机会多，而较大洪水出现的机会少。一定大小的洪水出现的可能性多少，一般用重现期或累积频率（简称频率）P来表示。例如百年一遇的洪水，其重现期$T=100$年，重现期和累积频率P互为倒数，所以百年一遇洪水也可以用频率$P=1/T=1\%$来表示。在尾矿库设计时，要选择一定重现期的洪水作为设计洪水标准，当出现这种洪水时，尾矿库仍能正常运行。这样对尾矿库选定的重现期T和频率P称为尾矿库的防洪标准。

安全度汛是尾矿库工程极为关心的问题。尾矿库在汛期可能会蓄满而漫溢，发生溃坝事故。但是为了安全，把工程建造得过大，不仅造成浪费，而且经济上也往往没有力量承担。一般情况下，都是在安全与经济两个方面全面考虑和权衡，选择一个适当的防洪标准。

按照现行规范，尾矿库的防洪标准应根据各使用期库的等别，综合考虑库容、坝高、使用年限及对下游可能造成的危害等因素，按尾矿库防洪标准表（表9-8）确定。

表9-8　尾矿库防洪标准表

尾矿库等别		一	二	三	四	五
洪水重现期/年	初期		100～200	50～100	30～50	20～30
	中、后期	1000～2000	500～1000	200～500	100～200	50～100

注：初期指尾矿库启用后的头3～5年。

422. 尾矿库工程档案包括哪些内容?

尾矿库工程档案包括工程建设档案、生产运行档案和闭库及闭库后再利用档案。

(1) 尾矿库工程建设档案包括地形测量、工程地质及水文地质勘察、设计、施工及竣工验收、监理、安全预评价及安全验收评价、审批等文件、图纸、资料。

(2) 尾矿库生产运行档案包括年度计划、生产记录（入库尾矿量、堆坝高程、库内水位)、坝体位移及浸润线观测记录、安全隐患检查记录及处理、事故及处理、安全现状评价等。

(3) 尾矿库闭库及闭库后再利用档案包括安全评价、闭库设计、施工及验收、闭库后再利用、审批文件等。

第二节 尾矿排放方式与尾矿库

423. 尾矿地表排放方式分哪几类?

尾矿地表排放是采用某种类型堤坝形成拦挡、容纳尾矿和选矿废水的尾矿库，使尾矿从悬浮状态沉淀下来形成稳定的沉积层，使废水澄清再返回选矿厂使用。地表排放方式主要有挡水坝、上升坝、环形坝和干处置。

(1) 挡水坝。是在开始向尾矿库排放之前一次性地按全高构筑的坝，尾矿库挡水坝应按水库坝的要求设计。筑坝材料通常取用各种天然土。挡水坝包括不透水心墙、排水带、渗滤层等。挡水坝适宜于不宜用尾矿筑坝或其他特殊原因时采用，如尾矿粒度过细；排放位置在坝前不经济或困难大，必须在坝后放矿；矿浆水对环境危害很大，不允许泄漏。从工程角度看，挡水坝适用于任意类型和级配的尾矿，适用于任意排放方法，抗震性能较好，坝体一次筑就，无升高速度的限制，防渗性能要求较高，因此，筑坝成本较高。挡水坝因建库地势不同可分为山谷坝和环形坝。

(2) 上升坝。地表尾矿库使用最普遍的是上升坝，它与挡水坝不同，是在尾矿库整个服务期间分期构筑的坝。首先构筑初期坝，初期坝坝高设计一般考虑尾矿库使用头 2～3 年的尾矿产量以及适当的洪水流入量，而后按照预定的尾矿上升高程、库中允许洪水蓄积量齐步并升。建筑材料包括天然土、露天和地下开采的废石、水力沉积或旋流尾矿砂。上升坝可分为上游坝、下游坝和中心线坝三类。

上升坝的优点主要有：1）由于在尾矿库整个服务期间分配建设费用，初期工程费用低。2）由于不必在筑坝初期一次性备齐筑坝材料，在筑坝材料的选择上可有很大的灵活性。采矿废石或尾矿砂都是理想的筑坝材料。

(3) 环形坝。尾矿坝设计不同于普通水坝，核心在于它们贮存介质和功能的不同。仅就尾矿坝而言，又侧重于在尾矿浆体浓度、状态和排放方式上区别尾矿库功能和确定坝型。包括高浓度中央排放和半干性喷洒排放。由于它是在平地上四面筑坝形成的，因此成本较高。

(4) 干处置。干处置和传统方法不同，它是将尾矿浆浓缩到 50% 以上的浓度，由砂泵输送到尾矿堆积场的某一部位排放。由于高浓度尾矿成浆状或膏状，分级作用较差，在排放口可以形成锥形堆积体，堆积体的坡度由矿浆的性质所决定。由于尾矿基本上呈固体形式处置，所以土地恢复可与尾矿处置同时进行。这种处置方法的成本较高，基建费用和作业费用都很高。

424. 尾矿库与一般水库有何区别?

尾矿库属于水工构筑物，尾矿坝属于坝工工程，与同以蓄水为目的的水库及其大坝相比，在库址选择、建筑材料、坝体结构、坝体施工、各项附属构筑物的结构、接触的环境和介质等方面都有其自身的特点。因此，尾矿库工程可以说是一种特殊的水工构筑物。其特殊性主要表现在以下几个方面：

（1）尾矿库址选择的范围较小，不能像水库那样选择有利的地形地质条件建库，而是就近建库。因此，库区地面坡度一般较陡，为获得足够的库容，需建坝较高。库址多选在流域面积小的部位。

（2）尾矿堆积坝多系水力冲填坝，所用材料决定于选矿的生产工艺。作为筑坝材料的尾矿的性质随其粒度不同而异，但其基本性质是非黏性土，粒度范围比天然土要小得多，级配不良，不均匀系数小，这种土作为筑坝材料一般密实度低，颗粒较细，渗透性差，脱水固结慢，渗流稳定性和抗冲击能力差，特别是在振动荷载（地震）作用下，饱和尾矿容易产生振动液化。

（3）在坝体结构上，尾矿坝设计一般要求初期坝能透水而不漏尾矿。初期坝坡是上游坝坡陡下游坝坡缓，这和水库是相反的，尾矿坝起控制作用的是下游坝坡。

（4）在施工程序上，尾矿坝在基本建设阶段只完成初期坝，排水构筑物的输水部位和出口连接部分，排水构筑物的进水部分只能完成部分工程。投产后的生产使用过程实际上也是堆坝的施工过程。运行初期，部分尾矿脱水固结尚未完成，安全系数最低，而终期安全系数虽高，却不再兴利了，这和其他工程是不一样的。

（5）尾矿工程接触介质不同于水库，一般水工构筑物只要不漏浑水则视为安全。尾矿水常含有其他化学成分，而且由于一些尾矿颗粒特别细，能排水就能排尾矿，有的尾矿水还有腐蚀性，所以必须考虑排水水质要符合国家的排放标准和回水利用问题。

（6）在水库枢纽的水工布置上，溢洪道和放水洞与坝的距离比较近，但在尾矿库上，为了满足澄清距离的要求，排水构筑物进水口距离往往比较远。排水口和排矿口之间要保持一段距离，而在水库上是没有这种要求的。

425. 尾矿库位置应如何选择?

从技术经济方面讲，尾矿库位置的选择要投资少，即降低基建投资规模和生产经营成本，减少尾矿输送设施的规模和复杂程度。从安全方面讲，尾矿库位置选择的要求主要是：

（1）库区内无不良地质构造，如断层、滑坡、溶洞等。库址的地质条件应注意渗漏、塌岸和泥石流三个问题。

1）渗漏问题。主要是了解库区周围的岩层性质、地质构造条件以及地下水位和地下水的补给条件。各种不利的地质条件都可能引起严重的渗漏问题，这种渗漏不仅表现在漏出的矿浆污染环境，而且还表现在由于严重的渗透变形而引发的工程的毁坏，造成更严重的恶果。

2）坝基及库岸的稳定问题。主要是了解库区有无滑坡体，有没有放矿后引起库岸滑塌的条件。应特别注意坝肩附近及排水构筑物进出口附近有无这种滑坡体。

3）泥石流问题。主要分析库区有无产生泥石流的条件，可能产生泥石流的部位。充分考虑泥石流的产生对泄洪设施及坝体安全可能造成的影响和应采取的防范措施。

（2）其他影响条件

1）不宜位于工矿企业、大型水源地、水产基地和大型居民区上游；

2）不应位于全国和省重点保护名胜古迹的上游；

3）不宜位于有开采价值的矿床上面；

4）汇水面积小，有足够的库容和初、终期库长。

426. 尾矿库排水构筑物有哪些类型？

尾矿库排水构筑物的主要功能是排泄尾矿库集水面积内的洪水或将库内的澄清水送至坝外，它是预防尾矿坝漫顶溃坝的主要构筑物，有的还负有保证生产回水的任务。因此，随着尾矿不断向高堆积，尾矿库排水系统的进水口必须随之升高。

根据排水流量和地形地质条件不同，排水构筑物有以下四种基本类型：

（1）井—涵洞（隧洞）式排水构筑物。进水口主要是直立的塔式建筑。塔下可以接竖井，也可以无竖井。塔为一次建成，预留泄流口，随着尾矿堆积坝的不断升高，逐步封闭即将被尾矿埋没的孔口。塔的类型有窗口式、框架式和砌块式三种。塔的结构以混凝土和钢筋混凝土为主。塔可以分级建筑，塔与塔之间接力排水。输水构筑物主要是涵管（洞）或隧洞。涵洞分沟埋式和平埋式两种。从整个排水系统来看，既有隧洞、涵洞共用的，也有单独用涵洞或隧洞的。

（2）斜槽—涵洞（隧洞）式排水构筑物。这种系统进水部分为斜卧岸坡的明槽。当尾矿堆放到槽底标高时，槽是敞开的。随着尾矿堆积高度上升，逐步封闭明槽。此系统的输水部分和出口的连接与井—涵洞（隧洞）相同。

（3）开敞式溢流道。这种系统同前两种主要区别是其进水口和输水部分均为明流开敞式。为了适应尾矿堆积坝的不断上升，下堰式溢洪道采用分次加高的办法，侧槽式溢洪道则采用进水侧槽不断接力的办法，也就是分次修侧槽。采用溢洪道排水，堆积坝的高度不能太大。

（4）分洪截洪式。当尾矿库流域面积较大时，为了减轻尾矿库的洪水负担，采用分洪方式，有的在上游筑坝，使河水改道，洪水不进入库内；有的沿库区筑截洪沟，将洪水引出库外。

427. 影响堆积坝稳定的因素有哪些？

堆积坝的稳定是尾矿库安全最重要指标之一。影响尾矿坝坝坡稳定的因素很多，如尾矿的抗剪强度，孔隙压力和容重，坝内浸润线位置，沉积滩长度，尾矿冲积分层情况，坝坡的坡度，总坝高与初期坝高的比值，初期坝的材料等。

（1）尾矿抗剪强度的影响。尾矿的抗剪强度直接影响尾矿坝坝坡的稳定性，决定抗剪强度大小的因素有尾矿的内摩擦角，尾矿凝聚力等。尾矿内摩擦角与坝坡安全系数基本上呈线性关系。尾矿内摩擦角越大，则安全系数越大。而尾矿凝聚力很小，对较高的尾矿坝的坝坡稳定影响甚小。当坝坡、初期坝的比例及结构形式、沉积滩长度及浸润线位置等影响坝坡稳定的因素固定不变时，一定的内摩擦角有其极限的筑坝高度。所以尾矿坝一旦设计好之后其高度不能随意加高。

（2）浸润线位置的影响。尾矿坝内浸润线位置的高低是影响坝坡稳定的主要因素之一。当渗透水通过坝体时坝体受到渗透水的动水压力，其方向与渗流的流向相同，这将降低坝坡的稳定性。浸润线位置越高（接近坝面或在坝面逸出），尾矿坝稳定安全系数越低。在尾矿筑坝期间，长期观测浸润线位置对维护尾矿坝的安全是相当必要的。在对尾矿坝进行加固时，降低坝内浸润线，对坝坡稳定也是最有效的。

（3）沉积滩距离的影响。沉积滩长度对稳定性影响很大。当沉积滩长度减少时浸润线增高，安全系数减少。以往为了筑坝需要，任意缩短沉积滩距离，或是为了防洪的需要，任意减小沉积滩长度，甚至在沉积滩上筑子坝提高水位增大库容抗洪，这都是不安全的。

（4）尾矿冲积分级的影响。采用冲积法尾矿筑坝，粗粒尾矿沉积在近处，细粒尾矿沉积在远处，沉积滩面冲积分级比较明显。如果尾矿紊乱冲填，尾矿坝稳定性就会降低。合理的筑坝工艺及严格的管理能形成理想的坝体分层，是提高尾矿坝坡稳定的一个重要因素。

（5）坝坡变化的影响。坝坡坡度对尾矿坝的稳定性是直接有关的，一般来说坝坡越缓越稳定，但是，也要有一个合理的坝坡概念。尾矿坝坝坡坡度的选择，应是在保证有足够安全系数的前提下坝坡不宜太缓，以避免浸润线逸出，不利于渗流稳定。此外，坝坡过缓，就减少了尾矿库的库容，增加了筑坝工程量。

（6）初期坝高的影响。初期坝采用堆石砌筑时，其抗剪强度要比尾矿高。因此，当初期坝增高时，其安全系数也随之增高。但是，初期坝的安全系数是一个常数，因此初期坝不适当的增高并不能增加尾矿坝的总体稳定。

（7）堆积坝高的影响。随着堆积坝高的增高，坝体稳定安全系数逐渐降低，所以不能随意增高堆积坝高度。

第三节　尾矿库的维护

428. 尾矿库巡检的主要内容有哪些？

尾矿库的任何事故都不是突然爆发的，而是由隐患逐渐发展扩大，最终导致事故形成。巡检工作就是从不正常现象的蛛丝马迹上及时发现隐患，以便采取措施消除之。因此，尾矿库的巡检工作非常重要，应建立巡检制度，规定巡检工作的内容、办法和时间等。

尾矿库的巡检应检查尾矿堆积坝顶高程是否一致，坝上放矿是否均匀，尾矿沉积滩是否平整，沉积滩长度、坡度是否符合要求，水边线是否与坝轴线大致平行，库内水位是否符合规定，子坝堆筑是否符合要求，尾矿排放是否冲刷坝体、坝坡，坝体有无裂缝、滑坡、塌陷、表面冲刷、兽蚁洞穴等危及坝体安全的现象，坝面护坡、排水系统有无淤堵、沉降、积水等不良现象，坝体下游坡面、坝脚、坝下埋管出坝处、坝肩等部位有无散浸、渗水、漏水、管涌、流土等现象，渗流水量是否稳定，水质是否有变化，观测设施（测压管、测点、水尺、警示设备、孔隙水压力计、测压盒、量水堰等）是否完好等。

排水构筑物的巡检应检查排水井、排水管涵、隧洞、截洪沟、溢洪道等是否完好畅通，排水井、斜槽盖板的封堵方式、材料、方法是否符合要求，关闭设备是否灵活可靠，下游泄流区有无妨碍行洪的障碍物等。

其他尚应检查交通道路是否畅通，通讯、照明系统是否完好有效，防汛物资、器材和工具是否完好、齐备。岗位人员是否到位，管理制度与细则是否完善并行之有效等。

值得特别指出的是，上述巡检工作仅是日常的巡检内容。汛期尚应根据气象预报加强检查，并做好预警工作。汛前、汛后、暴雨期、地震后等应对尾矿库进行全面的安全大检查，必要时应请主管部门派人参与共同检查。

429. 尾矿坝坝外坡面维护工作的主要内容有哪些?

尾矿坝坝外坡面维护工作应按设计要求进行，或视具体情况选用维护措施：（1）坡面修筑人字沟或网状排水沟；（2）坡面植草或灌木类植物；（3）采用碎石、废石或山坡土覆盖坝坡。

430. 尾矿坝裂缝的成因、检查及处理措施有哪些?

裂缝是一种尾矿坝较为常见的病患，某些细小的横向裂缝有可能发展成为坝体的集中渗漏通道，有的纵向裂缝也可能是坝体发生滑坡的预兆，应予以充分重视。

（1）裂缝的种类与成因。土坝裂缝是较为常见的现象，有的裂缝在坝体表面就可以看到，有的隐藏在坝体内部，要开挖检查才能发现。裂缝宽度最窄的不到一毫米，宽的可达数十厘米，甚至更大。裂缝长度短的不到一米，长的数十米，甚至更长。裂缝的深度有的不到一米，有的深达坝基。裂缝的走向有的是平行坝轴线的横缝，有的是垂直坝轴线的纵缝，有的是大致水平的水平缝，还有的是倾斜的裂缝。裂缝的成因，主要是由于坝基承载能力不均衡、坝体施工质量差、坝身结构及断面尺寸设计不当或其他因素等所引起。有的裂缝是由于单一因素所造成，有的则是多种因素所形成。

（2）裂缝的检查与判断。裂缝检查需特别注意坝体与两岸山坡接合处及附近部位，坝基地质条件有变化及地基条件不好的坝段，坝高变化较大处，坝体分期分段施工接合处及合拢部位，坝体施工质量较差的坝段，坝体与其他刚性建筑物接合的部位。当坝的位移量有剧烈变化，坝面有隆起、坍陷，坝体浸润线不正常，坝基渗漏量显著增大或出现渗透变形，坝基为湿陷性黄土的尾矿库开始放矿后、经长期干燥或冰冻期后以及发生地震或其他强烈振动后应加强检查。

检查前应先整理分析坝体沉陷、位移、测压管、渗流量等有关观测资料。对没条件进行钻探试验的土坝，要进行调查访问，了解施工及管理情况，检查施工记录，了解坝料上坝速度及填土质量是否符合设计要求；采用开挖或钻探检查时，对裂缝部位及没发现裂缝的坝段，应分别取土样进行物理力学性质试验，以便进行对比，分析裂缝原因；因土基问题造成裂缝的，应对土基钻探取土，进行物理力学性质试验，了解筑坝后坝基压缩、重度、含水量等变化，以便分析裂缝与坝基变形的关系。裂缝的种类很多，如果不了解裂缝的性质，就不能正确地处理，特别是滑动性裂缝和非滑动性裂缝，一定要认真予以辨别，应根据裂缝的特征进行判断。滑坡裂缝与沉陷裂缝的发展过程不同，滑坡裂缝初期发展较慢而后期突然加快，而沉陷裂缝的发展过程则是缓慢的，并到一定程度而停止。只有通过系统的检查观测和分析研究才能正确判断裂缝的性质。

内部裂缝一般可结合坝基、坝体情况进行分析判断。当库水位升到某一高程时，在无外界影响的情况下，渗漏量突然增加，个别坝段沉陷、位移量比较大，个别测压管水位比同断面的其他测压管水位低很多，浸润线呈现反常情况，注水试验测定其渗透系数大大超过坝体其他部位，测压管水位突然升高，钻探时孔口无回水或钻杆突然掉落，相邻坝段沉陷率（单位坝高的沉陷量）相差悬殊等现象都可能预示产生内部裂缝。

（3）裂缝的处理。发现裂缝后都应采取临时防护措施，以防止雨水或冰冻加剧裂缝的发展。对于滑动性裂缝的处理，应结合坝坡稳定性分析统一考虑，对于非滑动性裂缝，采用开挖回填是处理裂缝比较彻底的方法，适用于不太深的表层裂缝及防渗部位的裂缝；对坝内裂缝、非滑动性很深的表面裂缝，由于开挖回填处理工程量过大，可采取灌浆处理。一般采用重力灌浆或压力灌浆方法，灌浆的浆液通常为黏土泥浆。在浸润线以下部位，可掺入一部分水泥，制成黏土水泥浆，以促其硬化。对于中等深度的裂缝，因库水位较高不宜全部采用开挖回填办法处理的部位或开挖困难的部位可采用开挖回填与灌浆相结合的方法进行处理。裂缝的上部采用开挖回填法，下部采用灌浆法处理。先沿裂缝开挖至一定深度（一般为2m左右）即进行回填，在回填时按一定的布孔原则，预埋灌浆管，然后对下部裂缝进行灌浆处理。

431. 尾矿坝异常渗漏的成因有哪些？

尾矿坝坝体及坝基的渗漏有正常渗流和异常渗漏之分。正常渗流有利于尾矿坝坝体及坝前干滩的固结，从而有利于提高坝的整体稳定性。异常渗漏则是有害的。由于设计考虑不周，施工不当以及后期管理不善等原因而产生非正常渗流，导致渗流出口处坝体产生流土、冲刷及管涌等多种形式的破坏，严重的可导致垮坝事故。因此，对尾矿坝的渗流必须认真对待，根据情况及时采取措施。

（1）坝体渗漏。

1）设计方面原因。土坝坝体单薄，边坡太陡，渗水从滤水体以上逸出；复式断面土坝的黏土防渗体设计断面不足或与下游坝体缺乏良好的过渡层，使防渗体破坏而漏水；埋设于坝体内的压力管道强度不够或管道埋置于不同性质的地基，地基处理不当，管身断裂；有压水流通过裂缝沿管壁或坝体薄弱部位流出，管身未设截流环；坝后滤水体排水效果不良；对于下游可能出现的洪水倒灌防护不足，在泄洪时滤水体被淤塞失效，迫使坝体下游浸润线升高，渗水从坡面逸出等。

2）施工方面的原因。土坝分层填筑时，土层太厚，碾压不透致使每层填土上部密实，下部疏松，库内放矿后形成水平渗水带；土料含砂砾太多，渗透系数大；没有严格按要求控制及调整填筑土料的含水量，致使碾压达不到设计要求的密实度；在分段进行填筑时，由于土层厚薄不同，上升速度不一，相邻两段的接合部位可能出现少压或漏压的松土带；料场土料的取土与坝体填筑的部位分布不合理，致使浸润线与设计不符，渗水从坝坡逸出；冬季施工中，对碾压后的冻土层未彻底处理，或把大量冻土块填在坝内；坝后滤水体施工时，砂石料质量不好，级配不合理，或滤层材料铺设混乱，致滤水体失效，坝体浸润线升高等。

3）其他原因。如白蚁、獾、蛇、鼠等动物在坝身打洞营巢；地震引起坝体或防渗体发生贯穿性的横向裂缝等。

（2）坝基渗漏。

1）设计方面原因。对坝址的地质勘探工作做得不够；设计时未能采取有效的防渗措施，如坝前水平铺盖的长度或厚度不足，垂直防渗墙深度不够；黏土铺盖与透水砂砾石地基之间，并没有有效的滤层，铺盖在渗水压力作用下破坏；对天然铺盖了解不够，薄弱部位未做处理等。

2）施工方面的原因。水平铺盖或垂直防渗设施施工质量差；施工管理不善，在库内任意挖坑取土，天然铺盖被破坏；岩基的强风化层及破碎带未处理或截水墙未按设计要求施工；岩基上部的冲积层未按设计要求清理等。

3）管理方面的原因。坝前干滩裸露暴晒而开裂，尾矿库放水等从裂缝渗透；对防渗设施养护维修不善，下游逐渐出现沼泽化，甚至形成管涌；在坝后任意取土，影响地基的渗透稳定等。

（3）接触渗漏。造成接触渗漏的主要原因有：基础清理不好，未做接合槽或做得不彻底；土坝两端与山坡接合部分的坡面过陡，而且清基不彻底或未做防渗漏墙；涵管等构筑物与坝体接触处，因施工条件不好，回填夯实质量差，或未设截流环（墙）及其他止水措施，造成渗流。

（4）绕坝渗漏。造成绕坝渗漏的主要原因有：与土坝两端连接的岸坡属条形山或覆盖层单薄的山坡而且有透水层；山坡的岩石破碎，节理发育，或有断层通过；因施工取土或库内存水后由于风浪的淘刷，岸坡的天然铺盖被破坏；溶洞以及生物洞穴或植物根茎腐烂后形成的孔洞等。

432. 尾矿坝滑坡成因、检查及处理措施有哪些？

尾矿坝滑坡往往导致尾矿库溃决事故，因此，即使是较小的滑坡也不能掉以轻心。有些滑坡是突然发生的，有些是先由裂缝开始的，如不及时注意，任其逐步扩大和蔓延，就可能造成重大的垮坝事故。如云锡公司 1962 年的火谷都尾矿库事故，就是从裂缝、滑坡而溃决的。

（1）滑坡的种类及成因。滑坡的种类按滑坡的性质可分为剪切性滑坡、塑流性滑坡和液化性滑坡；按滑坡的形状可分为圆弧滑坡、折线滑坡和混合滑坡。

1）造成滑坡的勘探设计方面原因。在勘探时没有查明基础有淤泥层或其他高压缩性软土层，设计时未能采取相应的措施；选择坝址时，没有避开位于坝脚附近的渊潭或水塘，筑坝后由于坝脚处沉陷过大而引起滑坡；坝端岩石破碎、节理发育，设计时未采取适当的防渗措施，产生绕坝渗流，使局部坝体饱和，引起滑坡；设计中坝坡稳定分析所选择计算指标偏高，或对地震因素注意不够以及排水设施设计不当等。

2）施工方面的原因。在碾压土坝施工中，由于铺土太厚，碾压不实，或含水量不合要求，干重度没有达到设计标准；抢筑临时拦洪断面和合拢断面，边坡过陡，填筑质量差；冬季施工时没有采取适当措施，以致形成冻土层，在解冻或蓄水后，库水入渗形成软弱夹层；采用风化程度不同的残积土筑坝时，将黏性土填在土坝下部，而上部又填了透水性较大的土料，放矿后，背水坡上部湿润饱和；尾矿堆积坝与初期坝二者之间或各期堆积坝坝体之间没有结合好，在渗水饱和后，造成滑坡等。

3）其他原因。强烈地震引起土坝滑坡；持续的特大暴雨，使坝坡土体饱和；风浪淘刷，使护坡遭破坏，致坝坡形成陡坡以及在土坝附近爆破或者在坝体上部堆有物料等人为因素。

（2）滑坡的检查与判断。滑坡检查应在高水位时期、发生强烈地震后、持续特大暴雨和台风袭击时以及回春解冻之际进行。从裂缝的形状、裂缝的发展规律、位移观测资料、浸润线观测分析和孔隙水压力观测成果等方面进行滑坡的判断。

（3）滑坡的预防及处理。防止滑坡的发生应尽可能消除促成滑坡的因素。注意做好经常性的维护工作，防止或减轻外界因素对坝坡稳定的影响。当发现有滑坡征兆或有滑动趋势但尚未坍塌时，应及时采取有效措施进行抢护，防止险情恶化；一旦发生滑坡，则应采取可靠的处理措施，恢复并补强坝坡，提高抗滑能力。抢护中应特别注意安全问题。

滑坡抢护的基本原则是：上部减载，下部压重，即在主裂缝部位进行削坡，而在坝脚部位进行压坡。尽可能降低库水位，沿滑动体和附近的坡面上开沟导渗，使渗透水能够很快排出。若滑动裂缝达到坝脚，应该首先采取压重固脚的措施。因土坝渗漏而引起的背水坡滑坡，应同时在迎水坡进行抛土防渗。因坝身填土碾压不实，浸润线过高而造成的背水坡滑坡，一般应以上游防渗为主，辅以下游压坡、导渗和放缓坝坡，以达到稳定坝坡的目的。在压坡体的底部一般可设双向水平滤层，并与原坝脚滤水体相连接，其厚度一般为80～150cm。滤层上部的压坡体一般用砂石料填筑，在缺少砂石料时，亦可用土料分层回填压实。对于滑坡体上部已松动的土体，应彻底挖除，然后按坝坡线分层回填夯实，并做好护坡。

坝体有软弱夹层或抗剪强度较低且背水坡较陡而造成的滑坡，首先应降低库水位，如清除夹层有困难时，则以放缓坝坡为主，辅以在坝脚排水压重的方法处理。地基存在淤泥层、湿陷性黄土层或液化等不良地质条件，施工时又没有清除或清除不彻底而引起的滑坡，处理的重点是清除不良的地质条件，并进行固脚防滑。因排水设施堵塞而引起的背水坡滑坡，主要是恢复排水设施效能，筑压重台固脚。处理滑坡时应注意，开挖回填工作应分段进行，并保持允许的开挖边坡。开挖中，对于松土与稀泥都必须彻底清除。填土应严格掌握施工质量，土料的含水量和干重度必须符合设计要求，新旧土体的结合面应刨毛，以利结合。对于水中填土坝，在处理滑坡阶段进行填土时，最好不要采用碾压施工，以免因原坝体固结沉陷而开裂，滑坡主裂缝一般不宜采取灌浆方法处理。滑坡处理前，应严格防止雨水渗入裂缝内，可用塑性薄膜、沥青油毡或油布等加以覆盖，同时还应在裂缝上方修截水沟，以拦截和引走坝面的积水。

433. 尾矿坝管涌的处理措施有哪些？

管涌是尾矿坝坝基在较大渗透压力作用下而产生的险情，可采用降低内外水头差，减少渗透压力或用滤料导渗等措施进行处理。

（1）滤水围井。在地基好，管涌影响范围不大的情况下可抢筑滤水围井。在管涌口沙环的外围，用土袋围一个不太高的围井，然后用滤料分层铺压，其顺序是自下而上分别填0.2～0.3m厚的粗砂、砾石、碎石、块石，一般情况可用三级分配。滤料最好要清洗，不含杂质，级配应符合要求，或用土工织物代替砂石滤层，上部直接堆放块石或砾石。围井内的涌水，在上部用管引出。如险处水势太猛，第一层粗砂被喷出，可先以碎石或小块石消杀水势，然后再按级配填筑，或铺设土工织物。如遇填料下沉，可以继续填砂石料，直至稳定。若发现井壁渗水，应在原井壁外侧再包以土袋，中间填土夯实。

(2) 蓄水减渗。险情面积较大，地形适合而附近又有土料时，可在其周围填筑土埂或用土工织物包裹，以形成水池，蓄存渗水，利用池内水位升高，减少内外水头差，控制险情发展。

(3) 塘内压渗。若坝后渊塘、积水坑、渠道、河床内积水水位较低，且发现水中有不断翻花或间断翻花等管涌现象时，不要任意降低积水位，可用芦苇秆和竹子做成竹帘、竹箔、苇箔围在险处周围，然后在围圈内填放滤料，以控制险情的发展。如需要处理的管涌范围较大，而砂、石、土料又可解决时，可先向水内抛铺粗砂或砾石一层，厚15～30cm，然后再铺压卵石或块石，做成透水压渗台；或用柳枝秸料等做成15～30cm厚的柴排（尺寸可根据材料的情况而定），柴排上铺5～10cm厚的草垫，然后再在上面压砂袋或块石，使柴排潜埋在水内（或用土工布直接铺放），亦可控制险情的发展。

(4) 如堤坝后严重渗水，采用一些临时防护措施尚不能改善险情时，宜降低库内的水位，以减少渗透压力，使险情不致迅速恶化，但应控制水位下降速度。

434. 尾矿坝的汛期抢险措施有哪些?

尾矿坝的险情常在汛期发生，而重大险情又多在暴雨时发生。汛期尾矿库处于高水位工作状态，调洪库容有所减少，遇特大暴雨极易造成洪水漫顶。同时，浸润线的位置处于高位，坝体饱和区扩大，使坝的稳定性降低。此外，风浪冲击也易造成坝顶决口溃坝。因此，做好汛期尾矿坝抢险工作对于确保尾矿库的安全运行至关重要。

首先，应根据气象预报和库情，制定出各种抢险措施及下游群众安全转移措施等计划和预案，从思想、组织、物质、交通、联络、报警信号等各个方面做好抢险准备工作。其次，加强汛期巡检，及早发现险情，及时采取抢护措施。

(1) 防漫顶措施。尾矿坝多为散粒结构，如果洪水漫顶就会迅速冲出决口，造成溃坝事故。当排水设施已全部使用，水位仍继续上升，根据水情预报可能出现险情时，应抢筑子堤，增加挡水高度。

在堤顶不宽、土质较差的情况下，可用土袋抢筑子堤。在铺第一层土袋前，要清理堤坝顶的杂物并耙松表土。用草袋、编织袋、麻袋或蒲包等装土七成左右，将袋口缝紧。铺于子堤的迎水面。铺砌时，袋口应向背水侧互相搭接，用脚踩实，要求上下层袋缝必须错开。待铺叠至预计水位以上时，再在土袋背水面填土夯实。填土的背水坡度不得陡于1:1。

在缺土、浪大、堤顶较窄的场合下，可采用单层木板或埽捆子堤。其具体做法是先在堤顶距上游边缘约0.5～1.0m处打小木桩一排。木桩长1.5～2.0m，入土0.5～1.0m，桩距1.0m。再在木桩的背水侧用钉子、铅丝将单层木板或预制埽捆（长2～3m，直径约0.3m）钉牢，然后在后面填土。

当出现超过设计标准的特大洪水时，应在抢筑子堤的同时，报请上级批准，采取非常措施加强排洪，降低库水位。如选定单薄山脊或基岩较好的副坝炸出缺口排洪，开放上游河道预先选定的分洪口分洪或打开排水井正常水位以下的多层窗口加大排水能力（这样做可能会排出库内部分悬浮矿泥），以确保主坝坝体的安全。严禁任意在主坝坝顶上开沟泄洪。

（2）防风浪冲击。对尾矿坝坝顶受风浪冲击而决口的抢护，除参照前面有关办法进行处理外，还可采取防浪措施处理。用草袋或麻袋装土（或砂）约70%，放置在波浪上下波动的部位，袋口用绳缝合。并互相叠压成鱼鳞状。当风浪较小时，还可采用柴排防浪。用柳枝、芦苇或其他秸秆扎成直径0.5～0.8m、长10～30m的柴枕，枕的中心卷入两根5～7m的竹缆做芯子，枕的纵向每0.6～1.0m用铅丝捆扎。在堤顶或背水坡钉木桩，用麻绳或竹缆把柴枕连在桩上，然后推放到迎水坡波浪拍击的地段。可根据水位的涨落，松紧绳缆，使柴排浮在水面上。挂树防浪是砍下枝叶繁茂的灌木，使树梢向下放入水中，并用块石或砂袋压住；其树干用铅丝、麻绳或竹缆连接于堤坝顶的桩上。木桩直径0.1～0.15m，长1.0～1.5m，布置形式可为单桩、双桩或梅花桩等。

第四节　尾矿库安全管理

435. 尾矿排放与筑坝有哪些要求？

尾矿排放与筑坝主要有以下要求：

（1）尾矿排放与筑坝，包括岸坡清理、尾矿排放、坝体堆筑、坝面维护和质量检测等环节，必须严格按设计要求、作业计划及安全规程精心施工，并做好记录。

（2）尾矿坝滩顶高程必须满足生产、防汛、冬季冰下放矿和回水要求，尾矿坝堆积坡比不得陡于设计规定。

（3）每期子坝堆筑前必须进行岸坡处理，将树木、树根、草皮、废石、坟墓及其他有害构筑物全部清除。若遇有泉眼、水井、地道或洞穴等，应作妥善处理。清除杂物不得就地堆积，应运到库外。岸坡清理应作隐蔽工程记录，经主管技术人员检查合格后方可充填筑坝。

（4）上游式筑坝法，应于坝前均匀放矿，维持坝体均匀上升，不得任意在库后或一侧岸坡放矿。应做到：1）粗粒尾矿沉积于坝前，细粒尾矿排至库内，在沉积滩范围内不允许有大面积矿泥沉积；2）坝顶及沉积滩面应均匀平整，沉积滩长度及滩顶最低高程必须满足防洪设计要求；3）矿浆排放不得冲刷初期坝和子坝，严禁矿浆沿子坝内坡趾流动冲刷坝体；4）放坝时应有专人管理，不得离岗。

（5）坝体较长时应采用分段交替作业，使坝体均匀上升，应避免滩面出现侧坡、扇形坡或细粒尾矿大量集中沉积于某端或某侧。

（6）放矿口的间距、位置，同时开放的数量，放矿时间以及水力旋流器使用台数、移动周期与距离，应按设计要求和作业计划进行操作。

（7）为保护初期坝上游坡及反滤层免受尾矿浆冲刷，应采用多管小流量的放矿方式，以利尽快形成滩面，并采用导流槽或软管将矿浆引至远离坝顶处排放。

(8) 冰冻期、事故期或由某种原因确需长期集中放矿时，不得出现影响后续堆积坝体稳定的不利因素。

(9) 岩溶发育地区的尾矿库，可采用周边放矿，形成防渗垫层，减少渗漏和落水洞事故。

(10) 尾矿坝下游坡面上不得有积水坑。

(11) 坝体出现冲沟、裂缝、塌坑和滑坡等现象时，应及时妥善处理。

436. 针对不同安全度等级的尾矿库，应分别采取哪些应对措施？

针对不同安全度等级的尾矿库，应分别采取下列措施：

(1) 对于危库，企业必须停止生产，并采取应急措施：1) 立即降低库水位，确保坝的安全和满足汛期最小安全超高和最小干滩长度的要求，必要时，可按最小干滩长度为坝顶宽度，用渠槽法抢筑子坝，以形成所需的安全超高和干滩长度；2) 疏通、加固或修复排水构筑物，必要时可另开挖临时排洪通道；3) 处理滑坡，加固坝体。

(2) 对于险库，企业必须立即停产，采取措施排除险情：1) 降低库水位，确保满足汛期最小安全超高和最小干滩长度的要求；2) 疏通、加固或修复排水构筑物；3) 处理滑坡，加固坝体，消除管涌和流土。

(3) 对于病库，企业应采取措施限期整改：1) 抓紧进行防洪治理工程，确保汛前彻底完成治理工程量；2) 加固、修复排水构筑物；3) 加固坝体或适当削坡，处理局部裂缝；4) 采取降水措施降低浸润线，消除管涌和流土；5) 修整坝坡，开挖坝肩截水沟。

437. 子坝堆筑完毕后的质量检查的内容有哪些？

每期子坝堆筑完毕，应进行质量检查，检查记录需经主管技术人员签字后存档备查。主要检查内容包括：

(1) 子坝长度、剖面尺寸、轴线位置及内外坡比；

(2) 新筑子坝的坝顶及内坡趾滩面高程、库内水位；

(3) 尾矿筑坝质量。

438. 什么是尾矿设施的四级检查？

尾矿设施的检查工作分为下列四级：

(1) 经常检查。由厂矿、车间、工段级机构组织进行，分别制定检查制度、确定路线和顺序。

(2) 定期检查。由上级管理机构组织进行，每年检查 2 ~ 3 次（汛期、汛后、冻溶期）。

(3) 特别检查。当工程遭遇特大洪水、地震等情况，由管理单位负责人临时组织进行。

(4) 安全鉴定。尾矿库应当每三年至少进行一次安全现状评价。安全现状评价应当符合国家标准或者行业标准的要求。尾矿库安全现状评价工作应当有能够进行尾矿坝稳定性验算、尾矿库水文计算、构筑物计算的专业技术人员参加。上游式尾矿坝堆积至二分之一至三分之二最终设计坝高时，应当对坝体进行一次全面勘察，并进行稳定性专项评价。

439. 尾矿库安全检查的主要内容有哪些?

尾矿库安全检查主要内容包括以下几个方面:

(1) 防洪安全检查。

1) 检查尾矿库设计的防洪标准是否符合《尾矿库安全技术规程》(AQ2006—2005)的规定。当设计的防洪标准高于或等于规定时，可按原设计的洪水参数进行检查;当设计的防洪标准低于规程规定时，应重新进行洪水计算及调洪演算。

2) 尾矿库水位检测，其测量误差应小于20mm。

3) 尾矿库滩顶高程的检测，应沿坝(滩)顶方向布置测点进行实测，其测量误差应小于20mm。当滩顶一端高一端低时，应在低标高段选较低处检测1~3个点;当滩顶高低相同时，应选较低处不少于3个点;其他情况，每100m坝长选较低处检测1~2个点，但总数不少于3个点。各测点中最低点作为尾矿库滩顶标高。

4) 尾矿库干滩长度的测定，视坝长及水边线弯曲情况，选干滩长度较短处布置1~3个断面。测量断面应垂直于坝轴线布置，在几个测量结果中，选最小者作为该尾矿库的沉积滩干滩长度。

5) 检查尾矿库沉积滩干滩的平均坡度，应视沉积干滩的平整情况，每100m坝长布置不少于1~3个断面。测量断面应垂直于坝轴线布置，测点应尽量在各变坡点处进行布置，且测点间距不大于10~20m(干滩长者取大值)，测点高程测量误差应小于5mm。尾矿库沉积干滩平均坡度，应按各测量断面的尾矿沉积干滩加权平均坡度平均计算。

6) 根据尾矿实际的地形、水位和尾矿沉积滩面，对尾矿库防洪能力进行复核，确定尾矿库安全超高和最小干滩长度是否满足设计要求。

7) 排洪构筑物安全检查主要内容:构筑物有无变形、位移、损毁、淤堵，排水能力是否满足要求等。

8) 排水井检查内容:井的内径、窗口尺寸及位置，井壁剥蚀、脱落、渗漏、最大裂缝开展宽度，井身倾斜度和变位，井、管连接部位，进水口水面漂浮物，停用井封盖方法等。

9) 排水斜槽检查内容:断面尺寸，槽身变形、损坏或坍塌，盖板放置、断裂，最大裂缝开展宽度，盖板之间以及盖板与槽壁之间的防漏充填物，漏砂，斜槽内淤堵等。

10) 排水涵管检查内容:断面尺寸，变形、破损、断裂和磨蚀，最大裂缝开展宽度，管间止水及充填物，涵管内淤堵等。

11) 对于无法入内检查的小断面排水管和排水斜槽可根据施工记录和过水畅通情况判定。

12) 排水隧洞检查内容:断面尺寸，洞内塌方，衬砌变形、破损、断裂、剥落和磨蚀，最大裂缝开展宽度，伸缩缝、止水及充填物，洞内淤堵及排水孔工况等。

13) 溢洪道、截洪沟检查内容:断面尺寸，沿线山坡滑坡、塌方，护砌变形、破损、断裂和磨蚀，沟内淤堵等，对溢洪道还应检查溢流坎顶高程、消力池及消力坎等。

(2) 尾矿坝安全检查。

1) 尾矿坝安全检查内容:坝的轮廓尺寸、变形、裂缝、滑坡、渗漏、坝面保护等。尾矿坝的位移监测可采用视准线法和前方交汇法;尾矿坝的位移监测每年不少于4次，位移异常变化时应增加监测次数；尾矿坝的水位监测包括洪水位监测和地下水浸润线监测；水位监测每月不少于1次，暴雨期间和水位异常波动时应增加监测次数。

2）检测坝的外坡坡比。每100m坝长不少于2处，应选在最大坝高断面和坝坡较陡断面。水平距离和标高的测量误差不大于10mm。尾矿坝实际坡比陡于设计坡比时，应进行稳定性复核，若稳定性不足，则应采取措施。

3）检查坝体位移。要求坝的位移量变化应均衡，无突变现象，且应逐年减小。当位移量变化出现突变或有增大趋势时，应查明原因，妥善处理。

4）检查坝体有无纵、横向裂缝。坝体出现裂缝时，应查明裂缝的长度、宽度、深度、走向、形态和成因，判断危害程度，妥善处理。

5）检查坝体滑坡。坝体出现滑坡时，应查明滑坡位置、范围和形态以及滑坡的动态趋势。

6）检查坝体浸润线的位置，应查明坝面浸润线出逸点位置、范围和形态。

7）检查坝体排渗设施。应查明排渗设施是否完好、排渗效果及排水水质。

8）检查坝体渗漏。应查明有无渗漏出逸点，出逸点的位置、形态、流量及含沙量等。

9）检查坝面保护措施。检查坝肩截水沟和坝坡排水沟断面尺寸，滑坡山坡稳定性，护砌变形、破损、断裂和磨蚀，沟内淤堵等；检查坝坡土石覆盖保护层实施情况。

(3) 尾矿库库区安全检查。

1）尾矿库库区安全检查主要内容：周边山体稳定性，违章建筑、违章施工和违章采选作业等情况。

2）检查周边山体滑坡、塌方和泥石流等情况时，应详细观察周边山体有无异常和急变，并根据工程地质勘察报告，分析周边山体发生滑坡可能性。

3）检查库区范围内危及尾矿库安全的主要内容：违章爆破、采石和建筑，违章进行尾矿回采、取水，外来尾矿、废石、废水和废弃物排入，放牧和开垦等。

440. 尾矿库各种构筑物的检查内容及基本要求是什么？

当尾矿设施遇到特殊运行情况或遭受严重外界影响时，例如放矿初期、暴风雨、温度骤变或地震等，对工程的薄弱部位和重要部位，应特别仔细检查，发现威胁工程安全的严重问题必须昼夜连续监视，并采取有效措施。

(1) 对尾矿坝和其他土工构筑物的检查应注意它们有无裂缝、塌陷、隆起、流土、管涌、滑裂和滑落等现象，坝高是否一致，滩面是否平整，滩长、坡比是否符合设计要求，坝坡有无冲刷，渗水是否出逸，排渗设施是否完善。

(2) 对于混凝土和砖石构筑物应针对不同工程的结构特点，注意检查结构有无裂缝，表面有否剥蚀、脱落，有无冲刷、渗漏，对管道应检查伸缩缝、止水有无损坏，填充物是否流失。对井、塔应检查是否倾斜，联结部位有无异常。

(3) 对于金属构筑物检查结构的变形、裂缝、锈蚀，焊缝是否开裂，铆钉、螺母是否松动，管道是否磨损。

每次检查都应仔细记录。如发现异常情况，除详细记录时间、部位、险情和绘出草图外，需同时记录当天尾矿入库量，库内水位等有关资料，必要时应测图、摄影或录像，及时采取应急措施，并上报主管部门。

441. 尾矿库观测的目的和主要内容是什么?

尾矿库（坝）观测工作的目的主要有：掌握各种设施的工作状态及其变化规律，为正确管理、处理事故、维修等提供依据；及时发现不正常的迹象，分析原因，采取措施，防止事故发生；对原设计的计算假定、结论和参数进行验证；了解尾矿库对环境的影响。

尾矿库的观测对尾矿库的安全运行是十分重要的。它可以及时掌握尾矿库变化状态和取得第一手资料，以便我们更合理地使用、管理尾矿库（坝），使隐患得到及时的处理。其观测的项目主要有：（1）变形观测：垂直位移、水平位移、裂缝、伸缩缝及固结观测；（2）应力观测：总应力、孔隙水压力；（3）渗透观测：浸润线、渗流量、渗水水质、绕坝渗流及扬压力观测等；（4）水文气象观测：库区降雨量、入库流量、库内水位变化、波浪、冰凌、蒸发等。

有了尾矿库的观测资料后，还必须对各反应量的监测值进行单项的或综合的整理分析，并写出一定的分析报告，为进一步采取安全措施提供科学依据。

442. 尾矿库渗流控制有哪些要求?

尾矿库渗流控制主要有以下要求：

（1）尾矿库运行期间应加强观测，注意坝体浸润线埋深及其出逸点的变化情况和分布状态，严格按设计要求控制。

（2）在尾矿库运行过程中，如坝体浸润线超过控制线，应经安全技术论证增设或更新排渗设施。

（3）上游式尾矿堆积坝可采取的渗流控制措施有：1）尾矿筑坝地基设置排渗褥垫、水平排渗管（沟）及排渗井等；2）尾矿堆积体内设置水平排渗管（沟）或垂直排渗井、辐射式排渗井等；3）与山坡接触的尾矿堆积坡脚处设置贴坡排渗或排渗管（沟）等；4）适当降低库内水位，增大沉积滩长；5）坝前均匀放矿。

（4）当坝面或坝肩出现集中渗流、流土、管涌、大面积沼泽化、渗水量增大或渗水变浑等异常现象时，可采取的处理措施有：1）在渗漏水部位铺设土工布或天然反滤料，其上再以堆石料压坡；2）增设排渗设施，降低浸润线。

443. 控制尾矿库内水位应遵循什么原则?

控制尾矿库内水位应遵循如下原则：

（1）在满足回水水质和水量要求的前提下，尽量降低库内水位。

（2）在汛期必须满足设计对库内水位控制的要求。

（3）当尾矿库实际情况与设计不符时，应在汛前进行调洪演算，保证在最高洪水位时滩长与超高都满足设计要求。

（4）当回水与尾矿库安全对滩长和超高的要求有矛盾时，必须保证尾矿库安全。

（5）水边线应与坝轴线基本保持平行。

444. 怎样进行尾矿库的汛期安全管理？

汛期是尾矿库事故的多发季节，也是尾矿库安全管理的重点时期。在这时期必须注意以下几项工作：

（1）当尾矿库防洪标准低于安全规程规定时，应采取措施，提高尾矿库防洪能力，满足现行标准要求。

（2）汛期前应对排洪设施进行检查、维修和疏浚，确保排洪设施畅通。根据确定的排洪底坎高程，将排洪底坎以上1.5倍调洪高度内的挡板全部打开，清除排洪口前水面漂浮物；库内设清晰醒目的水位观测标尺，标明正常运行水位和警戒水位。

（3）准备好必要的抢险物资、器材、交通、通讯设施。维护整修上坝公路，并确保安全畅通。

（4）加强值班和巡逻，设警报信号。根据险情调动抢险队伍，实施下游居民撤离险区计划。

（5）了解汛期险情、气象预报，及时对尾矿库水量进行调度。

（6）排出库内蓄水或大幅度降低库内水位时，应注意控制流量，非紧急情况不宜骤降。

（7）不得在尾矿滩面上设置泄洪口。非紧急情况，未经技术论证，不得用常规子坝挡水。

（8）洪水过后应对坝体和排洪构筑物进行全面认真的检查与清理，发现问题及时修复，同时，采取措施降低库水位，防止连续降雨后发生垮坝事故。

（9）尾矿库排水构筑物停用后，必须严格按设计要求及时封堵，并确保施工质量。严禁在排水井井筒顶部封堵。

445. 尾矿库防震与抗震有哪些要求？

尾矿库防震与抗震主要有以下要求：

（1）尾矿库原设计抗震标准低于现行标准时，应进行安全技术论证。需提高尾矿坝抗震稳定性时可采取这些措施：1）在下游坡坡脚增设土石料压坡；2）对堆积坡进行削坡、放缓坝坡；3）对坝体进行加密处理；4）降低库内水位或增设排渗设施，降低坝体浸润线。

（2）震前应注意库区岸坡的稳定性，防止滑坡破坏尾矿设施。

（3）上游建有尾矿库、排土场或水库等工程设施的尾矿库，应了解上游所建工程的稳定情况，必要时应采取防范措施避免造成更大损失。

（4）震后应进行检查，对被破坏的设施及时修复。

446. 尾矿库应急救援预案的种类及内容有哪些？

尾矿库应急救援预案种类主要有尾矿坝垮坝、洪水漫顶、水位超警戒线、排洪设施损毁或排洪系统堵塞、坝坡深层滑动、防震抗震以及其他种类。

尾矿库应急救援预案内容主要有应急机构的组成和职责，应急通讯保障，抢险救援的人员、资金、物资准备，应急行动以及其他内容。

447. 尾矿库生产经营单位主要负有哪些安全管理职责?

尾矿库生产经营单位主要负有以下安全管理职责:

(1) 生产经营单位应当建立健全尾矿库安全生产责任制，建立健全安全生产规章制度和安全技术操作规程，对尾矿库实施有效的安全管理。

(2) 生产经营单位应当保证尾矿库具备安全生产条件所必需的资金投入，建立相应的安全管理机构或者配备相应的安全管理人员、专业技术人员。

(3) 生产经营单位主要负责人和安全管理人员应当依照有关规定经培训考核合格并取得安全资格证书后，方可任职。

直接从事尾矿库放矿、筑坝、巡坝、排洪和排渗设施操作的作业人员必须取得特种作业操作证书，方可上岗作业。

(4) 尾矿库的勘察单位应当具有矿山工程或者岩土工程类勘察资质。设计单位应当具有金属非金属矿山工程设计资质。安全评价单位应当具有尾矿库评价资质。施工单位应当具有矿山工程施工资质。施工监理单位应当具有矿山工程监理资质。尾矿库的勘察、设计、安全评价、施工、监理等单位除符合以上规定外，还应当按照尾矿库的等别符合下列规定:

1) 一等、二等、三等尾矿库建设项目，其勘察、设计、安全评价、监理单位具有甲级资质，施工单位具有总承包一级或者特级资质; 2) 四等、五等尾矿库建设项目，其勘察、设计、安全评价、监理单位具有乙级或者乙级以上资质，施工单位具有总承包三级或者三级以上资质，或者专业承包一级、二级资质。

(5) 尾矿库施工应当执行有关法律、行政法规和国家标准、行业标准的规定，严格按照设计施工，确保工程质量，并做好施工记录。

生产经营单位应当建立尾矿库工程档案和日常管理档案，特别是隐蔽工程档案、安全检查档案和隐患排查治理档案，并长期保存。

(6) 尾矿库建设项目安全设施试运行应当向安全生产监督管理部门备案，试运行时间不得超过6个月，且尾砂排放不得超过初期坝坝顶标高。试运行结束后，应当向安全生产监督管理部门申请安全设施竣工验收。

(7) 尾矿库建设项目安全设施经安全生产监督管理部门验收合格后，生产经营单位应当及时按照《非煤矿矿山企业安全生产许可证实施办法》的有关规定，申请尾矿库安全生产许可证。未依法取得安全生产许可证的尾矿库，不得投入生产运行。

生产经营单位在申请尾矿库安全生产许可证时，对于验收申请时已提交的符合颁证条件的文件、资料可以不再提交; 安全生产监督管理部门在审核颁发安全生产许可证时，可以不再审查。

(8) 尾矿库经安全现状评价或者专家论证被确定为危库、险库和病库的，生产经营单位应当分别采取下列措施:

1) 确定为危库的，应当立即停产，进行抢险，并向尾矿库所在地县级人民政府、安全生产监督管理部门和上级主管单位报告; 2) 确定为险库的，应当立即停产，在限定的时间内消除险情，并向尾矿库所在地县级人民政府、安全生产监督管理部门和上级主管单位报告; 3) 确定为病库的，应当在限定的时间内按照正常库标准进行整治，消除事故隐患。

(9) 生产经营单位应当建立健全防汛责任制，实施 24 小时监测监控和值班值守，并针对可能发生的垮坝、漫顶、排洪设施损毁等生产安全事故和影响尾矿库运行的洪水、泥石流、山体滑坡、地震等重大险情制定并及时修订应急救援预案，配备必要的应急救援器材、设备，放置在便于应急时使用的地方。应急预案应当按照规定报相应的安全生产监督管理部门备案，并每年至少进行一次演练。

(10) 生产经营单位应当编制尾矿库年度、季度作业计划，严格按照作业计划生产运行，做好记录并长期保存。

(11) 生产经营单位应当建立尾矿库事故隐患排查治理制度，按照《尾矿库安全监督管理规定》和《尾矿库安全技术规程》的规定，定期组织尾矿库专项检查，对发现的事故隐患及时进行治理，并建立隐患排查治理档案。

(12) 尾矿库出现下列重大险情之一的，生产经营单位应当按照安全监管权限和职责立即报告当地县级安全生产监督管理部门和人民政府，并启动应急预案，进行抢险：

1) 坝体出现严重的管涌、流土等现象的；2) 坝体出现严重裂缝、坍塌和滑动迹象的；3) 库内水位超过限制的最高洪水位的；4) 在用排水井倒塌或者排水管（洞）坍塌堵塞的；5) 其他危及尾矿库安全的重大险情。

(13) 尾矿库发生坝体坍塌、洪水漫顶等事故时，生产经营单位应当立即启动应急预案，进行抢险，防止事故扩大，避免和减少人员伤亡及财产损失，并立即报告当地县级安全生产监督管理部门和人民政府。

(14) 未经生产经营单位进行技术论证并同意，以及尾矿库建设项目安全设施设计原审批部门批准，任何单位和个人不得在库区从事爆破、采砂、地下采矿等危害尾矿库安全的作业。

448. 目前尾矿库主要有哪些先进适用技术，对其应用有什么要求？

国家鼓励生产经营单位应用尾矿库在线监测、尾矿充填、干式排尾、尾矿综合利用等先进适用技术，鼓励生产经营单位将尾矿回采再利用后进行回填。

一等、二等、三等尾矿库应当安装在线监测系统。

449. 尾矿库建设项目包括哪些内容，尾矿库建设项目安全设施设计审查与竣工验收应当符合什么规定？

尾矿库建设项目包括新建、改建、扩建以及回采、闭库的尾矿库建设工程。

尾矿库建设项目安全设施设计审查与竣工验收应当符合有关法律、行政法规及《非煤矿矿山建设项目安全设施设计审查与竣工验收办法》的规定。

450. 尾矿库工程初步设计安全专篇应当包括哪些内容？

尾矿库建设项目初步设计应当包括安全设施设计，并编制安全专篇。安全专篇应当对尾矿库库址及尾矿坝稳定性、尾矿库防洪能力、排洪设施和安全观测设施的可靠性进行充分论证。

451. 尾矿库建设项目应满足哪些要求方可施工?

尾矿库建设项目应当进行安全设施设计并经安全生产监督管理部门审查批准后方可施工。无安全设施设计或者安全设施设计未经审查批准的，不得施工。同时严禁未经设计并审查批准擅自加高尾矿库坝体。

452. 尾矿库建设项目设计方案变更有哪些要求?

尾矿库建设项目设计方案变更有以下要求：

（1）施工中需要对设计进行局部修改的，应当经原设计单位同意；对涉及尾矿库库址、等别、排洪方式、尾矿坝坝型等重大设计变更的，应当报原审批部门批准。

（2）对生产运行的尾矿库，未经技术论证和安全生产监督管理部门的批准，任何单位和个人不得对下列事项进行变更：

1）筑坝方式；2）排放方式；3）尾矿物化特性；4）坝型、坝外坡坡比、最终堆积标高和最终坝轴线的位置；5）坝体防渗、排渗及反滤层的设置；6）排洪系统的形式、布置及尺寸；7）设计以外的尾矿、废料或者废水进库等。

453. 尾矿库闭库有哪些要求?

尾矿库闭库工作包括闭库前的安全评价、闭库设计与施工、闭库安全验收。尾矿库闭库应满足以下要求：

（1）尾矿库运行到设计最终标高或者不再进行排尾作业的，应当在一年内完成闭库。特殊情况不能按期完成闭库的，应当报经相应的安全生产监督管理部门同意后方可延期，但延长期限不得超过6个月。

库容小于10万立方米且总坝高低于10米的小型尾矿库闭库程序，由省级安全生产监督管理部门根据本地实际制定。

（2）尾矿库运行到设计最终标高的前12个月内，生产经营单位应当进行闭库前的安全现状评价和闭库设计，闭库设计应当包括安全设施设计，并编制安全专篇。闭库安全设施设计应当经有关安全生产监督管理部门审查批准。

（3）对停用的尾矿库应按正常库标准和闭库安全评价，进行闭库整治设计，确保尾矿库防洪能力和尾矿坝稳定性满足《尾矿库安全技术规程》要求，维持尾矿库闭库后长期安全稳定。

（4）尾矿坝整治内容为：1）对坝体稳定性不足的，应采取削坡、压坡、降低浸润线等措施，使坝体稳定性满足规程要求；2）完善坝面排水沟和土石覆盖或植被绿化、坝肩截水沟、观测设施等。

（5）排洪系统整治内容为：1）根据防洪标准复核尾矿库防洪能力，当防洪能力不足时，应采取扩大调洪库容或增加排洪能力等措施；必要时，可增设永久溢洪道；2）当原排洪设施结构强度不能满足要求或受损严重时，应进行加固处理，必要时可新建永久性排洪设施，同时将原排洪设施进行封堵。

（6）企业应当根据安全生产监督管理部门批准的闭库设计，分别委托具有相应资质的单位承担闭库施工和施工监理。闭库施工应当按照批准的闭库设计进行，闭库工程施工及验收可参照《尾矿设施施工及验收规程》和其他有关规程。

施工中需对设计进行局部修改的，应当经原设计单位认可；对设计进行重大修改的，应由原设计单位重新设计，并报审批闭库设计的安全生产监督管理部门批准。

(7) 尾矿库闭库治理工程施工应当建立技术档案，做好施工原始记录、试验记录、隐蔽工程记录、质量检查记录和施工监理记录等。

(8) 对隐蔽工程必须进行阶段验收。未经阶段验收和验收不合格的，不得进行下一阶段施工。

(9) 在施工过程中，企业和施工监理单位应当对施工设备、材料的质量和施工质量进行监督检查。在施工结束后，施工单位负责编制竣工报告和竣工图，监理单位负责编制施工监理报告。

(10) 生产经营单位申请尾矿库闭库工程安全设施验收，应当具备下列条件：

1) 尾矿库已停止使用；2) 闭库前的安全现状评价报告已报有关安全生产监督管理部门备案；3) 尾矿库闭库工程安全设施设计已经有关安全生产监督管理部门审查批准；4) 有完备的闭库工程安全设施施工记录、竣工报告、竣工图和施工监理报告等；5) 法律、行政法规和国家标准、行业标准规定的其他条件。

(11) 生产经营单位向安全生产监督管理部门提交尾矿库闭库工程安全设施验收申请报告，应当包括下列内容及资料：

1) 尾矿库库址所在行政区域位置、占地面积及尾矿库下游村庄、居民等情况；2) 尾矿库建设和运行时间以及在建设和运行中曾经出现过的重大问题及其处理措施；3) 尾矿库主要技术参数，包括初期坝结构、筑坝材料、堆坝方式、坝高、总库容、尾矿坝外坡坡比、尾矿粒度、尾矿堆积量、防洪排水形式等；4) 闭库工程安全设施设计及审批文件；5) 闭库工程安全设施设计的主要工程措施和闭库工程施工概况；6) 闭库工程安全验收评价报告；7) 闭库工程安全设施竣工报告及竣工图；8) 施工监理报告；9) 其他相关资料。

(12) 尾矿库闭库工程竣工安全验收应当符合已批准的闭库设计文件规定和施工验收规程的要求。安全验收基本合格的，应采取局部工程治理；安全验收不合格的，应当限期整改，并重新组织验收。

454. 尾矿库闭库后的维护有哪些要求?

尾矿库闭库后的维护主要有以下要求：

(1) 尾矿库闭库工作及闭库后的安全管理由原生产经营单位负责。对解散或者关闭破产的生产经营单位，其已关闭或者废弃的尾矿库的管理工作，由生产经营单位出资人或其上级主管单位负责；无上级主管单位或者出资人不明确的，由安全生产监督管理部门提请县级以上人民政府指定管理单位。

(2) 闭库后的尾矿库，必须做好坝体及排洪设施的维护。未经论证和批准，不得储水，严禁在尾矿坝和库内进行乱采、滥挖、违章建筑和违章作业。

(3) 闭库后的尾矿库，未经设计论证和批准，不得重新启用或改作他用。

455. 尾矿再利用及尾矿库闭库后再利用有哪些要求?

尾矿再利用及尾矿库闭库后再利用主要有以下要求：

（1）尾矿回采再利用工程应当进行回采勘察、安全预评价和回采设计，回采设计应当包括安全设施设计，并编制安全专篇。安全预评价报告应当向安全生产监督管理部门备案。回采安全设施设计应当报安全生产监督管理部门审查批准。

（2）在用尾矿体进行回采再利用或批准闭库的尾矿库重新启用或改作他用时，必须按照规程中有关尾矿库建设的规定进行技术论证、工程设计、安全评价。

（3）在尾矿库再利用生产运行过程中必须按规程中有关尾矿库生产运行的规定确保尾矿库安全。生产经营单位应当按照回采设计实施尾矿回采，并在尾矿回采期间进行日常安全管理和检查，防止尾矿回采作业对尾矿坝安全造成影响。

（4）对在用尾矿库或对闭库尾矿库进行回采再利用的，必须严格按照批准的设计规划在库内进行回采、排沙和排水，对于继续使用原尾矿坝和排洪设施的，不得影响原尾矿坝和排洪设施的安全。

（5）尾矿再利用生产完成后，应按规程规定进行闭库。尾矿全部回采后不再进行排尾作业的，生产经营单位应当及时报安全生产监督管理部门履行尾矿库注销手续。具体办法由省级安全生产监督管理部门制定。

参考文献

[1] 伍佑伦，胡建华．矿山安全知识问答［M］．北京：化学工业出版社，2008.

[2] 山东招金集团有限公司．矿山事故分析及安全管理［M］．北京：冶金工业出版社，2006.

[3] 隆泗，刘飞．矿山生产技术与安全管理［M］．成都：西南交通大学出版社，2002.

[4] 杨国顺，刘燕军，李嘉峰．矿山安全知识问答［M］．北京：中国劳动社会保障出版社，2007.

[5] 吕淑然．矿山爆破与安全知识问答［M］．北京：化学工业出版社，2008.

[6] 陈宝智．矿山安全工程［M］．北京：冶金工业出版社，2009.

[7] 姜威，张道民，赵振奇，等．矿山尘害防治问答［M］．北京：冶金工业出版社，2010.

[8]《矿井提升机故障处理和技术改造》编委会．矿井提升机故障处理和技术改造［M］．北京：机械工业出版社，2005.

[9] 洪晓华，陈军．矿井运输提升［M］．徐州：中国矿业大学出版社，2000.

[10] 陈雄．矿井灾害防治技术［M］．重庆：重庆大学出版社，2009.

[11] 仝洪昌，袁东升，等．矿山安全技术［M］．西安：西安地图出版社，2009.

[12] 常来山．采矿技术问答［M］．北京：化学工业出版社，2008.

[13] 袁河津．矿工安全生产常识与操作技能训练［M］．徐州：中国矿业大学出版社，2010.

[14] 陈沅江，吴超，吴桂香．职业卫生与防护［M］．北京：机械工业出版社，2009.

[15] 陈国芳．矿山安全［M］．北京：化学工业出版社，2009.

冶金工业出版社部分图书推荐